微处理器技术及应用实验教程

WEICHULIQI JISHU JI YINGYONG SHIYAN JIAOCHENG

主　编　葛广英

副主编　（以姓氏笔画为序）

田存伟　邹瑞滨　赵　红

赵桂青　郝胜玉

中国石油大学出版社
CHINA UNIVERSITY OF PETROLEUM PRESS

图书在版编目(CIP)数据

微处理器技术及应用实验教程/葛广英主编. —东营:中国石油大学出版社，2017.2

ISBN 978-7-5636-5479-6

Ⅰ. ①微… Ⅱ. ①葛… Ⅲ. ①微处理器-高等学校-教材 Ⅳ. ①TP332

中国版本图书馆 CIP 数据核字(2016)第 307801 号

书　　名：微处理器技术及应用实验教程
主　　编：葛广英

责任编辑：魏　瑾(电话　0532—86983565)
封面设计：赵志勇

出 版 者：中国石油大学出版社
（地址:山东省青岛市黄岛区长江西路 66 号　邮编:266580)
网　　址：http://www.uppbook.com.cn
电子邮箱：weicbs@163. com
排 版 者：汇英文化传媒
印 刷 者：青岛国彩印刷有限公司
发 行 者：中国石油大学出版社(电话　0532—86983565,86983437)
开　　本：185 mm×260 mm
印　　张：15.5
字　　数：397 千
版 印 次：2017 年 2 月第 1 版　2017 年 2 月第 1 次印刷
书　　号：ISBN 978-7-5636-5479-6
印　　数：1—1 500 册
定　　价：34.80 元

随着大规模集成电路技术的不断发展,微处理器的性能越来越好,体积越来越小,系列越来越多,应用越来越广。各种各样的通信系统、网络设备、仪器仪表、控制系统等都是以微处理器为核心的,学好用好是关键,因此我们结合理论课堂教学,编写了《微处理器技术及应用实验教程》。本书综合了单片机原理与应用实验、高频电子线路实验、EDA 技术及应用实验、DSP 原理与应用实验和 PLC 技术及应用实验五门课的实验内容,可作为高等学校通信工程、电子信息工程、电子信息科学与技术等相关专业课程的实验教材。本实验教程以理论课程为基础,使学生把所学理论知识融会贯通,在培养学生理论联系实际和实践动手能力的同时,旨在培养学生的实践技能和独立分析问题、解决问题的能力,启发学生的创新意识。

本书以微处理器为主线,围绕单片机、CPLD、FPGA、DSP 芯片开展相应的实验项目的研究。本书的编写参照了国家教育部电子信息与电气学科教学指导委员会提出的《高等学校基础课实验教学示范中心的建设标准》,总结了多年的实验教学经验和工程技术经验,并根据独立设课的要求,与理论课程紧密结合,相辅相成。

《微处理器技术及应用实验教程》分为五篇,各成体系,又相互联系。其中,第一篇是“单片机原理与应用”课程的实验内容,第二篇是“高频电子线路”课程的实验内容,第三篇是“EDA 技术及应用”课程的实验内容,第四篇是“DSP 原理与应用”课程的实验内容,第五篇是“PLC 技术及应用”课程的实验内容。全书实验部分基本上按照课程的内容顺序编排,实验中给出了实验要求、实验器材以及实验内容和步骤,并给出了实验作业和实验报告要求等。本书第一篇由田存伟编写,第二篇由赵红编写,第三篇由邹瑞滨编写,第四篇由赵桂青编写,第五篇由郝胜玉编写,全书由葛广英统一审阅并定稿,编写过程中得到了中国石油大学出版社的大力支持，在此表示感谢。

由于我们水平有限，书中不足之处在所难免，欢迎广大读者和同行学者批评指正。

编　者

2016年12月

目 录
Contents

第一篇

单片机原理与应用实验（MCS-51版）

单片机这种20世纪70年代诞生的专用于小型智能控制领域的计算机是嵌入式计算机的一种，也是到目前为止应用最广泛的一种专用计算机。MCS-51单片机以其集成度高、体积小、可靠性高、抗干扰性强、控制功能强、可扩展性好、性价比高等特点，不仅成为嵌入式计算机发展历史上的里程碑，而且直到现在仍然是嵌入式计算机的典型代表。学习单片机是通信、电子、电气、自动化领域的学生学习智能控制、智能仪器仪表设计的入门基础。很多高水平的电子设计工程师都是从学习单片机尤其是MCS-51单片机开始的。

本篇设计了软件仿真实验、硬件接口实验和综合创新实验三个模块，内容涵盖了整个MCS-51单片机教学计划中的汇编及C语言程序设计、片内外设及中断系统应用、片外存储器扩展、I/O扩展、人机交互（包括键盘输入、LED数码管显示、LCD显示以及LED点阵显示）扩展、信号的输入/输出通道（包括常用的传感器、A/D、D/A和开关量的输入/输出）扩展，以及综合性系统设计等内容。整个实验教学计划按32～48学时设计，具体实验内容如下：

1. 软件仿真实验（4个）：Keil C51编译器的使用以及以此为基础的纯软件仿真实验共有4个，其中包括2个汇编语言程序实验、1个C语言程序实验和1个混合编程实验。

2. 硬件接口实验（20个）：基于硬件仿真调试器和MCS-51单片机相结合的方式，使用“模块化单片机实验箱”的各种模块实现的硬件接口实验共有20个，其中按键声光报警实验1个、74LS373并口扩展实验1个、74LS164及74LS165并行I/O扩展实验1个、8255 I/O扩展及交通信号灯控制实验1个、7279键盘扫描及动态 LED 显示实验 1 个、LCD1602 显示实验 1 个、LCD12864 显示实验 1 个、16×16 LED 点阵显示实验 1 个、ADC0809 并行接口 A/D 转换实验 1 个、DAC0832 并行接口 D/A 转换实验 1 个、DS12C887 并行接口 RTC 实验 1 个、I2C 串行 E2PROM 24C02 读写实验 1 个、I2C 接口芯片 PCF8574 扩展并口实验 1 个、I2C 接口芯片 PCF8563 电子钟实验 1 个、I2C 接口芯片 TLC549CD 扩展 A/D 实验 1 个、I2C 接口芯片 TLC5615 扩展 D/A 实验 1 个、步进电机驱动实验 1 个、直流电机驱动及转速测量实验 1 个、电机手动调速与程控调速实验 1 个、串口通信实验 1 个。

3. 综合创新实验(4 个):主要考查学生综合创新以及单片机应用的水平,培养学生团队协作、综合分析与创新的能力,包括 DS18B20 温度测量实验 1 个、DHT11 温湿度测量实验 1 个、红外对管障碍物检测实验 1 个、超声波测距实验 1 个。

一般情况下要完成所有这些实验至少需要 48 个学时,其中软件仿真实验、大部分硬件接口实验的每个实验基本上用 1 个学时即可完成,而部分较复杂的硬件接口实验可能需要安排 2 个或 2 个以上学时,综合创新实验的每个实验至少需要 3 个或 4 个学时。当实验学时较少时,也可以根据学时安排选做其中的部分实验。由于采用全模块化结构,教学单位可以根据自己的教学计划,选配部分实验模块,并选做部分实验。

实验一　汇编语言程序实验(一)

一、实验内容

在 Keil μVision2 环境下建立工程，并将示例程序加入工程，构造工程，然后运行可执行程序，记录执行结果，分析程序功能。

二、示例程序

```
ORG 0000H
AJMP MAIN
ORG 0030H
MAIN:
   MOV SP,#60H
   MOV A,#0H
   MOV R1,#30H
   MOV R7,#10H
LOOP1:
   MOV @R1,A
   INC R1
   DJNZ R7,LOOP1
   NOP
   MOV R1,#30H
   MOV R7,#10H
LOOP:
   MOV @R1,A
   INC R1
   INC A
   DJNZ R7,LOOP
   SJMP $
END
```

三、实验步骤

1. 运行 Keil μVision2 开发环境，按照老师介绍的方法建立工程“esimlab1. uV2”，CPU 为“AT89C51”，不用包含启动文件“STARTUP. A51”。

2. 输入源程序，在 Keil μVision2 开发环境中，建立源程序“esimlab1. asm”，将示例程序加入该程序文件，并将该文件加入工程“esimlab1. uV2”。

3. 设置工程“esimlab1. uV2”的属性，将其晶振频率设置为 12 MHz，选择输出可执行文件，仿真方式为“Use Simulator”。

4. 构造(Build)工程“esimlab1. uV2”。如果输入有误则进行修改，直至构造正确，生成可执行程序“esimlab1. hex”为止。

5. 在示例程序的“NOP”指令处设置断点，运行程序至断点，并在存储器观察窗口中观察内部 RAM 30H～3FH 单元内的值。

6. 单步运行后面的程序，观察寄存器 R1，R7，A，PC，30H～3FH 单元的内容随着指令的执行而发生变化的情况。

四、实验作业

1. 为示例程序源程序添加注释。
2. 写出示例程序的功能。
3. 记录示例程序运行结果截图。

汇编语言程序实验(二)

一、实验内容

在 Keil μVision2 环境下建立工程，并将示例程序加入工程，构造工程，然后运行可执行程序，记录执行结果，分析程序功能。

二、示例程序

```
ORG 0000H
AJMP MAIN
ORG 0030H
MAIN:
    MOV 30H,#45H
    MOV A,30H
    ANL A,#0FH
    MOV 31H,A
    MOV A,30H
    ANL A,#0F0H
    SWAP A
    MOV B,#10
    MUL AB
```

```
    ADD A,31H
    MOV 31H,A
    SJMP $
END
```

三、实验步骤

1. 运行 Keil μVision2 开发环境，按照老师介绍的方法建立工程“esimlab2. uV2”，CPU 为“AT89C51”，不用包含启动文件“STARTUP. A51”。

2. 输入源程序，在 Keil μVision2 开发环境中，建立源程序“esimlab2. asm”，将示例程序加入该程序文件，并将该文件加入工程“esimlab2. uV2”。

3. 设置工程“esimlab2. uV2”的属性，将其晶振频率设置为 12 MHz，选择输出可执行文件，仿真方式为“Use Simulator”。

4. 构造工程“esimlab2. uV2”。如果输入有误则进行修改，直至构造正确，生成可执行程序“esimlab2. hex”为止。

5. 单步运行程序，观察寄存器 A，B，PSW 以及片内 RAM 30H 和 31H 单元随程序执行的变化情况，并分析 PSW 位的变化情况。

6. 更换“MOV 30H,#45H”语句中的“45H”为其他 BCD 码，重新运行程序，并观察片内 RAM 30H 和 31H 单元中数值间的关系，分析程序功能。

四、实验作业

1. 为示例程序源程序添加注释。
2. 写出示例程序的功能。
3. 记录示例程序运行结果截图。

五、自我完成实验

（一）实验内容

将片内 RAM 30H 开始的 32 个单元中分布着的随机 8 位二进制数，按从小到大的顺序进行排序，排序后的数据仍然保存到 30H 开始的 32 个单元中(低地址存放小数据)。

（二）编程思路

首先，在程序存储器中构建一个表格，该表格具有 32 个随机产生的 8 位二进制数，如：

```
TABLE:DB 1,3,9,2,17,4,11,6
      DB 5,20,100,64,21,14,79,35
      DB 92,7,91,23,65,16,13,18
      DB 18,73,65,101,27,19,62,69
```

然后利用查表指令“MOVC A,@A+DPTR”将它们读取到 30H～4FH 单元中，再利用“冒泡排序法”将它们排序即可。

“冒泡排序法”的基本原理是：

遍历所有32个数据找出其中的最大者，记下最大值所在的存储位置，并将这个最大值放置在最后一个单元，同时，将最后一个单元中原来的数据保存到这个最大值原来所处的位置，完成第一轮的排序。然后，遍历除了最后一个单元以外的前面31个单元的数据找出其中最大者，记下其所在位置，遍历完成后将找到的最大值保存在倒数第二个单元（对于所有数据来说它是次最大值，所以保存在倒数第二个单元），并将倒数第二个单元中原来的数据保存在刚刚找到的那个最大值原来所在的位置处，完成第二轮的排序。以此类推，用同样的方法把所有的数据排好序即可。

（三）程序流程图

程序流程图如图1.2.1所示。

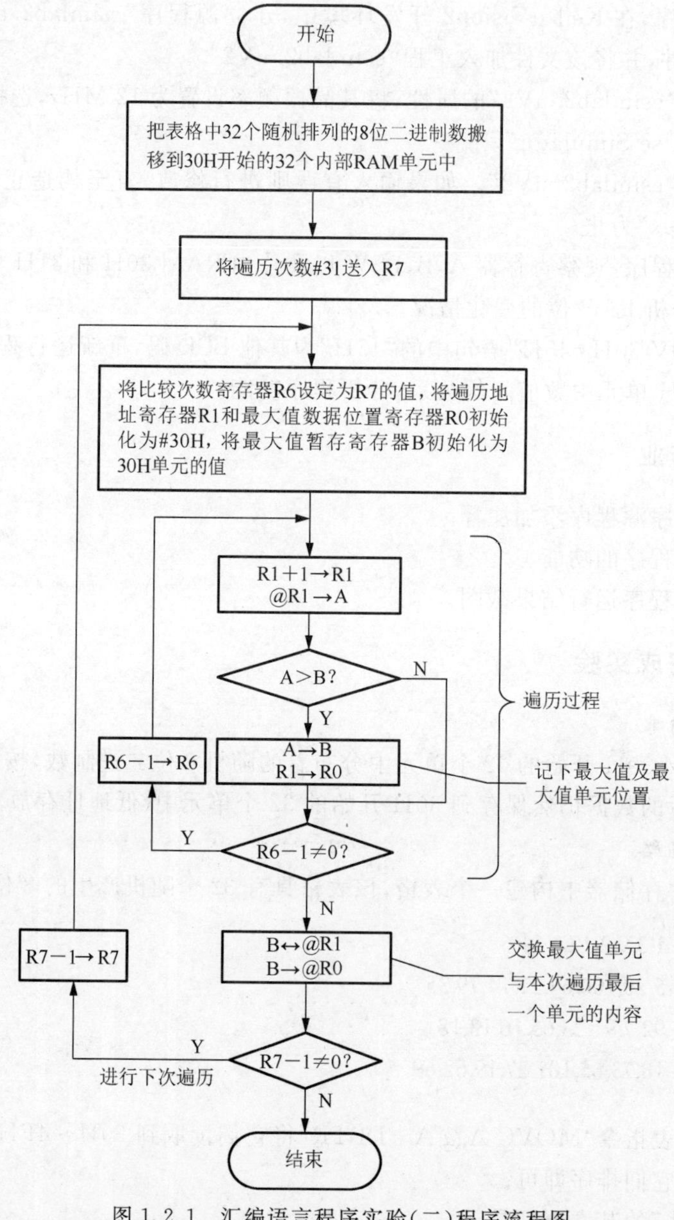

图1.2.1　汇编语言程序实验（二）程序流程图

（四）实验步骤

1. 根据上述实验内容及程序流程图，编写汇编语言源程序，并加上相应注释，注意扩展名为“. asm”，将其保存。

2. 运行 Keil μVision2 开发环境，按照老师介绍的方法建立工程“simlab2. uV2”，CPU 为“AT89C51”，不用包含启动文件“STARTUP. A51”。

3. 将编写好的源程序加入工程“simlab2. uV2”，并设置工程“simlab2. uV2”的属性，将其晶振频率设置为 12 MHz，选择输出可执行文件，仿真方式为“Use Simulator”。

4. 构造工程“simlab2. uV2”。如果输入有误则进行修改，直至构造正确，生成可执行程序“simlab2. hex”为止。

5. 运行程序，并在存储器观察窗口中观察内部 RAM 30H～4FH 单元排序前后的数值。

（五）实验作业

1. 编写源程序并进行注释。

2. 记录实验过程。

3. 记录程序运行结果截图。

C 语言程序实验

一、实验内容

在 Keil μVision2 环境下建立工程，并将示例程序加入工程，构造工程，并运行可执行程序，记录执行结果，分析程序功能。

二、示例程序

```
#include<reg51.h>
#include<stdio.h>
#define uchar unsigned char
#define uint unsigned int
uchar data a[32] _at_ 0x30;            //设定数组 a 的起始地址为 30H
uint i _at_ 0x55;                      //将变量 i 放在地址 55H
//延时程序
void DelayMS(uint ms)
{
   uchar t;
   while(ms－－) for(t＝0;t<120;t＋＋);
}
```

```
//主程序
void main( )
{
    SP＝0x60;                           //设定堆栈指针位置
    SCON＝0x52;
    TMOD＝0x20;
    TH1＝0xf3;
    TR1＝1;                             //此行及以上3行为“printf”函数所必需
    for(i＝0;i<32;i＋＋)
    {
        a[i]＝i;
        printf("It is:％d now.\n",i);   //打印程序执行的信息
        DelayMS(20000);
    }
    while(1);
}
```

三、实验步骤

1. 运行 Keil μVision2 开发环境，按照老师介绍的方法建立工程“esimlab3. uV2”，CPU 为“AT89C51”，并包含启动文件“STARTUP. A51”。

2. 输入源程序，在 Keil μVision2 开发环境中，建立源程序“esimlab3. c”，将示例程序加入该程序文件，并将该文件加入工程“esimlab3. uV2”。

3. 设置工程“esimlab3. uV2”的属性，将其晶振频率设置为 12 MHz，选择输出可执行文件，仿真方式为“Use Simulator”。

4. 构造工程“esimlab3. uV2”。如果输入有误则进行修改，直至构造正确，生成可执行程序“esimlab3. hex”为止。

5. 启动调试过程，并通过菜单“View”→“Serial Window #1”使串行调试窗口 1 显示出来。

6. 运行程序，并在存储器观察窗口中观察内部 RAM 30H 单元内的值是如何变化的，并观察串行调试窗口 1 中显示的内容。

四、实验作业

1. 为示例程序源程序添加注释。
2. 写出示例程序的功能。
3. 记录示例程序运行结果截图。
4. 讨论示例程序中“while(1)”的作用。

实验四　混合编程实验

一、实验内容

在 Keil μVision2 环境下建立工程，并将示例程序加入工程，构造工程，并运行可执行程序，记录执行结果，分析程序功能。

二、示例程序

```
//该程序保存为C语言源程序"esimlab4.c"
#include<reg51.h>
#include<math.h>                         //为使用"sin"函数要包含该头文件
typedef unsigned char uchar;
typedef unsigned int uint;
extern void delay(char n);               //在"main"函数调用之前应该先对子函数
                                         //"void delay( )"进行声明
extern uint add(char c,char d);          //将汇编函数声明为外部函数
extern float asmsin(float e);            //声明一个外部汇编函数
uchar i,j,n;
uint x;
float y,z;
main( )
{
  //以下为C语言调用有参数传递但是无返回值的汇编函数的示例
  n=100;
  for(i=0;i<200;i++)
  {
    for(j=0;j<250;j++)
    {
      delay(n);                          //无返回参数的汇编函数
    }
  }
```

```
    //以下为 C 语言调用有参数传递也有返回值的汇编函数的示例
    i=150;
    j=200;
    x=add(i,j);                    //有参数传递也有返回值的汇编函数
    //以下为 C 语言先调用汇编函数,汇编函数中又调用了 C 函数的示例
    y=3.1415926/2;
    z=asmsin(y);                   //汇编函数"asmsin"中调用了 C 库函数"sin(x)"
    while(1);
}
=====================================
;//该文件保存为"delay.asm",在 12 MHz 晶振下,本汇编程序的延时长度为 x×0.1 ms,
//x 表示传递过来的数值,该数值在 0~255 之间
?PR?_DELAY SEGMENT CODE;    //作用是在程序存储区中定义段,段名为"_DELAY",
                            //"?PR?"表示段位于程序存储区内
PUBLIC _DELAY;              //声明函数为公共函数
RSEG ?PR?_DELAY;            //表示函数可被连接器放置在任何地方,"RSEG"是
                            //段名的属性
_DELAY:
    MOV A,R7;               //只有一个参数,R7
    MOV R2,A
DL1:MOV R1,#48
DL2:DJNZ R1,DL2
    NOP
    DJNZ R2,DL1
    RET
    END
=====================================
;//该程序保存为"add.asm"
?PR?_ADD SEGMENT CODE;
PUBLIC _ADD;
RSEG ?PR?_ADD;
_ADD:
    MOV A,R5
    CLR C
```

```
    ADD A,R7
    MOV R7,A
    MOV A,#0
    ADDC A,#0
    MOV R6,A                    //将函数返回值放在R6和R7中,返回整型数
    RET
    END
====================================
;//该程序保存为"asmsin.asm"
?PR?_ASMSIN SEGMENT CODE;       //在程序存储区中定义段
PUBLIC _ASMSIN;                 //声明函数
EXTRN CODE(_SIN);               //声明为外部函数,来自于C库函数
RSEG ?PR?_ASMSIN;               //函数可被连接器放置在任何地方
_ASMSIN:
    LCALL _SIN;                 //调用C库函数中的正弦函数"y=sin(x)",这里
                                //的参数是通过R4~R7带入,也是通过R4~R7
                                //带出
    RET
    END
```

三、实验步骤

1. 运行 Keil μVision2 开发环境，按照老师介绍的方法建立工程“esimlab4.uV2”，CPU 为“AT89C51”，并包含启动文件“STARTUP.A51”。

2. 输入源程序，在 Keil μVision2 开发环境中，建立源程序“esimlab4.c”“delay.asm”“add.asm”“asmsin.asm”，将这些程序文件加入工程“esimlab4.uV2”。

3. 设置工程“esimlab4.uV2”的属性，将其晶振频率设置为 12 MHz，选择输出可执行文件，仿真方式为“Use Simulator”。

4. 构造工程“esimlab4.uV2”。如果输入有误则进行修改，直至构造正确，生成可执行程序“esimlab4.hex”为止。

5. 运行程序，利用设置断点的方式观察程序每一部分的功能与运行结果。

6. 适当调整每一部分的参数，重新运行程序，观察运行结果。

四、实验作业

1. 仔细分析每段程序的功能，并分析 C 函数调用汇编函数，汇编函数调用 C 函数的语法格式，将其总结出来。

2. 记录示例程序运行结果截图。

实验五　按键声光报警实验

一、实验内容

本实验需用到静态按键识别、发光二极管驱动以及外部中断，实验原理图如图 1.5.1 所示（注：图中元器件编号中括号里面的内容表示元器件所在的板子名称，如“MAIN”表示该元器件位于主板 MAIN_BOARD 上，“CPU”表示该元器件位于 CPU 板 CPU_51 上，以下类同）。

要求利用外部硬件中断实现：按键按下一次产生一次外部中断，在中断服务程序中计数器加 1，同时，通过发光二极管闪烁和蜂鸣器发出声响的次数指示计数器的当前值。当计数到 10 时，再次按键将重新从 1 开始计数。

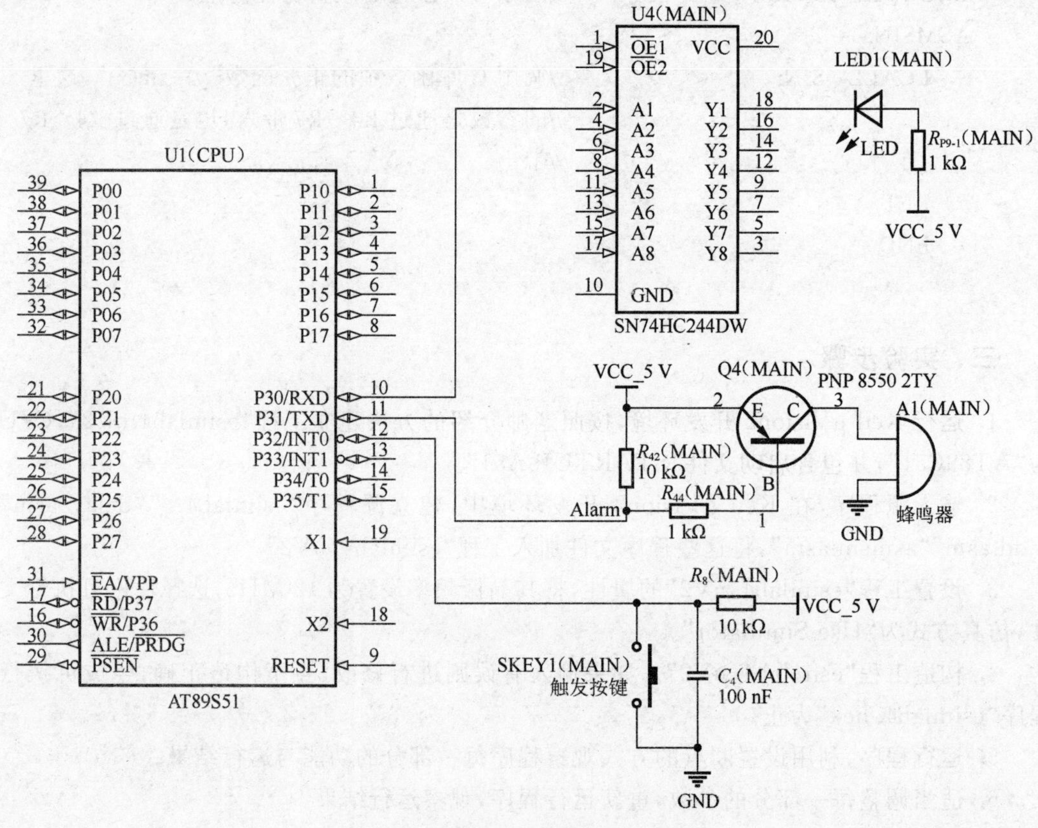

图 1.5.1　按键声光报警实验原理图

二、连线关系

实验中的杜邦线连线关系如表 1.5.1 所示。

表 1.5.1　按键声光报警实验杜邦线连线关系

线序号	线端 A 插接位置		线端 B 插接位置	
	开发板	端子	开发板	端子
S1	MAIN_BOARD	J26:SKEY1	CPU_51	P2:P3.2
S2	MAIN_BOARD	J48:LED1	CPU_51	P2:P3.0
S3	MAIN_BOARD	BUZZER IN	CPU_51	P2:P3.1

注:表中 S1～S3 表示的是单线杜邦线,以下类同,不再解释。

三、程序流程图

程序流程图如图 1.5.2 所示。

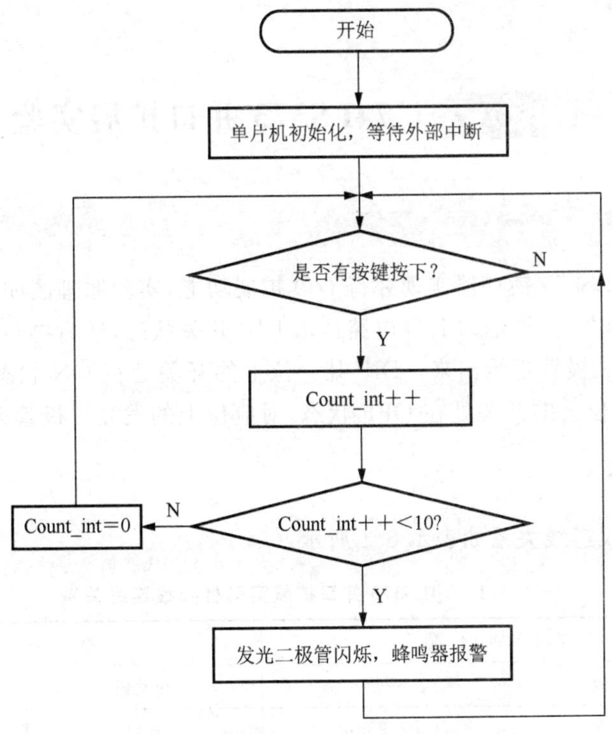

图 1.5.2　按键声光报警实验程序流程图

四、实验步骤

1. 关掉实验箱电源。将 CPU 板插接在 JK1,JK2 上,注意 CPU 板的插接方向。按照表 1.5.1 将硬件连接好。

2. 在仿真器断电情况下将仿真器插在 CPU 板的 CPU 插座上。将仿真器与开发 PC 机的 USB 通信口连接好,主板上电。

3. 运行 Keil 开发环境,按照老师介绍的方法建立工程“NO1_INT0.uvproj”,CPU 为“AT89S51”,包含启动文件“STARTUP.A51”。

4. 按照老师介绍的方法及实验功能要求创建源程序“main.c”,并加入工程“NO1_

INT0. uvproj”，然后设置工程“NO1 _ INT0. uvproj”的属性，将其晶振频率设置为11. 059 2 MHz，选择输出可执行文件，DEBUG 方式选择硬件“DEBUG”，并选择其中的“Keil Monitor-51 Driver”仿真器。

5. 构造工程“NO1_INT0. uvproj”。如果编程有误则进行修改，直至构造正确为止。

6. 运行程序，按下主板上的 SKEY1 按键，观察每次按键按下时主板上的发光二极管闪烁和蜂鸣器响的次数是否符合程序要求，若不符合要求，分析出错原因，继续重复步骤 4 和 5，直至结果正确。

五、实验作业

1. 总结语言实现中断控制及中断服务的方法。
2. 尝试利用汇编语言编程实现程序中的相同功能。

实验六 74LS373 并口扩展实验

一、实验内容

本实验利用 74LS373 锁存器实现并行 I/O 扩展功能，实验原理图如图 1. 6. 1 所示。

要求利用 74LS373 扩展输入 I/O 电路读取 DIP 开关状态，然后再利用 74LS373 扩展输出 I/O 电路由发光二极管指示出来。DIP 某一位上的开关处在 ON 状态，对应位上的发光二极管亮；DIP 某一位上的开关处在 OFF 状态，对应位上的发光二极管灭。

二、连线关系

实验中的杜邦线连线关系如表 1. 6. 1 所示。

表 1. 6. 1　74LS373 并口扩展实验杜邦线连线关系

线序号	线端 A 插接位置		线端 B 插接位置	
	开发板	端子	开发板	端子
S1	CPU_51	P2：P3. 7	PIO	J6：373RD
S2	CPU_51	P2：P3. 6	PIO	J6：373WR
S3	CPU_51	P2：P3. 2	PIO	J6：373_I_INT
S4	CPU_51	P3：A8	PIO	J6：373_OA
S5	CPU_51	P3：A8	PIO	J6：373_IA
P1	CPU_51	P3：P0. 0～P0. 7	PIO	J9：P0. 0～P0. 7
P2	MAIN_BOARD	P1：D0～D7	PIO	J7：D0～D7
P3	MAIN_BOARD	J48：LED1～LED8	PIO	J5：D0～D7
—	PIO	J4：用短路帽短接	—	—

注：表中 P1～P3 表示的是 8 线杜邦线，以下类同，不再解释。

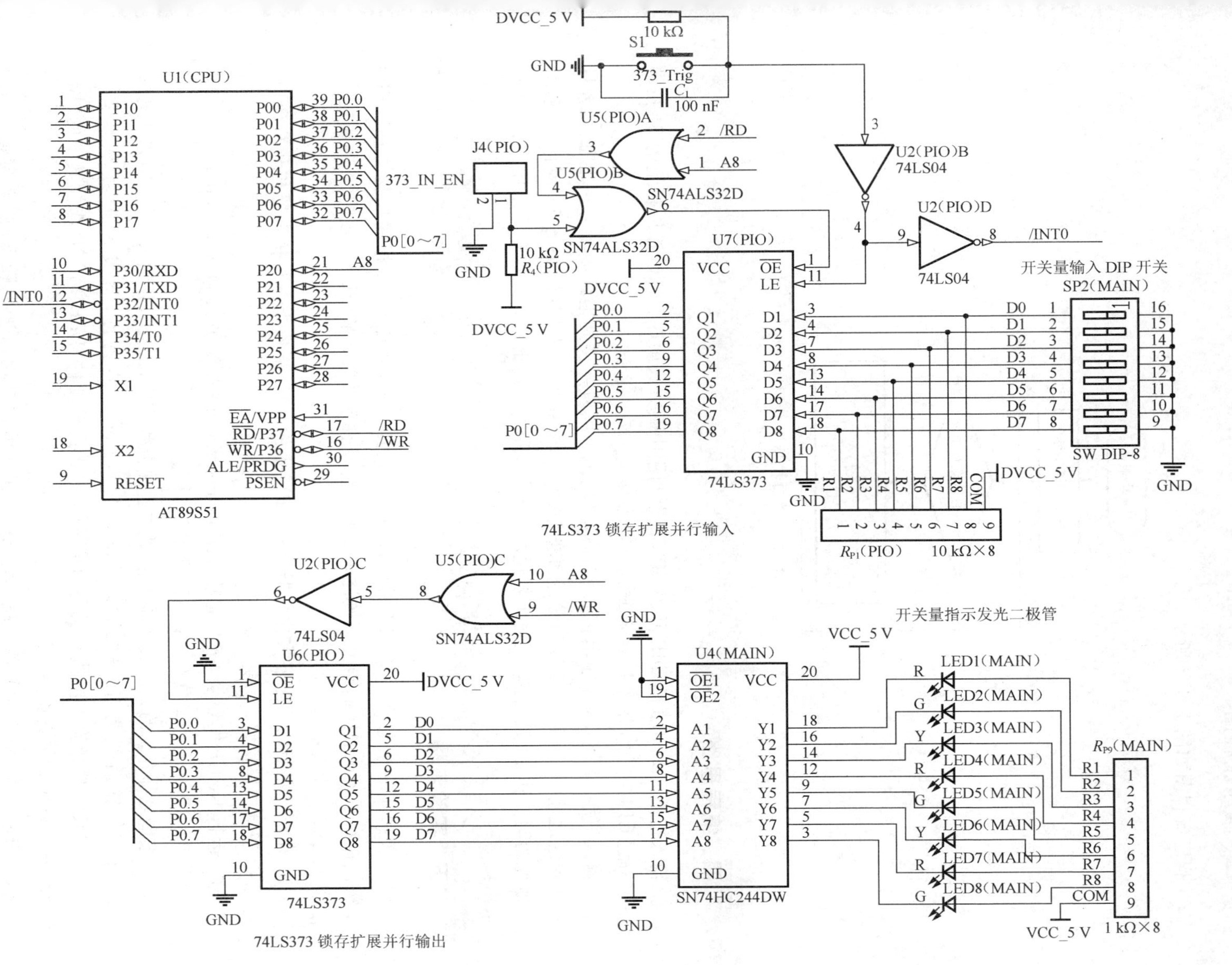

图 1.6.1　74LS373 并口扩展实验原理图

三、程序流程图

程序流程图如图 1.6.2 所示。

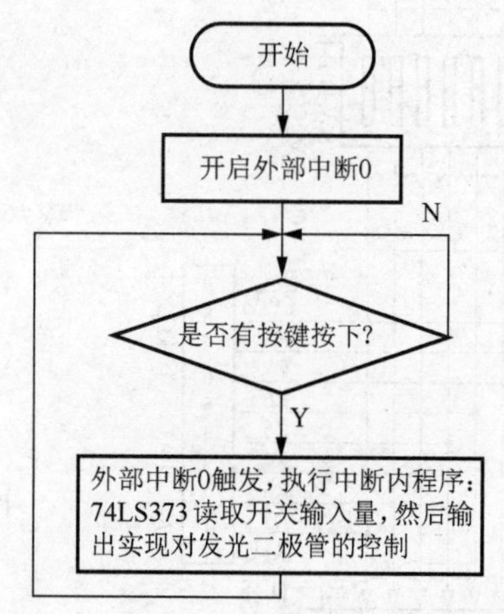

图 1.6.2　74LS373 并口扩展实验程序流程图

四、编程思路

输入扩展 74LS373 的 DIP 开关 SP2 状态利用中断方式读取。PIO 扩展板上的 S1 按键用于引起 CPU 中断，并将 DIP 开关 SP2 状态装入 U7(74LS373)。

输入扩展 74LS373 和输出扩展 74LS373 的地址同时连接到地址线 A8 上，因此二者具有相同的地址(FE00H)，CPU 对该地址的读操作读取的是输入扩展 74LS373 锁存的值，对该地址的写操作是将数据写入输出扩展 74LS373，并通过输出发光二极管 LED1～LED8 指示出来。

五、实验步骤

1. 关掉实验箱电源。将 CPU 板插接在 JK1，JK2 上，注意 CPU 板的插接方向。PIO 子板插接在子板扩展区插槽上。按照表 1.6.1 将硬件连接好。将 PIO 子板的 J4 跳线短路，使能 74LS373 输入扩展。

2. 在仿真器断电情况下将仿真器插在 CPU 板的 CPU 插座上。将仿真器与开发 PC 机的 USB 通信口连接好，主板上电。

3. 运行 Keil 开发环境，按照老师介绍的方法建立工程“NO2_IOEX_373. uvproj”，CPU 为“AT89S51”，包含启动文件“STARTUP. A51”。

4. 按照老师介绍的方法及实验功能要求创建源程序“main. c”，并加入工程“NO2_IOEX_373. uvproj”，然后设置工程“NO2 _ IOEX _ 373. uvproj”的属性，将其晶振频率设置为 11. 059 2 MHz，选择输出可执行文件，DEBUG 方式选择硬件“DEBUG”，并选择其中的“Keil Monitor-51 Driver”仿真器。

5. 构造工程“NO2_IOEX_373. uvproj”。如果编程有误则进行修改，直至构造正确为止。

6. 运行程序，按下 PIO 板上的 S1 按键，观察每次按键按下时主板上的发光二极管

LED1～LED8 指示的状态是否和主板上的 DIP 开关 SP2 状态一致，若不一致，分析出错原因，继续重复步骤 4 和 5，直至结果正确。

六、实验作业

1. 总结 74LS373 锁存方式扩展并行 I/O 的实现方法。
2. 分析本程序中 I/O 扩展元器件的地址分配方法。
3. 尝试利用汇编语言编程实现程序中的相同功能。

实验七 74LS164 及 74LS165 并行 I/O 扩展实验

一、实验内容

本实验利用 74LS164/165 串并转换器件以及 MCS-51 单片机的方式 0 实现并行 I/O 扩展功能。要求：将 DIP 开关的高 4 位二进制码显示在静态 LED 数码管 DS1 的高位字符上，DIP 开关的低 4 位二进制码显示在静态 LED 数码管 DS1 的低位字符上。实验原理图如图 1.7.1 所示。

图中 PIO 板上的 U2A 和 U3 构成的逻辑电路用于控制 74LS164 和 74LS165 分时使用串行口信号线 TXD 和 RXD，防止 74LS164 和 74LS165 的相互干扰。

P1.0 用于选择当前使用的是 74LS164 还是 74LS165，低电平时使用 74LS165，高电平时使用 74LS164，默认状态为低电平，即电路平时处于接收状态。

P1.1 用于实现对 74LS165 并口数据加载和移位的控制，低电平时为数据加载，高电平时为数据移位，默认状态为低电平，即 74LS165 并口数据随时都会加载到 74LS165 内。

图中的 U2(MAIN)和 U3(MAIN)为两个 CD4511，用于实现从 BCD 码到 LED 数码管显示码的转换。

二、连线关系

实验中的杜邦线连线关系如表 1.7.1 所示。

表 1.7.1 74LS164 及 74LS165 并行 I/O 扩展实验杜邦线连线关系

线序号	线端 A 插接位置		线端 B 插接位置	
	开发板	端子	开发板	端子
S1	CPU_51	P2:P3.0	PIO	J3:RXD
S2	CPU_51	P2:P3.1	PIO	J3:TXD
S3	CPU_51	P2:P1.0	PIO	J3:164/165
S4	CPU_51	P2:P1.1	PIO	J3:165_SH/LD
P1	MAIN_BOARD	J21:L1A～H1D	PIO	J2:164_QH～164_QA
P2	MAIN_BOARD	P1:D0～D7	PIO	J1:165_H～165_A

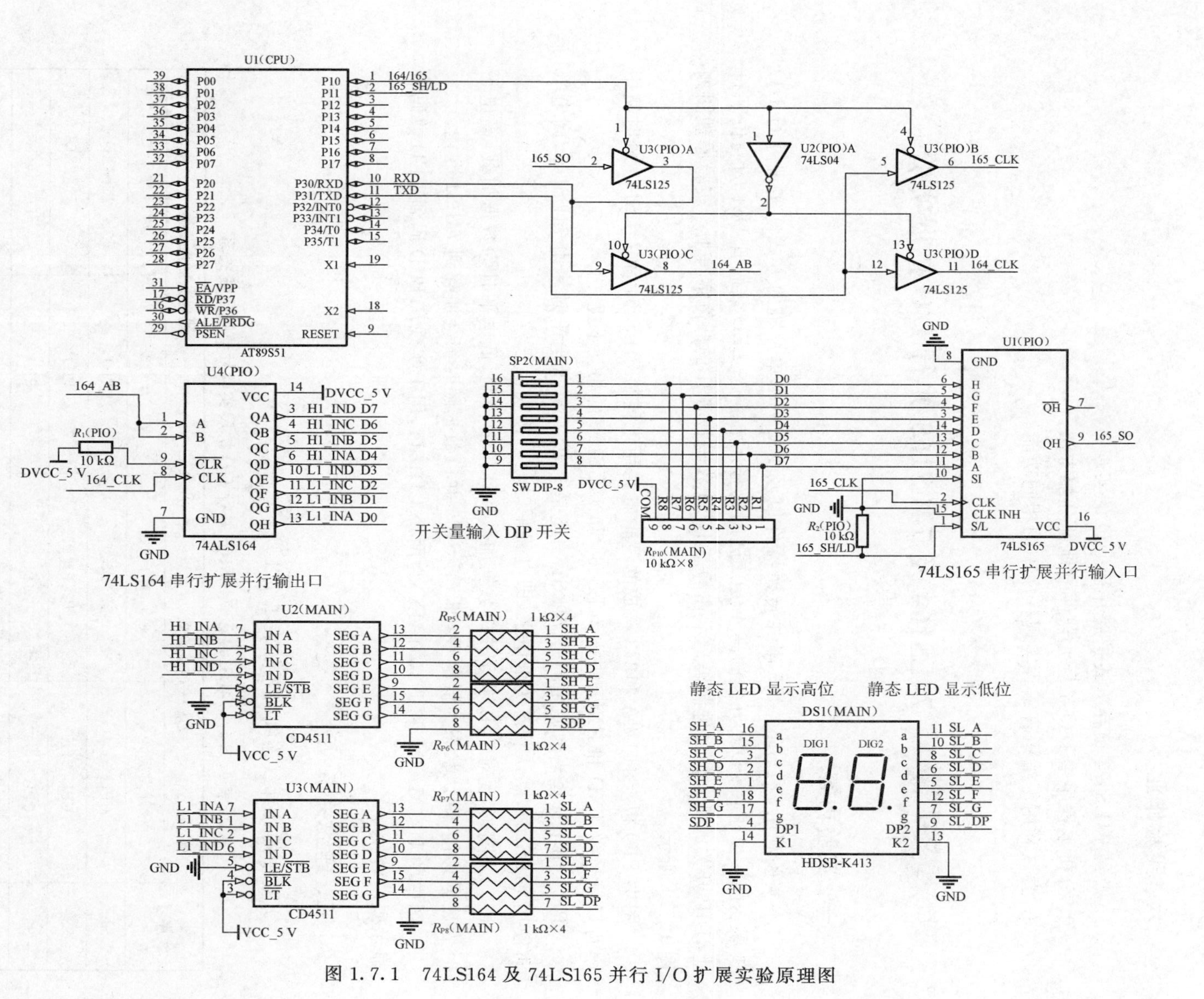

图 1.7.1 74LS164 及 74LS165 并行 I/O 扩展实验原理图

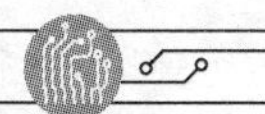

三、程序流程图

程序流程图如图 1.7.2 所示。

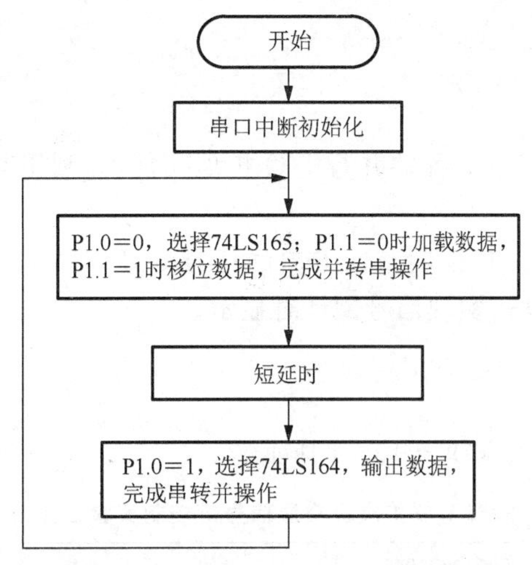

图 1.7.2　74LS164 及 74LS165 并行 I/O 扩展实验程序流程图

四、实验步骤

1. 关掉实验箱电源。将 CPU 板插接在 JK1，JK2 上，注意 CPU 板的插接方向。PIO 子板插接在子板扩展区插槽上。按照表 1.7.1 将硬件连接好。

2. 在仿真器断电情况下将仿真器插在 CPU 板的 CPU 插座上。将仿真器与开发 PC 机的 USB 通信口连接好，主板上电。

3. 运行 Keil 开发环境，按照教师介绍的方法建立工程“PIO164_165. uvproj”，CPU 为“AT89S51”，包含启动文件“STARTUP. A51”。

4. 按照老师介绍的方法及实验功能要求创建源程序“PIO164_165. c”（注意初始化时将 P1. 0，P1. 1 设置为低电平，并将串行口设置为方式 0），并加入工程“PIO164_165. uvproj”，然后设置工程“PIO164_165. uvproj”的属性，将其晶振频率设置为 11. 059 2 MHz，选择输出可执行文件，DEBUG 方式选择硬件“DEBUG”，并选择其中的“Keil Monitor-51 Driver”仿真器。

5. 构造工程“PIO164_165. uvproj”。如果编程有误则进行修改，直至构造正确为止。

6. 运行程序，更改 DIP 开关 SP2（MAIN）的开关状态，将 P1. 1 设置为高电平，等串行口输入完成（查询或中断方式）后，读取该串行口数据。更改 P1. 0 为高电平，将该数据通过串行口发送出去，观察 DS1（MAIN）上的显示状态和 DIP 开关的状态是否一致。若不一致，分析出错原因，继续重复步骤 4 和 5，直至结果正确。

五、实验作业

1. 总结 MCS-51 单片机串行口方式 0 的工作原理、利用 74LS164 及 74LS165 扩展并行 I/O 的实现方法以及本实验中 74LS164 和 74LS165 的分时控制实现方法。

2. 总结静态 LED 的驱动方法。

3. 尝试利用汇编语言编程实现程序中的相同功能。

实验八 8255 I/O 扩展及交通信号灯控制实验

一、实验内容

本实验利用 8255 实现可编程的并行 I/O 扩展功能，并利用其完成交通灯控制。实验原理图如图 1.8.1 所示。

利用 8255 的 PA[0～5]口控制东西方向的信号灯，PB[0～5]口控制南北方向的信号灯，PC 口用于静态 LED DS1 实现信号倒计时显示。

二、连线关系

实验中的杜邦线连线关系如表 1.8.1 所示。

表 1.8.1 8255 I/O 扩展及交通信号灯控制实验杜邦线连线关系

线序号	线端 A 插接位置		线端 B 插接位置	
	开发板	端子	开发板	端子
S1	CPU_51	P2:A0	PIO	J11:A0
S2	CPU_51	P2:A1	PIO	J11:A1
S3	CPU_51	P2:P3.7	PIO	J11:/RD
S4	CPU_51	P2:P3.6	PIO	J11:/WR
S5	CPU_51	P3:A15	PIO	J11:/CS
S6	CPU_51	P2:RST	PIO	J11:RST
S7	MAIN_BOARD	P2:东绿	PIO	J8:PA0
S8	MAIN_BOARD	P2:东黄	PIO	J8:PA1
S9	MAIN_BOARD	P2:东红	PIO	J8:PA2
S10	MAIN_BOARD	P2:西绿	PIO	J8:PA3
S11	MAIN_BOARD	P2:西黄	PIO	J8:PA4
S12	MAIN_BOARD	P2:西红	PIO	J8:PA5
S13	MAIN_BOARD	P2:南绿	PIO	J10:PB0
S14	MAIN_BOARD	P2:南黄	PIO	J10:PB1
S15	MAIN_BOARD	P2:南红	PIO	J10:PB2
S16	MAIN_BOARD	P2:北绿	PIO	J10:PB3
S17	MAIN_BOARD	P2:北黄	PIO	J10:PB4
S18	MAIN_BOARD	P2:北红	PIO	J10:PB5
P1	CPU_51	P3:P0.0～P0.7	PIO	J9:P0.0～P0.7
P2	MAIN_BOARD	J21:L1A～H1D	PIO	J12:PC0～PC7

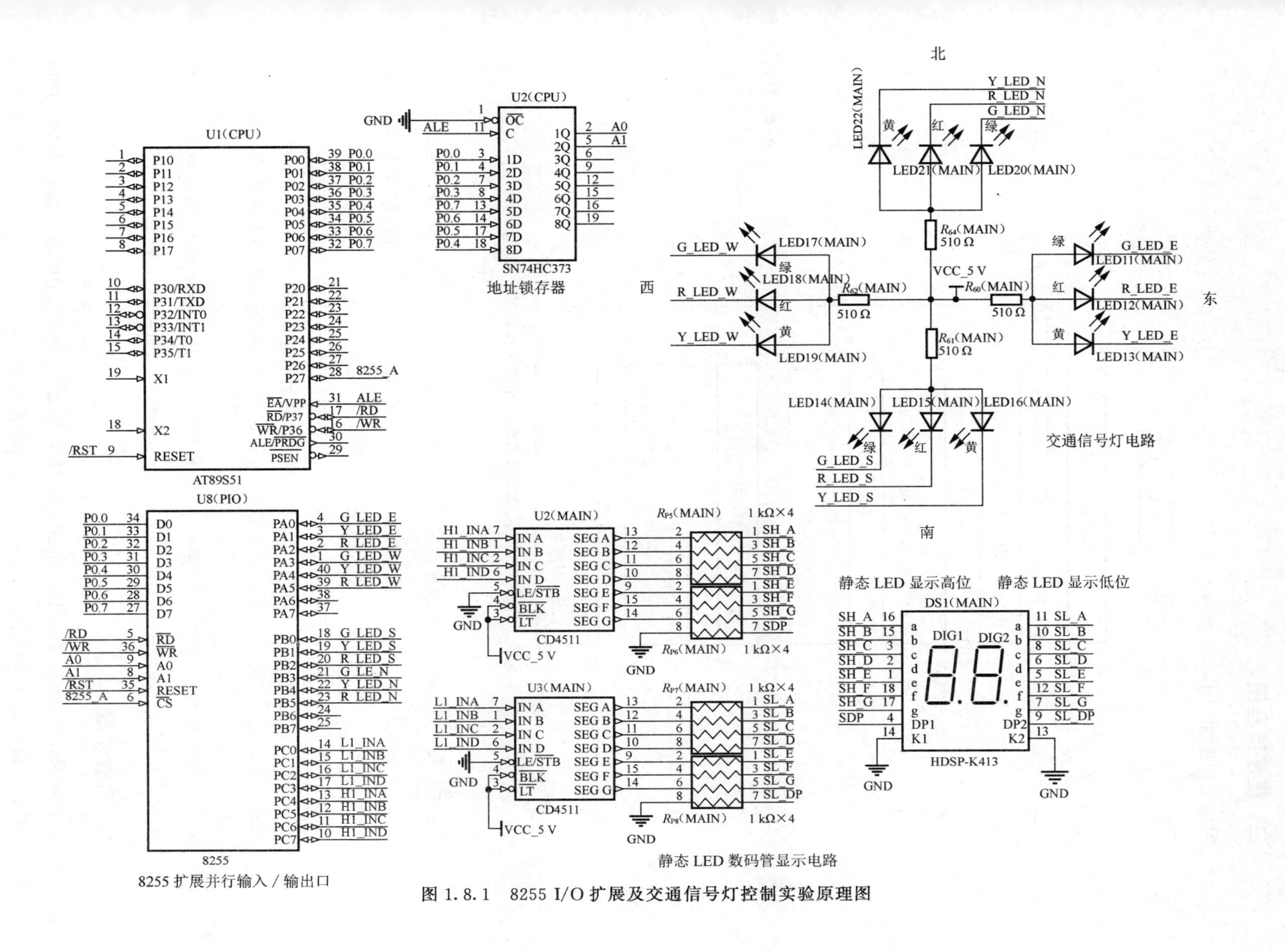

图 1.8.1　8255 I/O扩展及交通信号灯控制实验原理图

三、程序流程图

程序流程图如图 1.8.2 所示。

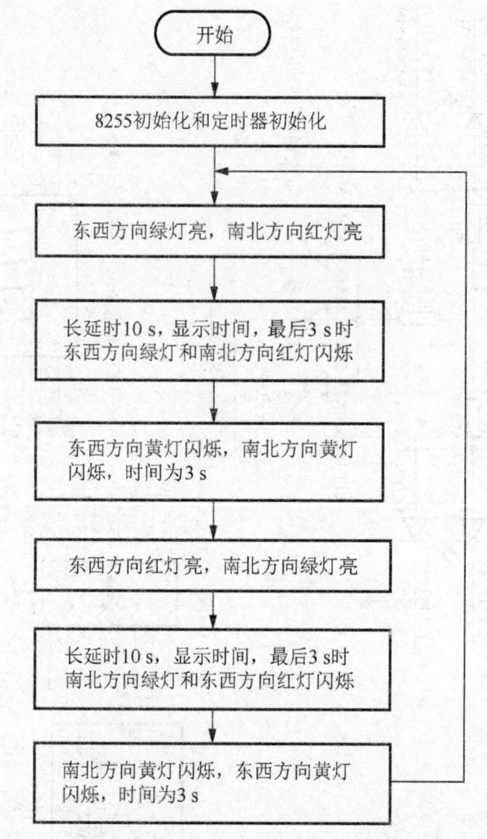

图 1.8.2　8255 I/O 扩展及交通信号灯控制实验程序流程图

四、编程思路

本实验中的东西方向信号灯同步控制，南北方向信号灯同步控制，即：东西方向上同种颜色的灯同时亮或灭，南北方向上同种颜色的灯同时亮或灭。

倒计时数码管用于绿灯信号最后 9 s 的倒计时（信号剩余 9 s 时显示 9，剩余 8 s 时显示 8，每过 1 s 减 1，直到减到 0，绿灯熄灭则相应的倒计时器也将关闭）。

程序中的延时 1 s，可以利用纯软件实现，也可以结合定时器硬件中断和软件计数方式实现。

图 1.8.1 中的 CD4511 是 BCD 码到 LED 数码管的显示码转换芯片，因此要显示某个数字，只需要在相应的端口送出该数字的 BCD 码即可，不用进行软件译码。

五、实验步骤

1. 关掉实验箱电源。将 CPU 板插接在 JK1，JK2 上，注意 CPU 板的插接方向。PIO 子板插接在子板扩展区插槽上。按照表 1.8.1 将硬件连接好。

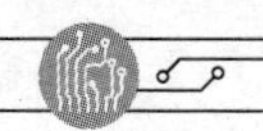

2. 在仿真器断电情况下将仿真器插在CPU板的CPU插座上。将仿真器与开发PC机的USB通信口连接好，主板上电。

3. 运行Keil开发环境，按照老师介绍的方法建立工程“交通灯.uvproj”，CPU为“AT89S51”，包含启动文件“STARTUP. A51”。

4. 按照老师介绍的方法及实验功能要求创建源程序“交通灯.c”，并加入工程“交通灯.uvproj”，然后设置工程“交通灯.uvproj”的属性，将其晶振频率设置为11.059 2 MHz，选择输出可执行文件，DEBUG方式选择硬件“DEBUG”，并选择其中的“Keil Monitor-51 Driver”仿真器。

5. 构造工程“交通灯.uvproj”。如果编程有误则进行修改，直至构造正确为止。

6. 运行程序，观察交通灯状态切换以及倒计时器的显示是否符合程序要求，若不符合，分析出错原因，继续重复步骤4和5，直至结果正确。

六、实验作业

1. 总结可编程I/O扩展芯片8255的使用方法。
2. 总结MCS-51单片机延时控制方法。
3. 尝试利用汇编语言编程实现程序中的相同功能。

实验九　7279键盘扫描及动态LED显示实验

一、实验内容

本实验利用7279进行键盘扫描及动态LED数码管显示控制。实验原理图如图1.9.1所示。

实验功能要求如下：

1. 按键编码：4×4按键的编码及对应显示的字符如表1.9.1所示。

表1.9.1　按键编码及显示的字符

按键名称	按键编码	显示字符	按键名称	按键编码	显示字符
KEY_L0C0	00H	0	KEY_L2C0	08H	8
KEY_L0C1	01H	1	KEY_L2C1	09H	9
KEY_L0C2	02H	2	KEY_L2C2	0AH	A
KEY_L0C3	03H	3	KEY_L2C3	0BH	B
KEY_L1C0	04H	4	KEY_L3C0	0CH	C
KEY_L1C1	05H	5	KEY_L3C1	0DH	D
KEY_L1C2	06H	6	KEY_L3C2	0EH	E
KEY_L1C3	07H	7	KEY_L3C3	0FH	F

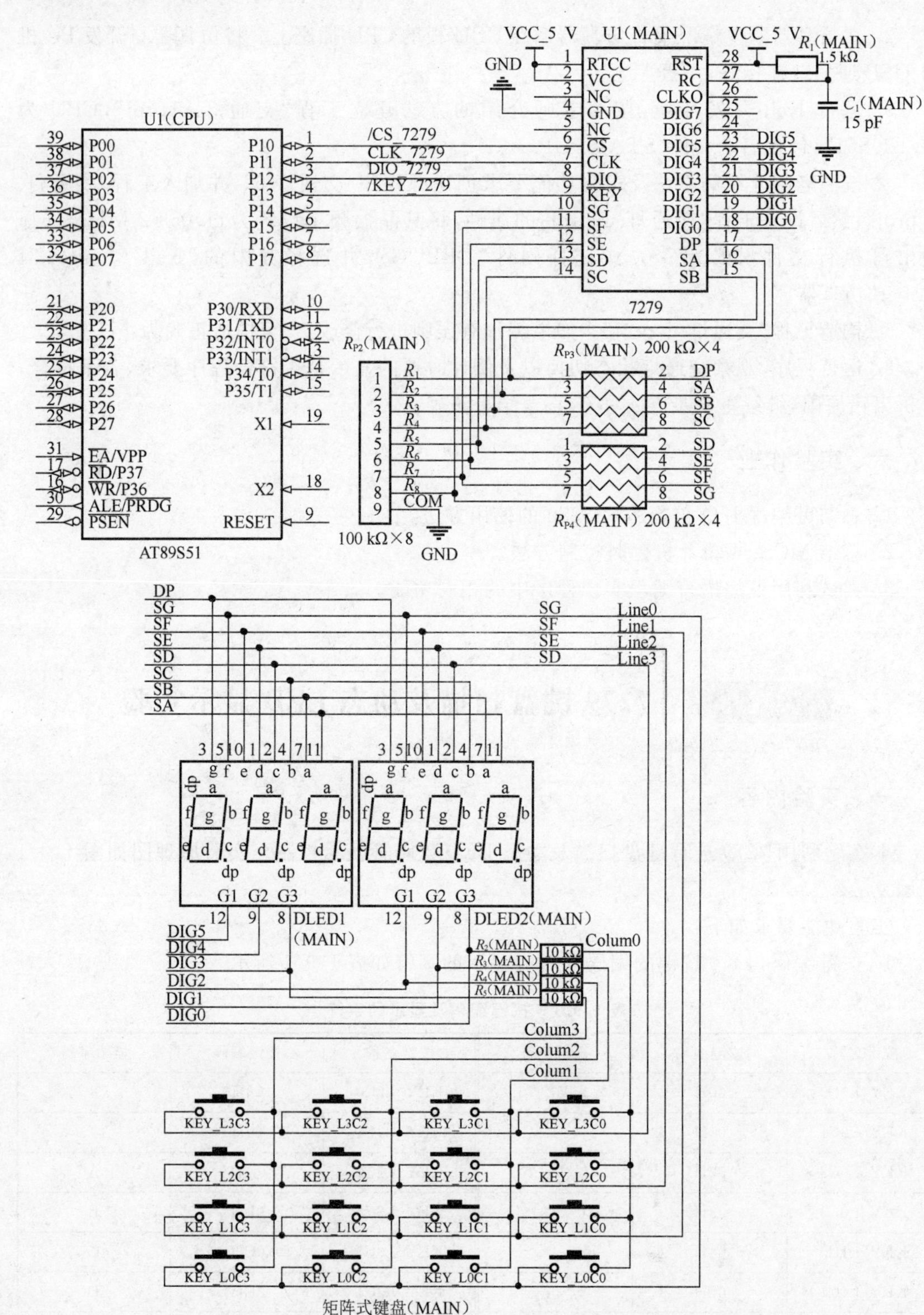

图 1.9.1　7279 键盘扫描及动态 LED 显示实验原理图

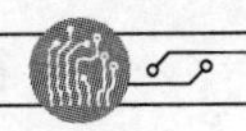

2. 当按下某个按键时,所按按键对应的字符显示在最右端LED数码管上。如果是第一次按下按键,假如按下按键“1”,将显示为

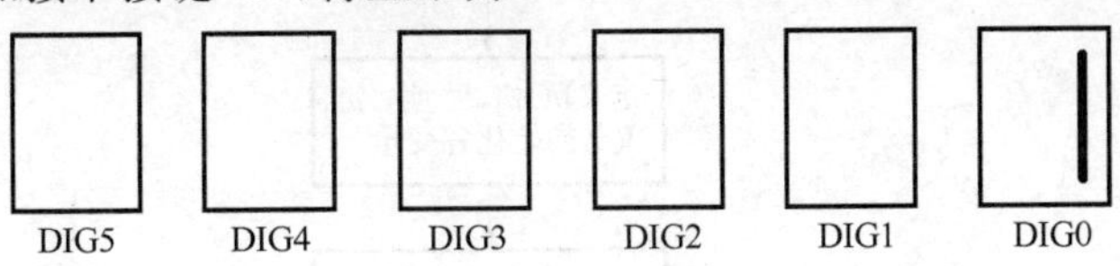

如果再次按下一个按键“2”,则原来显示的内容往左移1位,将新按下的按键“2”的对应字符显示在最右端,即

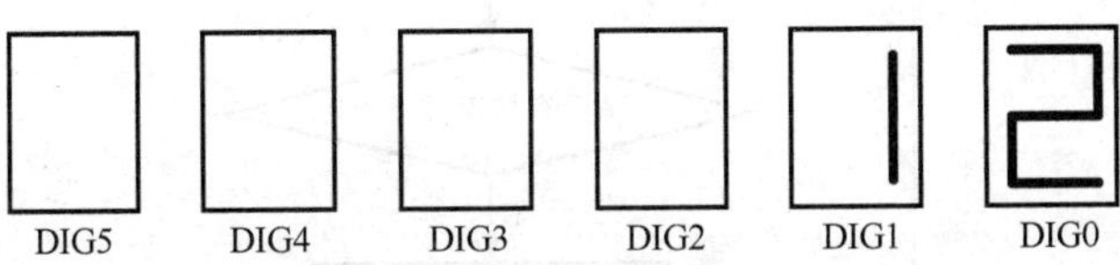

依次左移,直至6位LED均有显示(如“123456”),即

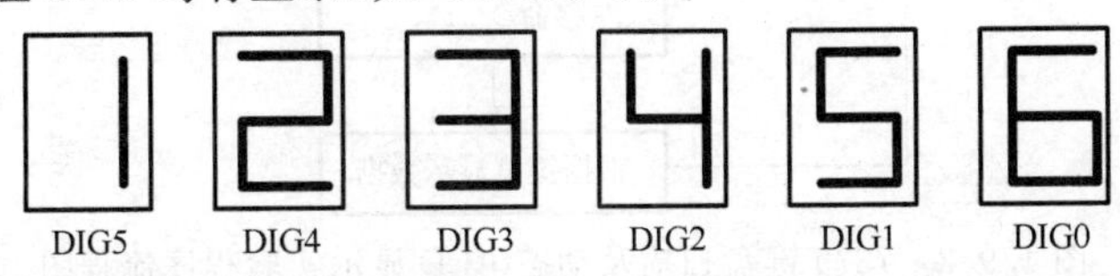

这时,如再次按下新的按键(假设为按键“7”),则原来显示的内容同样都左移一位,最后一位显示新按按键的对应字符,即

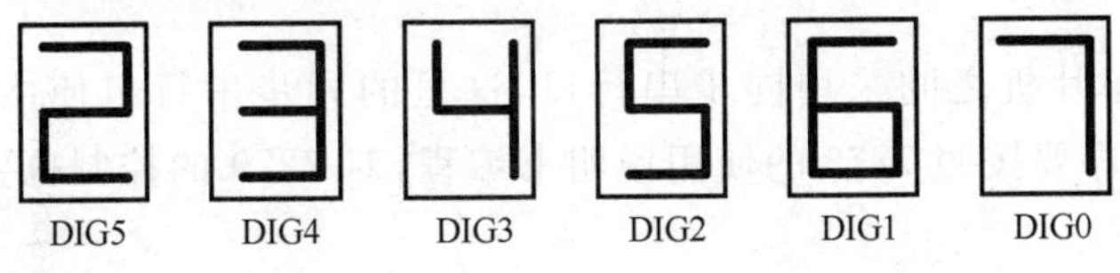

二、连线关系

实验中的杜邦线连线关系如表1.9.2所示。

表1.9.2　7279键盘扫描及动态LED显示实验杜邦线连线关系

线序号	线端A插接位置		线端B插接位置	
	开发板	端子	开发板	端子
S1	CPU_51	P2:P1.0	MAIN_BOARD	J11:CS
S2	CPU_51	P2:P1.1	MAIN_BOARD	J11:CLK
S3	CPU_51	P2:P1.2	MAIN_BOARD	J11:DIO
S4	CPU_51	P2:P1.3	MAIN_BOARD	J11:KEY
P1	MAIN_BOARD	J17:DP～SA	MAIN_BOARD	J1:LED_DP～LED_SA
P2	MAIN_BOARD	J12:DIG5～DIG0	MAIN_BOARD	J15:DIG5～DIG0

注:连线之前,主板上的DIP开关SP1所有的位都要置于ON状态。

三、程序流程图

程序流程图如图1.9.2所示。

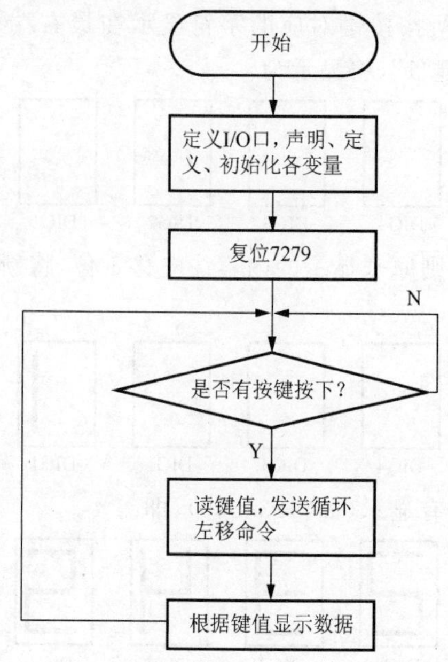

图 1.9.2　7279 键盘扫描及动态 LED 显示实验程序流程图

四、编程思路

由于 7279 和单片机之间采用同步串行口，这里的同步串行口使用单片机的 P1.0～P1.3 实现，控制时序要按照 7279 的使用说明书编程，对 7279 的控制也要按其使用说明书进行编程。

五、实验步骤

1. 关掉实验箱电源。将 CPU 板插接在 JK1，JK2 上，注意 CPU 板的插接方向。按照表 1.9.2 将硬件连接好。

2. 在仿真器断电情况下将仿真器插在 CPU 板的 CPU 插座上。将仿真器与开发 PC 机的 USB 通信口连接好，主板上电。

3. 运行 Keil 开发环境，按照老师介绍的方法建立工程“7279_key. uvproj”，CPU 为“AT89S51”，包含启动文件“STARTUP. A51”。

4. 按照老师介绍的方法及实验功能要求创建源程序“7279_key. c”，并加入工程“7279_key. uvproj”，然后设置工程“7279_key. uvproj”的属性，将其晶振频率设置为 11.059 2 MHz，选择输出可执行文件，DEBUG 方式选择硬件“DEBUG”，并选择其中的“Keil Monitor-51 Driver”仿真器。

5. 构造工程“7279_key. uvproj”。如果编程有误则进行修改，直至构造正确为止。

6. 运行程序，观察结果是否符合程序要求，若不符合，分析出错原因，继续重复步骤 4 和 5，直至结果正确。

六、实验作业

1. 总结利用 7279 实现行列式键盘扫描和动态 LED 显示控制的方法。

2. 研究用 7279 实现 LED 数码管的移位、消隐等控制。

3. 尝试利用汇编语言编程实现程序中的相同功能。

实验十　LCD1602 显示实验

一、实验内容

本实验利用单片机并行口实现 LCD1602 的显示控制。实验原理图如图 1.10.1 所示。实验功能要求：在 LCD1602 上显示出双行字符（LCD1602 的使用说明请查阅参考资料《LCD1602 液晶完整中文资料》）。

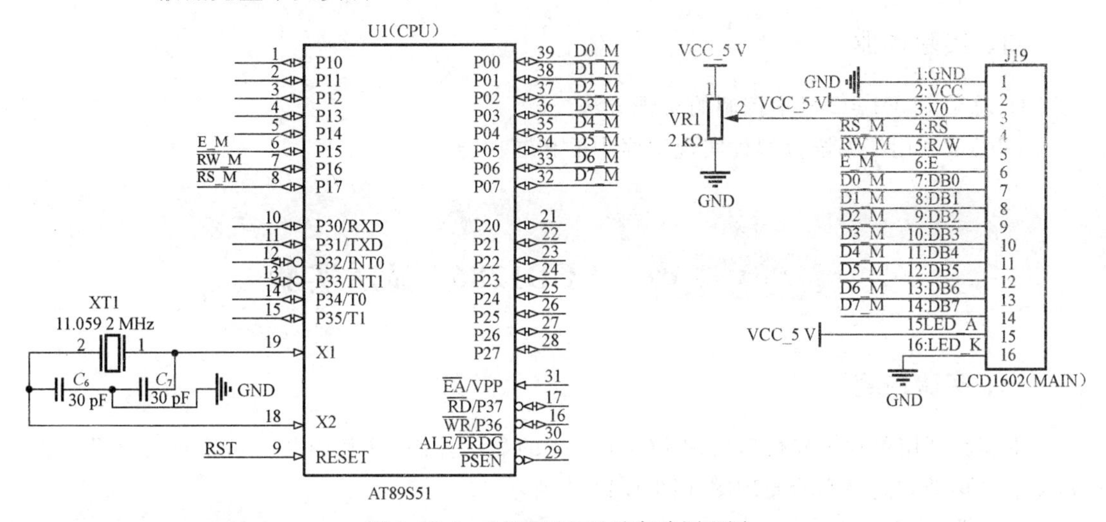

图 1.10.1　LCD1602 显示实验原理图

二、连线关系

实验中的杜邦线连线关系如表 1.10.1 所示。

表 1.10.1　LCD1602 显示实验杜邦线连线关系

线序号	线端 A 插接位置		线端 B 插接位置	
	开发板	端子	开发板	端子
S1	CPU_51	P2:P1.5	MAIN_BOARD	J20:E
S2	CPU_51	P2:P1.6	MAIN_BOARD	J20:RW
S3	CPU_51	P2:P1.7	MAIN_BOARD	J20:RS
P1	CPU_51	P3:P0.0～P0.7	MAIN_BOARD	J18:D0～D7

三、实验步骤

1. 关掉实验箱电源。将 CPU 板插接在 JK1,JK2 上,注意 CPU 板的插接方向。将 LCD1602 插接在主板的 J19 上,注意插接方向。按照表 1.10.1 将硬件连接好。

2. 在仿真器断电情况下将仿真器插在CPU板的CPU插座上。将仿真器与开发PC机的USB通信口连接好，主板上电。

3. 运行Keil开发环境，按照老师介绍的方法建立工程“LCD1602. uvproj”，CPU为“AT89S51”，包含启动文件“STARTUP. A51”。

4. 按照老师介绍的方法及实验功能要求创建源程序“main. c”“1602. c”以及“delay. c”，并加入工程“LCD1602. uvproj”，然后设置工程“LCD1602. uvproj”的属性，将其晶振频率设置为11.059 2 MHz，选择输出可执行文件，DEBUG方式选择硬件“DEBUG”，并选择其中的“Keil Monitor-51 Driver”仿真器。

5. 构造工程“LCD1602. uvproj”。如果编程有误则进行修改，直至构造正确为止。

6. 运行程序，观察结果是否符合程序要求，若不符合，分析出错原因，继续重复步骤4和5，直至结果正确。

四、实验作业

1. 总结LCD1602显示控制的实现方法。

2. 尝试利用汇编语言编程实现程序中的相同功能。

实验十一 LCD12864显示实验

一、实验内容

本实验利用单片机并行口实现LCD12864的显示控制，并利用并行口实现五向开关控制文字的移动方向。实验原理图如图1.11.1所示。

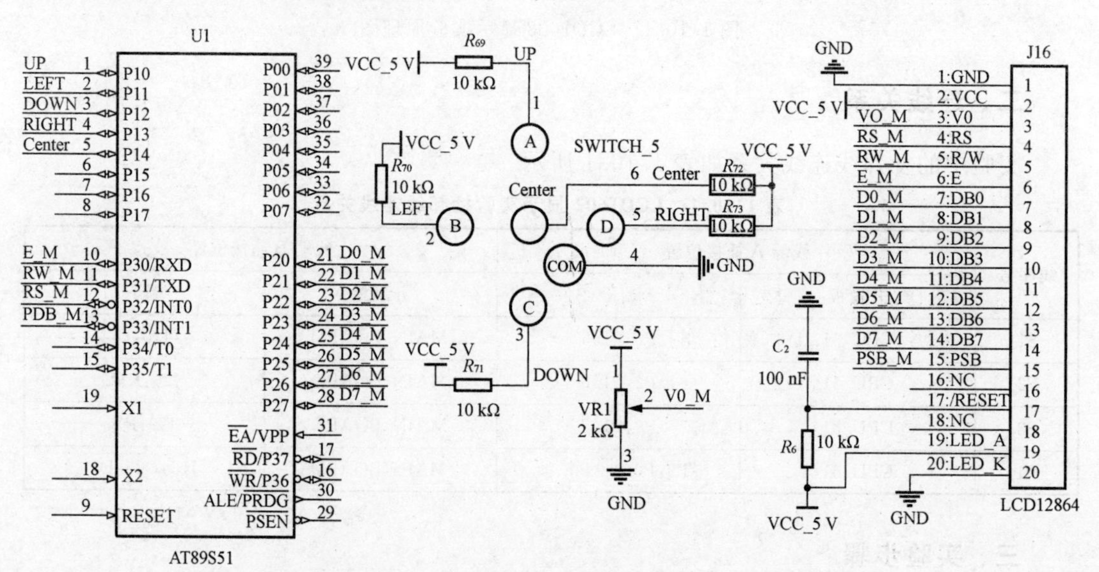

图1.11.1 LCD12864显示实验原理图

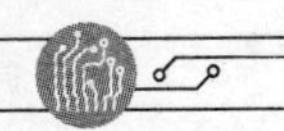

实验功能要求如下：

1. 利用LCD12864液晶屏实现汉字“液晶测试”显示。

2. 五向开关向左按时，LCD12864显示内容向左移动（到达最左端时停止移动）；向右按时，显示内容向右移动（到达最右端时停止移动）；向上按时，显示内容向上移动（到达最上端时停止移动）；向下按时，显示内容向下移动（到达最下端时停止移动）；在中间位置按时，显示内容闪烁3次。

二、连线关系

实验中的杜邦线连线关系如表1.11.1所示。

表1.11.1　LCD12864显示实验杜邦线连线关系

线序号	线端A插接位置		线端B插接位置	
	开发板	端子	开发板	端子
S1	CPU_51	P2:P3.0	MAIN_BOARD	J20:RS
S2	CPU_51	P2:P3.1	MAIN_BOARD	J20:RW
S3	CPU_51	P2:P3.2	MAIN_BOARD	J20:E
S4	CPU_51	P2:P3.3	MAIN_BOARD	J20:PSB
S5	CPU_51	P2:P1.0	MAIN_BOARD	J80:A
S6	CPU_51	P2:P1.1	MAIN_BOARD	J80:B
S7	CPU_51	P2:P1.2	MAIN_BOARD	J80:C
S8	CPU_51	P2:P1.3	MAIN_BOARD	J80:D
S9	CPU_51	P2:P1.4	MAIN_BOARD	J80:CEN
P1	CPU_51	P3:P2.0～P2.7	MAIN_BOARD	J18:D0～D7

三、程序流程图

程序流程图如图1.11.2所示。

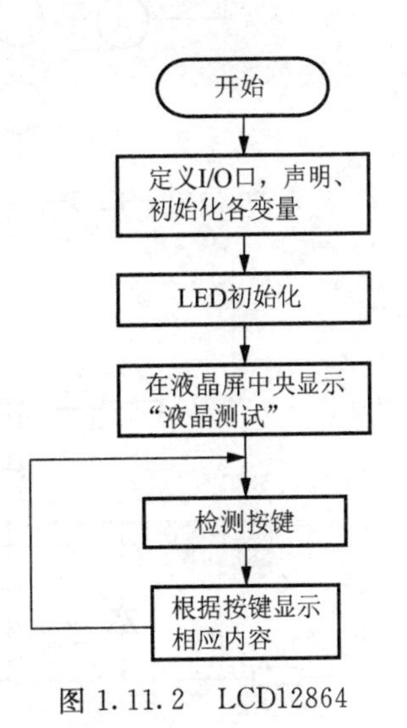

图1.11.2　LCD12864显示实验程序流程图

四、实验步骤

1. 关掉实验箱电源。将CPU板插接在JK1,JK2上，注意CPU板的插接方向。将LCD12864插接在主板的J16上，注意插接方向。按照表1.11.1将硬件连接好。

2. 在仿真器断电情况下将仿真器插在CPU板的CPU插座上。将仿真器与开发PC机的USB通信口连接好，主板上电。

3. 运行Keil开发环境，按照老师介绍的方法建立工程“12864LCD. uvproj”，CPU为“AT89S51”，包含启动文件“STARTUP. A51”。

4. 按照老师介绍的方法及实验功能要求创建源程序“12864LCD. c”，并加入工程“12864LCD. uvproj”，然后设置工程“12864LCD. uvproj”的属性，将其晶振频率设置为11.059 2 MHz，选择输出可执行文件，DEBUG 方式选择硬件“DEBUG”，并选择其中的“Keil Monitor-51 Driver”仿真器。

5. 构造工程“12864LCD. uvproj”。如果编程有误则进行修改，直至构造正确为止。

6. 运行程序，观察结果是否符合程序要求，若不符合，分析出错原因，继续重复步骤 4 和 5，直至结果正确。

五、实验作业

1. 总结 LCD12864 显示控制的实现方法。
2. 尝试利用汇编语言编程实现程序中的相同功能。

16×16 LED 点阵显示实验

一、实验内容

本实验利用单片机并行口实现 16×16 LED 点阵的显示控制，并利用并行口实现五向开关控制显示图形内容，利用静态开关控制文字的显示与否以及亮度。实验原理图如图 1.12.1 所示。

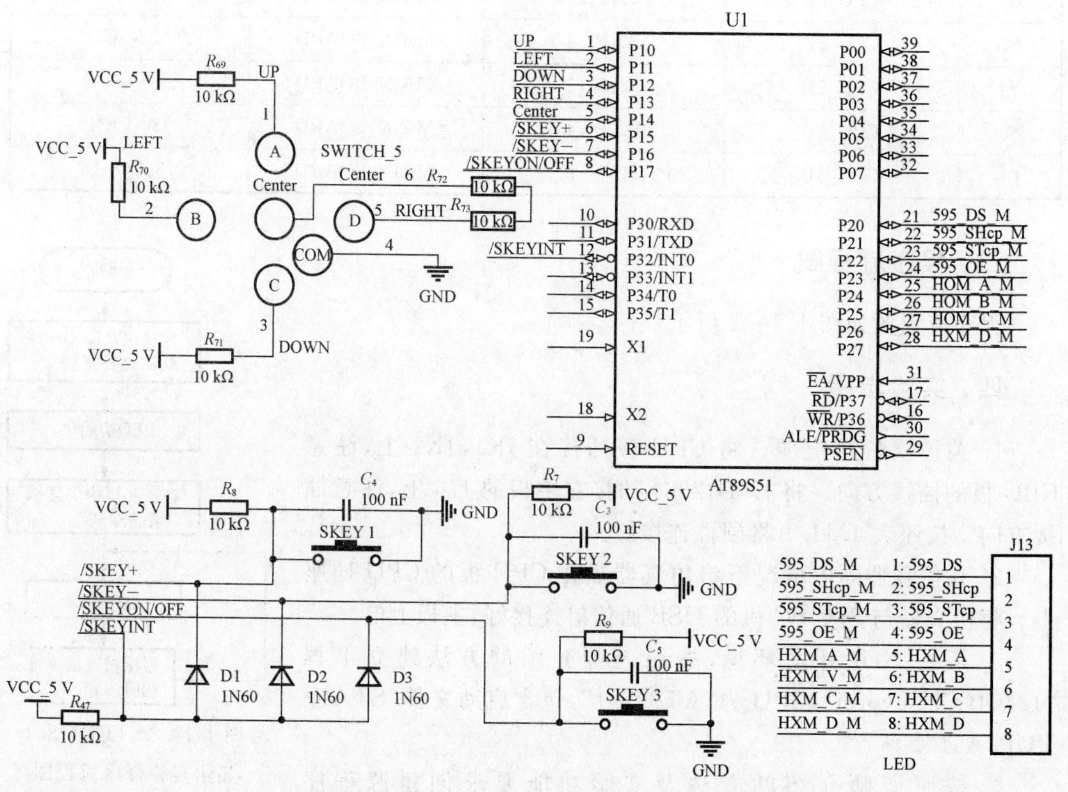

图 1.12.1　16×16 LED 点阵显示实验原理图

16×16 LED点阵的列驱动是由74HC595来提供的。74HC595内具有一个8位移位寄存器、一个存储器和一个三态输出控制。移位寄存器和存储器采用分开的时钟,数据在SHcp的上升沿输入到移位寄存器中,在STcp的上升沿输入到存储器中。如果两个时钟连在一起,则移位寄存器总是比存储器早一个脉冲。移位寄存器有一个串行移位输入(DS)、一个串行输出(Q7)和一个异步的低电平复位,存储器有一个8位并行的具备三态的总线输出,当使能OE(为低电平)时,存储器的数据输出到总线。按键功能如表1.12.1所示。

表1.12.1 按键功能

按键名称	代表的功能	按键名称	代表的功能
SWITCH_5:A	Up↑	SWITCH_5:Center	闪烁
SWITCH_5:B	Left←	SKEY1	亮度+
SWITCH_5:C	Down↓	SKEY2	亮度-
SWITCH_5:D	Right→	SKEY3	ON/OFF

实验功能要求如下:

1. 上电时默认显示一个向上的箭头"↑",亮度最大。五向开关向左按时,显示的内容为"←";向右按时,显示的内容为"→";向下按时,显示的内容为"↓";向上按时,显示的内容是"↑";在中间位置触发时,显示的内容闪烁3次(亮0.5 s,灭0.5 s)。

2. 按下独立按键SKEY1时,显示亮度增加;按下独立按键SKEY2时,显示亮度降低;按下独立按键SKEY3时,LED点阵在亮和灭之间切换。

二、连线关系

实验中的杜邦线连线关系如表1.12.2所示。

表1.12.2 16×16 LED点阵显示实验杜邦线连线关系

线序号	线端A插接位置		线端B插接位置	
	开发板	端子	开发板	端子
S1	CPU_51	P2:P1.0	MAIN_BOARD	J80:A
S2	CPU_51	P2:P1.1	MAIN_BOARD	J80:B
S3	CPU_51	P2:P1.2	MAIN_BOARD	J80:C
S4	CPU_51	P2:P1.3	MAIN_BOARD	J80:D
S5	CPU_51	P2:P1.4	MAIN_BOARD	J80:CEN
S6	CPU_51	P2:P1.5	MAIN_BOARD	J26:SKEY1
S7	CPU_51	P2:P1.6	MAIN_BOARD	J26:SKEY2
S8	CPU_51	P2:P1.7	MAIN_BOARD	J26:SKEY3
P1	CPU_51	P3:A8~A15	MAIN_BOARD	J13:DS~D

三、程序流程图

程序流程图如图1.12.2所示。

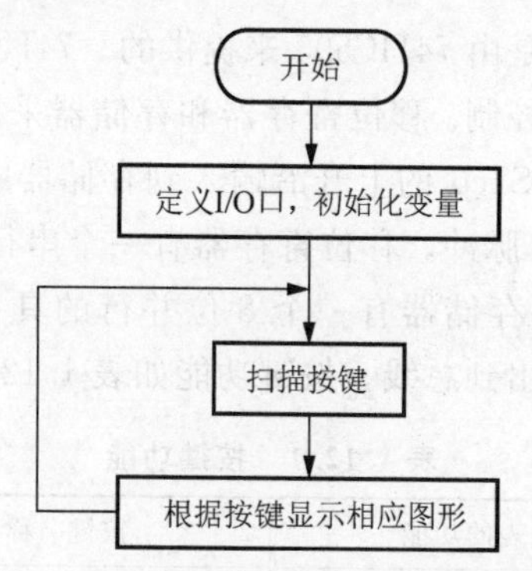

图 1.12.2　16×16 LED点阵显示实验程序流程图

四、编程思路

箭头"↑""↓""←"和"→"的16×16点阵编码(从左到右低位在前,从上到下的编码)如下:

//"↑"

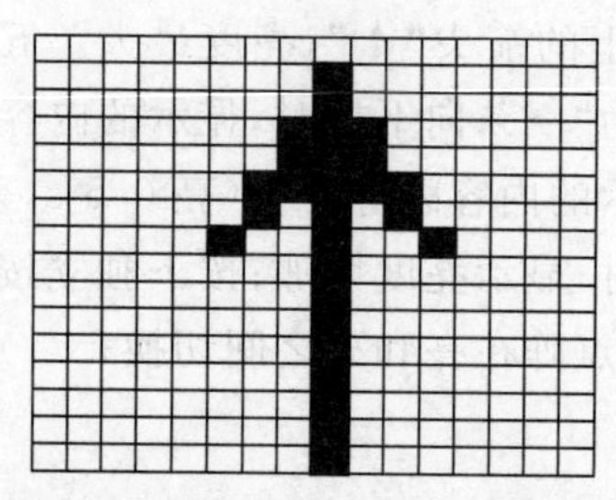

{0x00,0x00,0x80,0x00,0x80,0x00,0xC0,0x01,0xC0,0x01,0xE0,0x03,0xA0,0x02,0x90,0x04};
{0x80,0x00,0x80,0x00,0x80,0x00,0x80,0x00,0x80,0x00,0x80,0x00,0x80,0x00,0x80,0x00};

//"←"

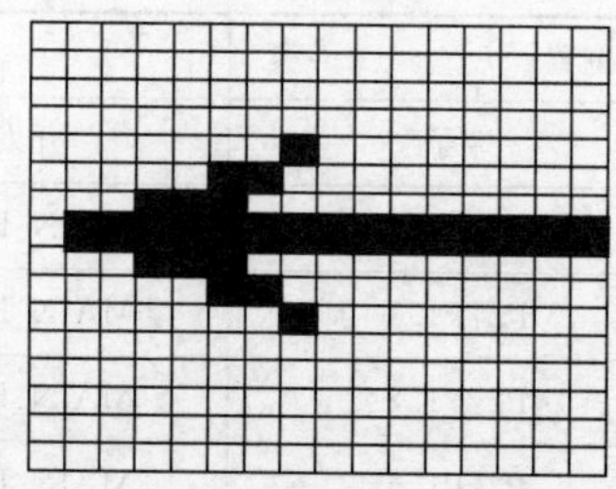

{0x00,0x00,0x00,0x00,0x00,0x00,0x00,0x00,0x00,0x01,0x00,0x06,0x00,0x1C,0xFF,0x7F};
{0x00,0x1C,0x00,0x06,0x00,0x01,0x00,0x00,0x00,0x00,0x00,0x00,0x00,0x00,0x00,0x00};

//"→"

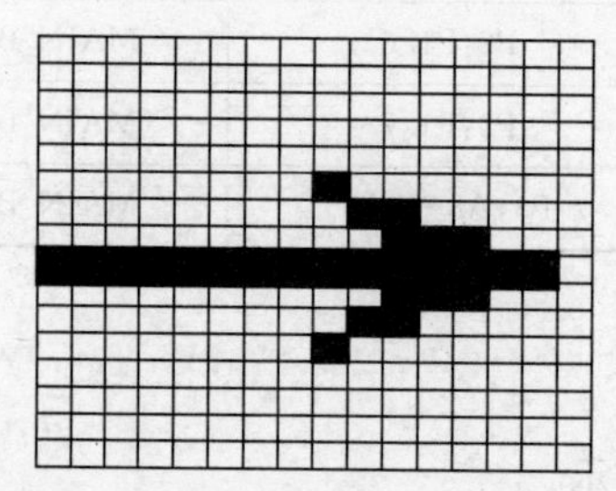

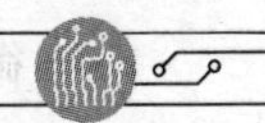

{0x00,0x00,0x00,0x00,0x00,0x00,0x00,0x00,0x80,0x00,0x60,0x00,0x38,0x00,0xFE,0xFF};

{0x38,0x00,0x60,0x00,0x80,0x00,0x00,0x00,0x00,0x00,0x00,0x00,0x00,0x00,0x00,0x00};

//"↓"

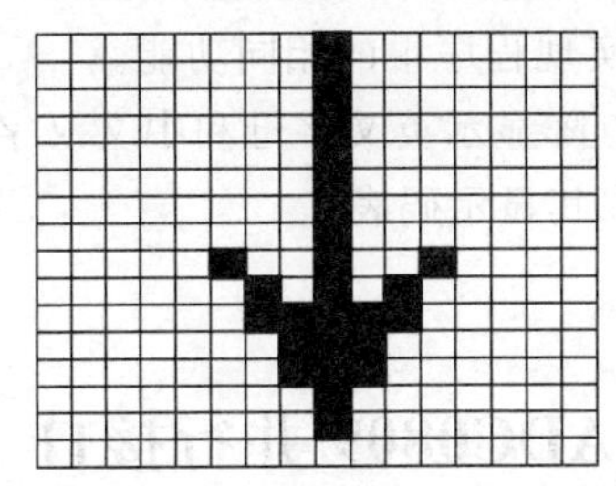

{0x80,0x00,0x80,0x00,0x80,0x00,0x80,0x00,0x80,0x00,0x80,0x00,0x80,0x00,0x80,0x00};

{0x90,0x04,0xA0,0x02,0xE0,0x03,0xC0,0x01,0xC0,0x01,0x80,0x00,0x80,0x00,0x00,0x00};

亮度调节由 PWM 技术调节占空比来实现,如图 1.12.3 所示。

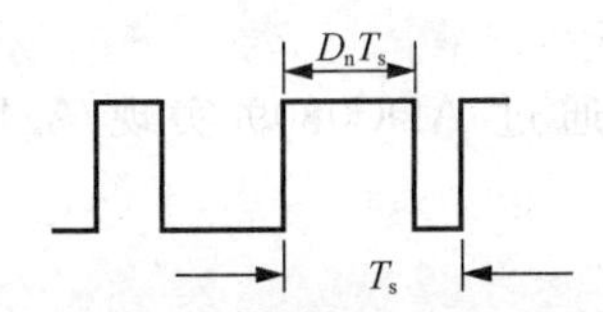

图 1.12.3 PWM 技术调节占空比

T_s 为某个 LED 的最大点亮时间,高电平持续期为 D_nT_s,表示该 LED 的实际点亮时间为 D_nT_s。D_n 叫作占空比(这里分成 5 个等级:20%,40%,60%,80%,100%)。剩余的 $(1-D_n)T_s$期间,该 LED 是灭的。这样从平均的角度来看,当 $D_n=20\%$时该发光二极管的亮度最低,当 $D_n=100\%$时该发光二极管的亮度最高。T_s 实际上表示了一行的显示时间,为了防止出现频闪现象,T_s 不宜选得太大,这里选用 1 ms 即可。

五、实验步骤

1. 关掉实验箱电源。将 CPU 板插接在 JK1,JK2 上,注意 CPU 板的插接方向。将 16×16 LED 点阵子板插接在主板的 J13 上,注意插接方向。按照表 1.12.2 将硬件连接好。

2. 在仿真器断电情况下将仿真器插在 CPU 板的 CPU 插座上。将仿真器与开发 PC 机的 USB 通信口连接好,主板上电。

3. 运行 Keil 开发环境,按照老师介绍的方法建立工程“点阵. uvproj”,CPU 为“AT89S51”,包含启动文件“STARTUP. A51”。

4. 按照老师介绍的方法及实验功能要求创建源程序“dianzhen. c”,并加入工程“点阵. uvproj”,然后设置工程“点阵.uvproj”的属性,将其晶振频率设置为 11.059 2 MHz,选择输出可执行文件,DEBUG 方式选择硬件“DEBUG”,并选择其中的“Keil Monitor-51 Driver”仿真器。

5. 构造工程“点阵.uvproj”。如果编程有误则进行修改,直至构造正确为止。

6. 运行程序,观察结果是否符合程序要求,若不符合,分析出错原因,继续重复步骤 4 和 5,直至结果正确。

六、实验作业

1. 总结 16×16 LED 点阵的显示控制实现方法。

2. 尝试利用汇编语言编程实现程序中的相同功能。

3. 尝试利用 16×16 LED 点阵显示英文字母和中文汉字并进行滚动显示，英文字母和中文汉字使用字模提取软件提取其显示码表。

ADC0809 并行接口 A/D 转换实验

一、实验内容

实验原理图如图 1.13.1 所示。

本实验利用单片机并行口通过 ADC0809 实现 A/D 采样，并将采样的结果通过 LCD1602 显示出来。

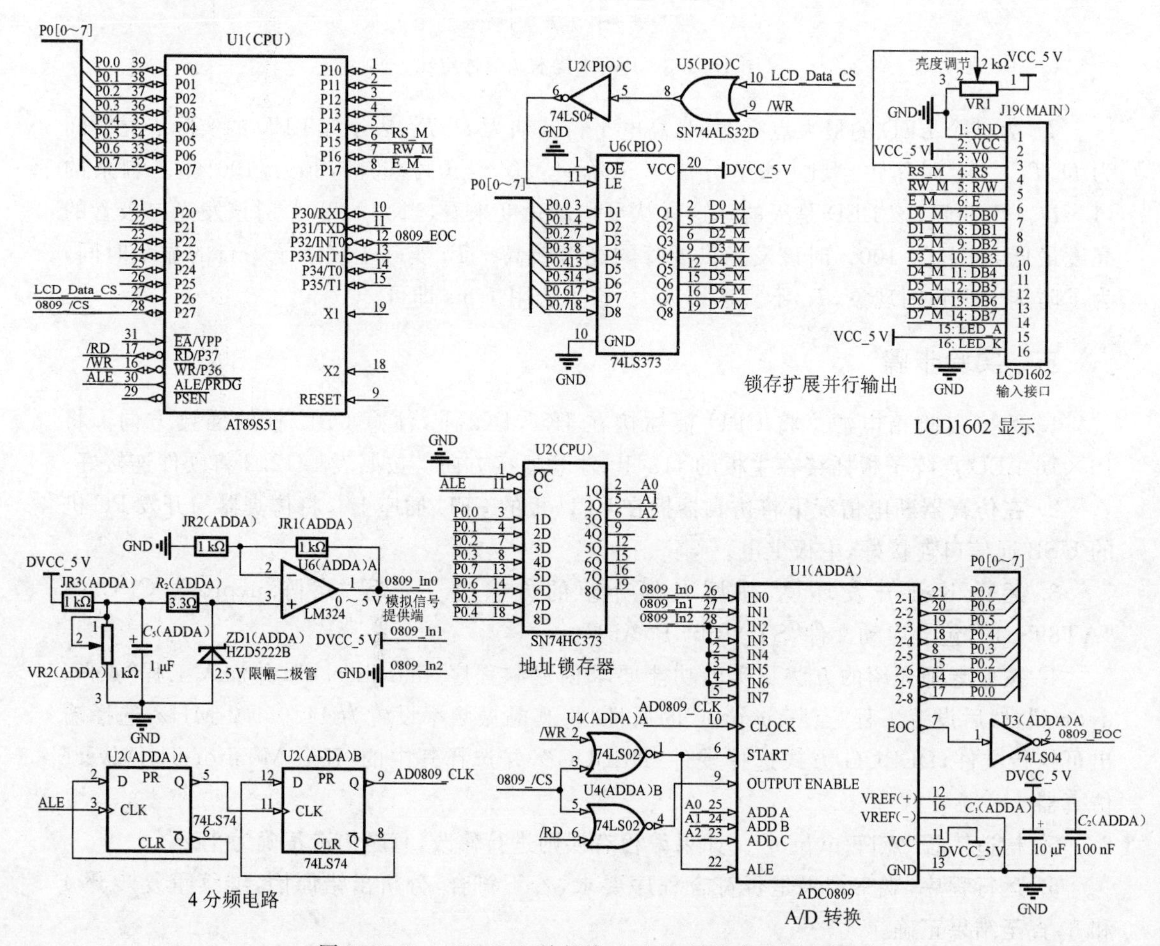

图 1.13.1 ADC0809 并行接口 A/D 转换实验原理图

二、连线关系

实验中的杜邦线连线关系如表 1.13.1 所示。

表 1.13.1　ADC0809 并行接口 A/D 转换实验杜邦线连线关系

线序号	线端 A 插接位置		线端 B 插接位置	
	开发板	端子	开发板	端子
S1	MAIN_BOARD	P12：+12 V	ADDA	P2：+12 V
S2	ADDA	P5：0～5 V	ADDA	JP1：15(IN7)
S3	CPU_51	P2：P3.6	ADDA	J1：/WR
S4	CPU_51	P2：P3.7	ADDA	J1：/RD
S5	CPU_51	P2：P3.2	ADDA	J1：EOC
S6	CPU_51	P3：ALE	ADDA	J1：ALE
S7	CPU_51	P3：A15	ADDA	J1：/CS
S8	CPU_51	P2：A0	ADDA	J1：A0
S9	CPU_51	P2：A1	ADDA	J1：A1
S10	CPU_51	P2：A2	ADDA	J1：A2
P1	CPU_51	P3：P0.0～P0.7	ADDA	J2：P0.0～P0.7
S1	CPU_51	P2：P2.6	MAIN_BOARD	J20：RS
S2	CPU_51	P2：P2.5	MAIN_BOARD	J20：RW
S3	CPU_51	P2：P2.4	MAIN_BOARD	J20：E
P2	CPU_51	P2：P1.0～P1.7	MAIN_BOARD	J18：D0～D7

三、程序流程图

程序流程图如图 1.13.2 所示。

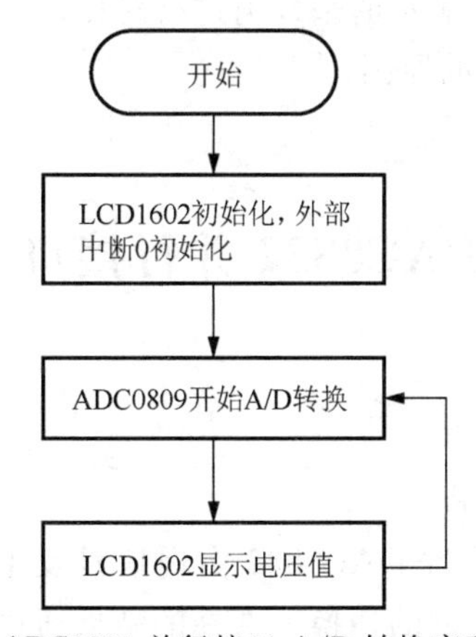

图 1.13.2　ADC0809 并行接口 A/D 转换实验程序流程图

四、编程思路

ADC0809 的地址由 A15 来决定，A15 为低电平时选通 ADC0809，对 ADC0809 的写操作将启动其 A/D 转换过程，转换结束后，EOC 将输出低电平，引起 CPU 的外部中断 0 中断，在中断服务程序中对 ADC0809 进行读操作即可读到转换结果。输入通道 IN7 的是可变模拟量，通过调节可调电阻 VR2 可以改变其大小，变换的范围为 0～5 V，采集结果显示在 LCD1602 显示器上。

五、实验步骤

1. 关掉实验箱电源。将 CPU 板插接在 JK1，JK2 上，注意 CPU 板的插接方向。将 LCD1602 子板插接在主板的 J19 上，注意插接方向。将 ADDA 扩展板插接在子板扩展区插槽上。按照表 1.13.1 将硬件连接好。

2. 在仿真器断电情况下将仿真器插在 CPU 板的 CPU 插座上。将仿真器与开发 PC 机的 USB 通信口连接好，主板上电。

3. 运行 Keil μVision2 开发环境，按照老师介绍的方法建立工程"ADC0809. uV2"，CPU 为"AT89S51"，包含启动文件"STARTUP. A51"。

4. 按照老师介绍的方法及实验功能要求创建源程序"main. c"，并加到工程"ADC0809. uV2"，然后设置工程"ADC0809. uV2"的属性，将其晶振频率设置为 11. 059 2 MHz，选择输出可执行文件，DEBUG 方式选择硬件"DEBUG"，并选择其中的"Keil Monitor-51 Driver"仿真器。

5. 构造工程"ADC0809. uV2"。如果编程有误则进行修改，直至构造正确为止。

6. 运行程序，观察结果是否符合程序要求，若不符合，分析出错原因，继续重复步骤 4 和 5，直至结果正确。

六、实验作业

1. 调节 ADDA 板上的 VR2，使 IN7 通道上的输入信号电平发生改变，利用数字万用表测量其电压值，并将其与 LCD 上显示的采样值进行对比。

2. 分析 A/D 过程产生误差的原因。

实验十四　DAC0832 并行接口 D/A 转换实验

一、实验内容

实验原理图如图 1.14.1 所示。

本实验利用单片机并行口通过 DAC0832 实现信号发生器功能，静态按键实现信号频率的增加与减小以及输出信号类型的切换。选择的结果通过 LCD1602 显示出来。

能够实现的信号类型包括方波、三角波和正弦波，频率为 50 Hz，100 Hz，150 Hz，200 Hz和 250 Hz 五种。

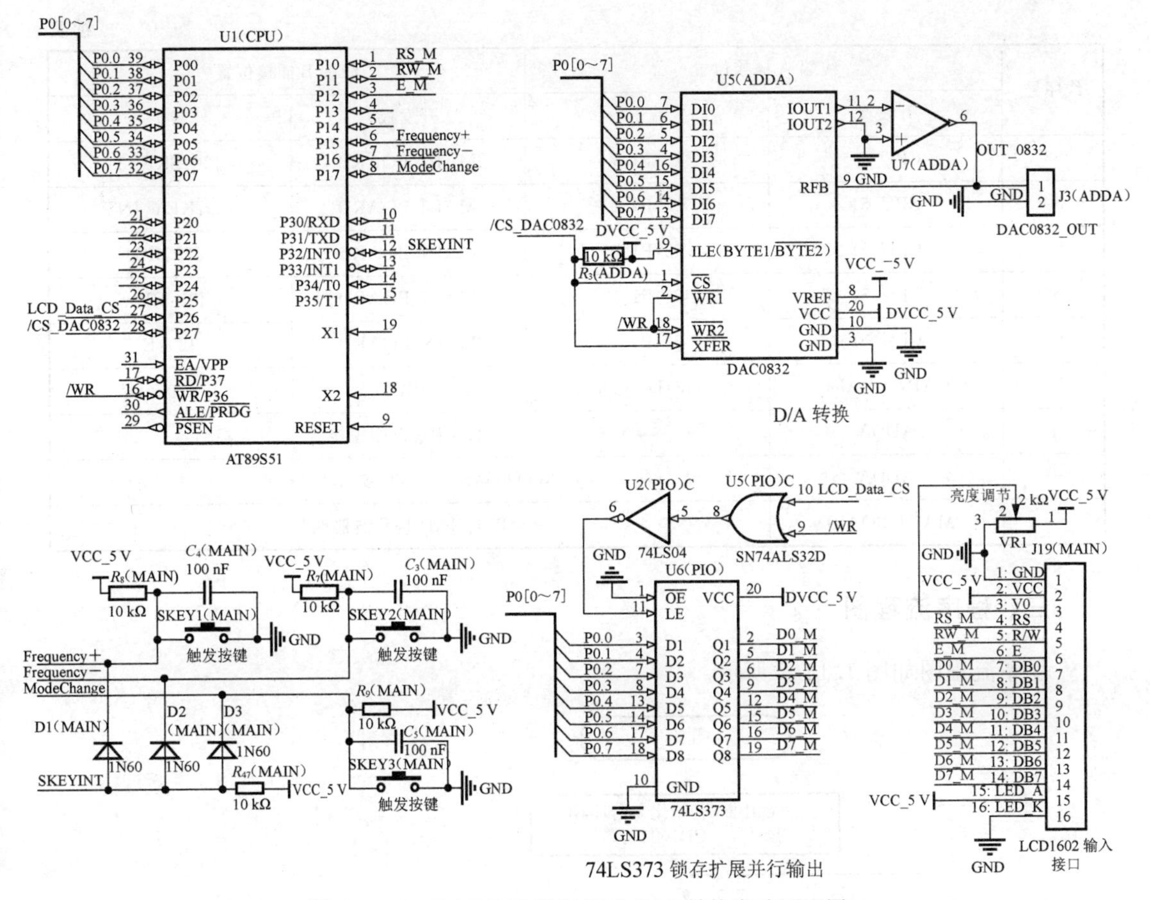

图 1.14.1　DAC0832 并行接口 D/A 转换实验原理图

二、连线关系

实验中的杜邦线连线关系如表 1.14.1 所示。

表 1.14.1　DAC0832 并行接口 D/A 转换实验杜邦线连线关系

线序号	线端 A 插接位置		线端 B 插接位置	
	开发板	端子	开发板	端子
S1	MAIN_BOARD	P12：+12 V	ADDA	P2：+12 V
S2	CPU_51	P3：A15	ADDA	J4：/CS
S3	CPU_51	P2：P3.6	ADDA	J4：/WR
P1	CPU_51	P3：P0.0～P0.7	ADDA	J2：P0.0～P0.7
S4	CPU_51	P2：P3.6	PIO	J6：373WR
S5	CPU_51	P3：A14	PIO	J6：373_OA
P2	CPU_51	P3：P0.0～P0.7	PIO	J9：P0.0～P0.7
S6	CPU_51	P2：P1.5	MAIN_BOARD	J26：SKEY1
S7	CPU_51	P2：P1.6	MAIN_BOARD	J26：SKEY2

续表

线序号	线端A插接位置		线端B插接位置	
	开发板	端子	开发板	端子
S8	CPU_51	P2:P1.7	MAIN_BOARD	J26:SKEY3
S9	CPU_51	P2:P3.2	MAIN_BOARD	J26:KEY_INT
S1	CPU_51	P2:P1.0	MAIN_BOARD	J20:RS
S2	CPU_51	P2:P1.1	MAIN_BOARD	J20:RW
S3	CPU_51	P2:P1.2	MAIN_BOARD	J20:E
P3	MAIN_BOARD	J18:D0～D7	PIO	J5:D0～D7
—	ADDA	JP2:用短路帽短接		
—	ADDA	J3(模拟输出):OUT 接示波器探头		
—	MAIN_BOARD	P14:GND 接示波器地		

三、程序流程图

程序流程图如图 1.14.2 所示。

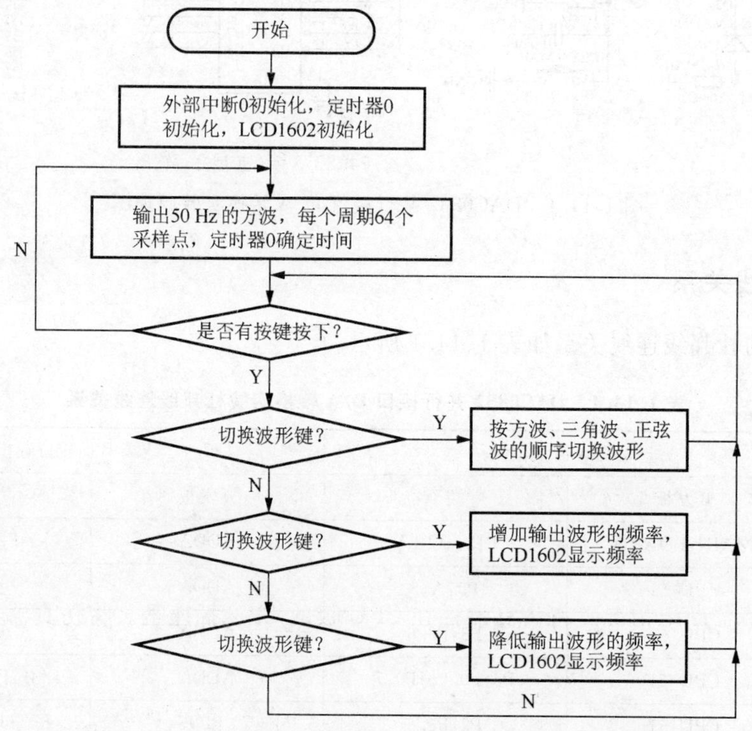

图 1.14.2　DAC0832 并行接口 D/A 转换实验程序流程图

四、编程思路

方波的占空比为 50%，即一半周期内为高电平(0xFF)，一半周期内为低电平(0)。三角波的函数曲线每个周期分成两部分：上升阶段和下降阶段。上升阶段从 0 变到

0xFF,下降阶段从 0xFF 变到 0。每个阶段可以输出 10 个点。三角波一个周期内的信号变化如图 1.14.3 所示。

图 1.14.3 中为规一化的信号幅值,1 对应 5 V,0.1 对应 0.5 V,以此类推。实际送入 DAC0832 的值 1 对应 0xFF。

正弦波一个周期内的信号变化如图 1.14.4 所示。

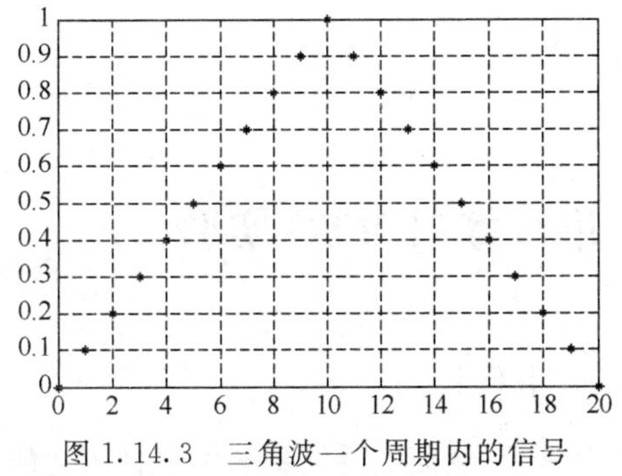

图 1.14.3 三角波一个周期内的信号

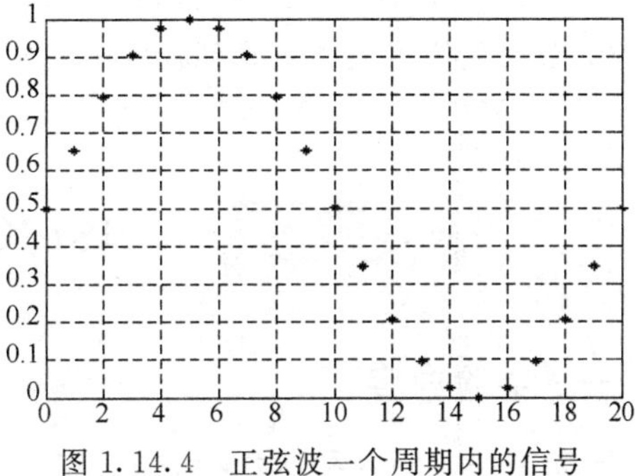

图 1.14.4 正弦波一个周期内的信号

这里规一化正弦函数值为:{0.500 0,0.654 5,0.793 9,0.904 5,0.975 5,1.000 0,0.975 5,0.904 5,0.793 9,0.654 5,0.500 0,0.345 5,0.206 1,0.095 5,0.024 5,0.000 0,0.024 5,0.095 5,0.206 1,0.345 5,0.500 0}。

一个周期的时间长度根据选择的信号频率计算得出。选用恰当的定时方式,以便产生较为精确的定时时长。

模式切换按照图 1.14.5 所示进行。

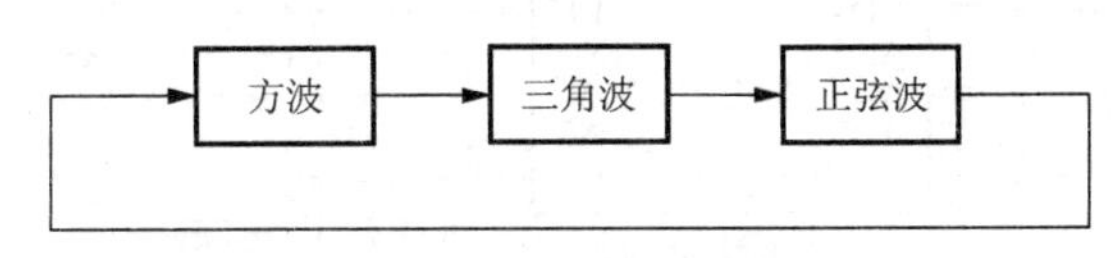

图 1.14.5 模式切换

开机默认情况下为方波。

五、实验步骤

1. 关掉实验箱电源。将 CPU 板插接在 JK1,JK2 上,注意 CPU 板的插接方向。将 LCD1602 子板插接在主板的 J19 上,注意插接方向。将 PIO 和 ADDA 子板插接在子板扩展区插槽上。按照表 1.14.1 将硬件连接好。

2. 在仿真器断电情况下将仿真器插在 CPU 板的 CPU 插座上。将仿真器与开发 PC 机的 USB 通信口连接好,主板上电。

3. 运行 Keil μVision2 开发环境,按照老师介绍的方法建立工程"DAC0832_c. uV2",CPU 为"AT89S51",包含启动文件"STARTUP. A51"。

4. 按照老师介绍的方法及实验功能要求创建源程序"main. c""da_dac0832. c"以及"lcd_1602. c",并加入工程"DAC0832_c. uV2",然后设置工程"DAC0832_c. uV2"的属性,将其晶振频率设置为 11.059 2 MHz,选择输出可执行文件,DEBUG 方式选择硬件"DEBUG",并选择其中的"Keil Monitor-51 Driver"仿真器。

5. 构造工程“DAC0832_c. uV2”。如果编程有误则进行修改,直至构造正确为止。

6. 运行程序,观察结果是否符合程序要求,若不符合,分析出错原因,继续重复步骤 4 和 5,直至结果正确。

六、实验作业

1. 总结 DAC0832 的数据读写方法。

2. 尝试使用汇编语言实现程序中的相同功能。

DS12C887 并行接口 RTC 实验

一、实验内容

本实验读取 DS12C887 的时钟并在 LCD1602 中显示,从而实现简单的电子日历功能。实验原理图如图 1.15.1 所示。

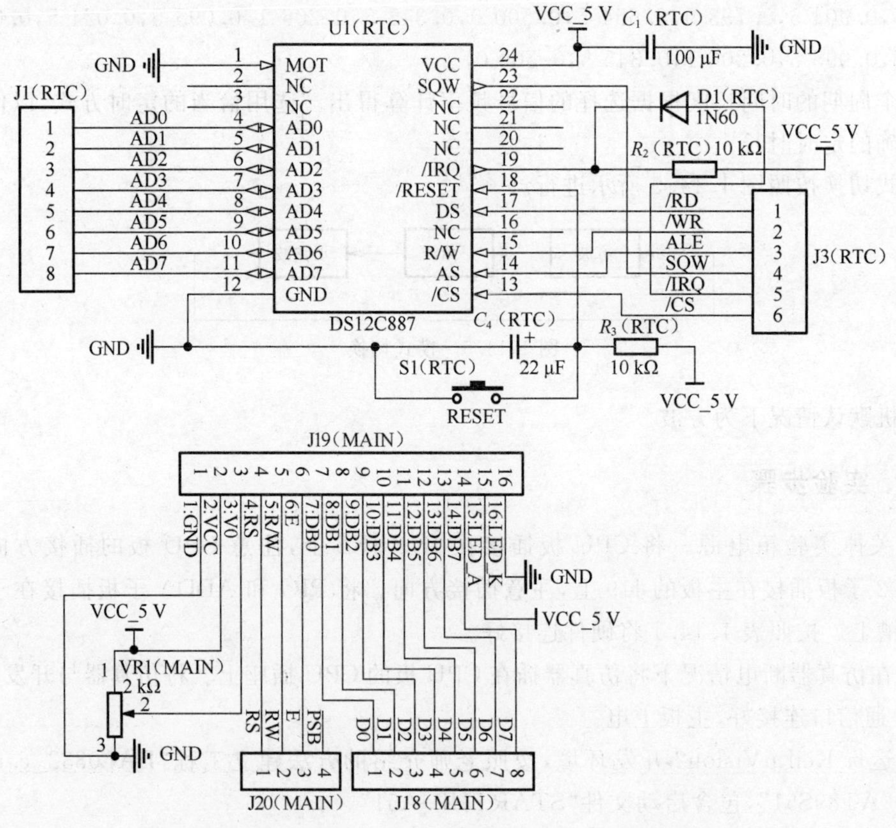

图 1.15.1 DS12C887 并行接口 RTC 实验原理图

二、连线关系

实验中的杜邦线连线关系如表 1.15.1 所示。

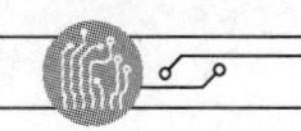

表 1.15.1　DS12C887 并行接口 RTC 实验杜邦线连线关系

线序号	线端 A 插接位置		线端 B 插接位置	
	开发板	端子	开发板	端子
S1	CPU_51	P2:P3.7	RTC	J3:/RD
S2	CPU_51	P2:P3.6	RTC	J3:/WR
S3	CPU_51	P3:ALE	RTC	J3:ALE
S4	CPU_51	P3:A15	RTC	J3:/CS
P1	CPU_51	P3:P0.0～P0.7	RTC	J1:AD0～AD7
S4	CPU_51	P2:P3.6	PIO	J6:373WR
S5	CPU_51	P3:A14	PIO	J6:373_OA
P2	CPU_51	P3:P0.0～P0.7	PIO	J9:P0.0～P0.7
S6	CPU_51	P2:P1.5	MAIN_BOARD	J20:RS
S7	CPU_51	P2:P1.6	MAIN_BOARD	J20:RW
S8	CPU_51	P2:P1.7	MAIN_BOARD	J20:E
P3	MAIN_BOARD	J18:D0～D7	PIO	J5:D0～D7

三、程序流程图

程序流程图如图 1.15.2 所示。

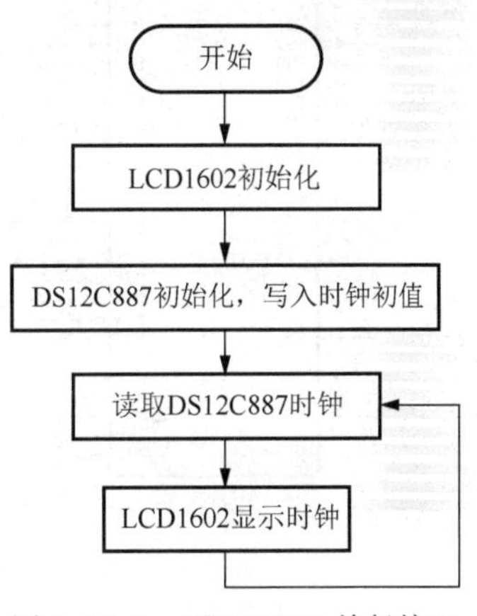

图 1.15.2　DS12C887 并行接口 RTC 实验程序流程图

四、编程思路

查看 DS12C887 的数据手册，能够编程写入相应的内存字节来设置时间、日历与闹钟，访问相应的内存字节来获取时间和日历信息，并使用 LCD 模块进行实时时钟输出。

五、实验步骤

1. 关掉实验箱电源。将 CPU 板插接在 JK1、JK2 上，注意 CPU 板的插接方向。将 LCD1602 子板插接在主板的 J19 上，注意插接方向。将 PIO 和 RTC 子板插接在子板扩展区插槽上。按照表 1.15.1 将硬件连接好。

2. 在仿真器断电情况下将仿真器插在 CPU 板的 CPU 插座上。将仿真器与开发 PC 机的 USB 通信口连接好，主板上电。

3. 运行 Keil μVision2 开发环境，按照老师介绍的方法建立工程“RTC_DS12887.uV2”，CPU 为“AT89S51”，包含启动文件“STARTUP.A51”。

4. 按照老师介绍的方法及实验功能要求创建源程序“main.c”“Setting.c”“rtc_ds12887.c”“7279KEYSCAN.c”以及“lcd_1602.c”，并加入到工程“RTC_DS12887.uV2”，然后设置工程“RTC_DS12887.uV2”的属性，将其晶振频率设置为 11.059 2 MHz，选择输出可执行文件，DEBUG方式选择硬件“DEBUG”，并选择其中的“Keil Monitor-51 Driver”仿真器。

5. 构造工程“RTC_DS12887.uV2”。如果编程有误则进行修改，直至构造正确为止。

6. 运行程序,观察结果是否符合程序要求,若不符合,分析出错原因,继续重复步骤 4 和 5,直至结果正确。

六、实验作业

1. 总结 DS12C887 的控制方法。
2. 尝试将显示模块改成 LCD12864,实现相同的功能。

I2C 串行 E2PROM 24C02 读写实验

一、实验内容

实验原理图如图 1.16.1 所示。

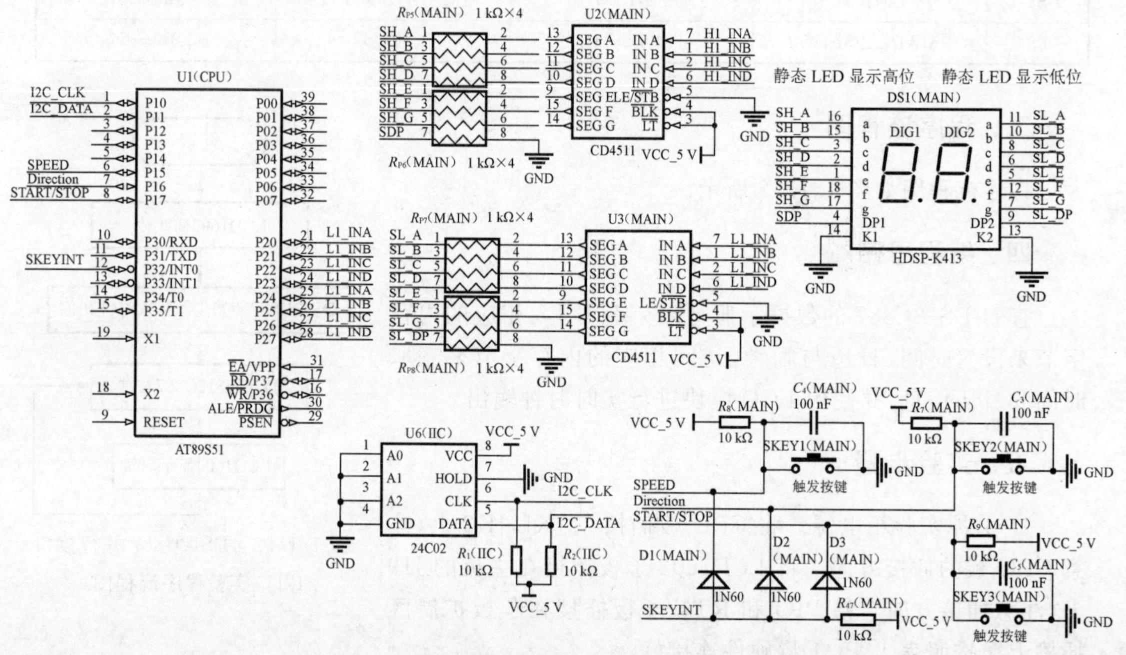

图 1.16.1　I2C 串行 E2PROM 24C02 读写实验原理图

本实验进行 I2C 接口的 24C02 读写验证。

24C02 储存 1 个单字节 BCD 码数据,静态 LED 数码管 DS1 显示该 BCD 码。

在独立按键 SKEY3(START/STOP)按下并释放后,CPU 读取该 BCD 码,每过一段时间将其加 1,然后将其存入 24C02,并显示在 DS1 中,数据变化的范围为 00～99。独立按键 SPEED 的作用是缩短变化间隔,提高变化频率。独立按键 Direction 的作用是使显示数据逐步增加或者减小。当前是增加,则按下独立按键 Direction 后数据就会逐步减小;当前是减小,则按下独立按键 Direction 后数据就会逐步增加。增加时,增加到 99 则下一次从 00 开始;减小时,减小到 00 则下一次从 99 开始。再次按下独立按键 SKEY3(START/STOP)

时,停止运行。注意运行/停止、增加/减小的状态也要存入 24C02,默认情况下是停止、增加,并且初始数据为 00。每次上电之后都要自动读取 24C02 中所储存的状态数据。数据增加或减小都是按照 BCD 码变化。

运行过程中,硬件复位 CPU,使其从头运行,数据变换的状态和速度应该和复位之前一致。在运行过程中,关掉单片机电源,重新上电,数据变换的状态和速度应该和关电之前一致。

数据显示变化时间间隔可以按 0.1 s,0.2 s,0.4 s,0.8 s 和 1.6 s 五挡变化。

二、连线关系

实验中的杜邦线连线关系如表 1.16.1 所示。

表 1.16.1　I2C 串行 E2PROM 24C02 读写实验杜邦线连线关系

线序号	线端 A 插接位置		线端 B 插接位置	
	开发板	端子	开发板	端子
S1	CPU_51	P2:P1.5	MAIN_BOARD	J26:SKEY1
S2	CPU_51	P2:P1.6	MAIN_BOARD	J26:SKEY2
S3	CPU_51	P2:P1.7	MAIN_BOARD	J26:SKEY3
S4	CPU_51	P2:P3.2	MAIN_BOARD	J26:Key_INT
P1	CPU_51	P3:A8～A15	MAIN_BOARD	J21:L1A～H1D
S5	CPU_51	P2:P1.0	IIC	J12:CLK
S6	CPU_51	P2:P1.1	IIC	J12:DATA

三、程序流程图

程序流程图如图 1.16.2 所示。

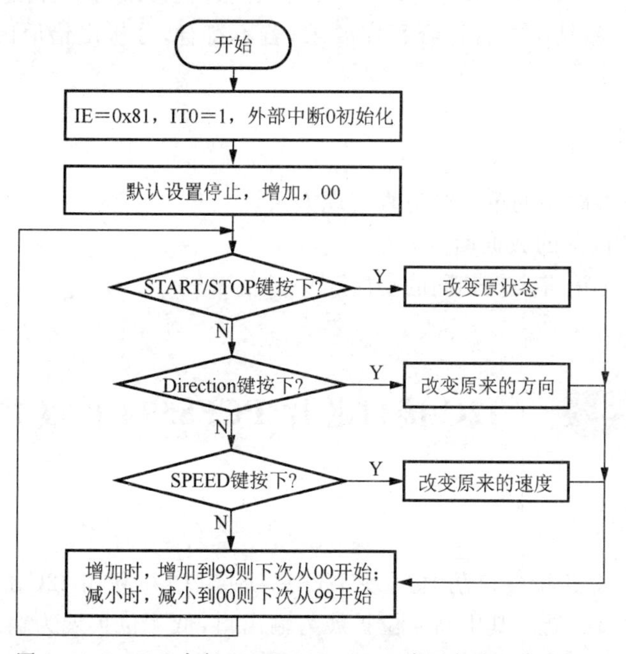

图 1.16.2　I2C 串行 E2PROM 24C02 读写实验程序流程图

四、编程思路

由于 MCS-51 单片机自身没有 I2C 电路，这里要采用 P1.0 和 P1.1 仿真来实现，P1.0 仿真 I2C_CLK，P1.1 仿真 I2C_DATA。24C02 的读写命令格式要参考其手册。I2C 的操作函数要设计成标准函数，以便其他 I2C 器件实验时使用。

独立按键的按键功能如表 1.16.2 所示。

表 1.16.2　独立按键的按键功能

按键名称	SKEY1	SKEY2	SKEY3
代表的功能	SPEED	Direction	START/STOP

五、实验步骤

1. 关掉实验箱电源。将 CPU 板插接在 JK1，JK2 上，注意 CPU 板的插接方向。将 IIC 子板插接在子板扩展区插槽上。按照表 1.16.1 将硬件连接好。

2. 在仿真器断电情况下将仿真器插在 CPU 板的 CPU 插座上。将仿真器与开发 PC 机的 USB 通信口连接好，主板上电。

3. 运行 Keil μVision2 开发环境，按照老师介绍的方法建立工程“I2C24C02.uV2”，CPU 为“AT89S51”，包含启动文件“STARTUP.A51”。

4. 按照老师介绍的方法及实验功能要求创建源程序“main.c”以及“iic.c”，并加入工程“I2C24C02.uV2”，然后设置工程“I2C24C02.uV2”的属性，将其晶振频率设置为 11.059 2 MHz，选择输出可执行文件，DEBUG 方式选择硬件“DEBUG”，并选择其中的“Keil Monitor-51 Driver”仿真器。

5. 构造工程“I2C24C02.uV2”。如果编程有误则进行修改，直至构造正确为止。

6. 运行程序，观察结果是否符合程序要求，若不符合，分析出错原因，继续重复步骤 4 和 5，直至结果正确。

六、实验作业

1. 总结 I2C 总线时序的单片机仿真实现方法。
2. 总结 24C02 内部的数据读写方法。
3. 尝试使用汇编语言实现相同的功能。

实验十七　I2C 接口芯片 PCF8574 扩展并口实验

一、实验内容

本实验利用单片机并行口仿真实现 I2C 总线接口，并利用 I2C 扩展并行 I/O 器件 PCF8574 来实现并口扩展。其中高 4 位扩展为输出口，低 4 位扩展为输入口。输入口连接 DIP 开关实现开关量生成电路，输出口连接开关量 LED 指示电路。当相应位(IN_D0—

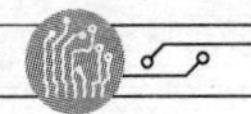

OUT_D0，IN_D1—OUT_D1，IN_D2—OUT_D2，IN_D3—OUT_D3）的 DIP 处于 ON 状态时，相应的输出位的发光二极管亮，反之，处于 OFF 状态时，相应的输出位的发光二极管灭。

该实验的电路原理图如图 1.17.1 所示。

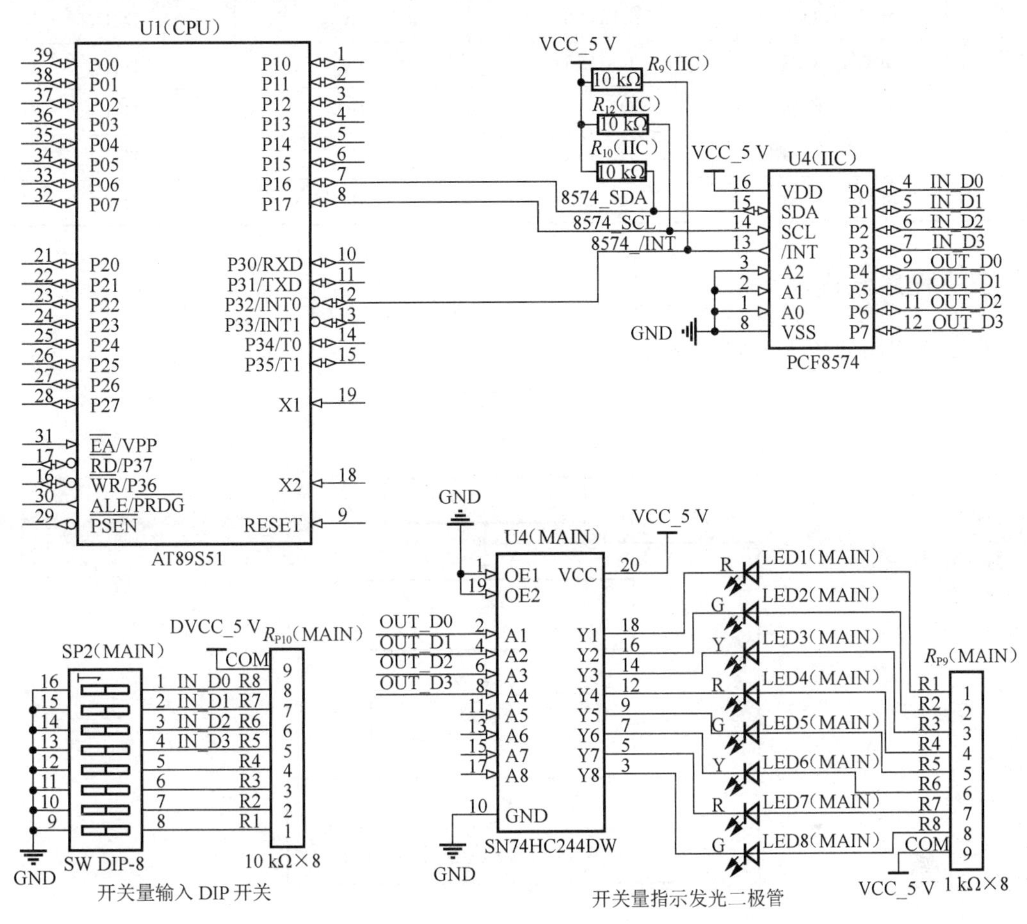

图 1.17.1　I2C 接口芯片 PCF8574 扩展并口实验原理图

二、连线关系

实验中的杜邦线连线关系如表 1.17.1 所示。

表 1.17.1　I2C 接口芯片 PCF8574 扩展并口实验杜邦线连线关系

线序号	线端 A 插接位置		线端 B 插接位置	
	开发板	端子	开发板	端子
S1	CPU_51	P2:P1.6	IIC	J5:SDA
S2	CPU_51	P2:P1.7	IIC	J5:SCL
S3	MAIN_BOARD	P1:D0	IIC	J4:D4
S4	MAIN_BOARD	P1:D1	IIC	J4:D5
S5	MAIN_BOARD	P1:D2	IIC	J4:D6

续表

线序号	线端 A 插接位置		线端 B 插接位置	
	开发板	端子	开发板	端子
S6	MAIN_BOARD	P1:D3	IIC	J4:D7
S7	MAIN_BOARD	J48:LED1	IIC	J4:D0
S8	MAIN_BOARD	J48:LED2	IIC	J4:D1
S9	MAIN_BOARD	J48:LED3	IIC	J4:D2
S10	MAIN_BOARD	J48:LED4	IIC	J4:D3

三、程序流程图

程序流程图如图 1.17.2 所示。

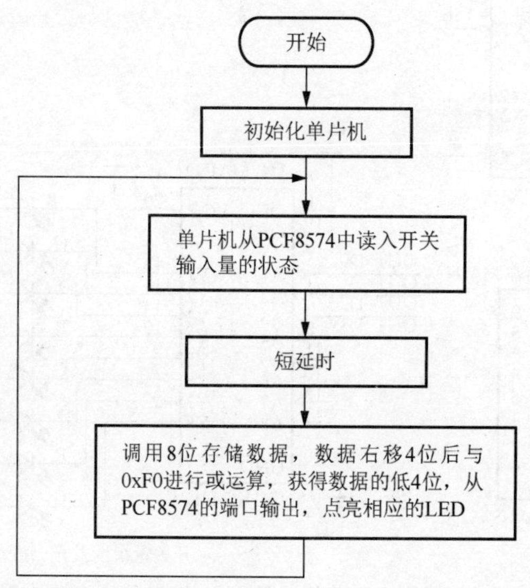

图 1.17.2　I2C 接口芯片 PCF8574 扩展并口实验程序流程图

四、编程思路

由于 MCS-51 单片机自身没有 I2C 电路，这里要采用 P1.7 和 P1.6 仿真来实现，P1.7 仿真 SCL，P1.6 仿真 SDA。PCF8574 的读写命令格式要参考其手册。

五、实验步骤

1. 关掉实验箱电源。将 CPU 板插接在 JK1，JK2 上，注意 CPU 板的插接方向。将 IIC 子板插接在子板扩展区插槽上。按照表 1.17.1 将硬件连接好。

2. 在仿真器断电情况下将仿真器插在 CPU 板的 CPU 插座上。将仿真器与开发 PC 机的 USB 通信口连接好，主板上电。

3. 运行 Keil μVision2 开发环境，按照老师介绍的方法建立工程“PCF8574.uV2”，CPU 为“AT89S51”，包含启动文件“STARTUP.A51”。

4. 按照老师介绍的方法及实验功能要求创建源程序“PCF8574.c”，并加入到工程“PCF8574.uV2”，然后设置工程“PCF8574.uV2”的属性，将其晶振频率设置为11.059 2 MHz，选择输出可执行文件，DEBUG方式选择硬件“DEBUG”，并选择其中的“Keil Monitor-51 Driver”仿真器。

5. 构造工程“PCF8574.uV2”。如果编程有误则进行修改，直至构造正确为止。

6. 运行程序，观察结果是否符合程序要求，若不符合，分析出错原因，继续重复步骤4和5，直至结果正确。

六、实验作业

1. 总结PCF8574的数据读写方法。
2. 尝试使用汇编语言实现相同的功能。

实验十八　I2C接口芯片PCF8563电子钟实验

一、实验内容

实验原理图如图1.18.1所示。

本实验读取PCF8563的时钟并在LCD1602中显示。

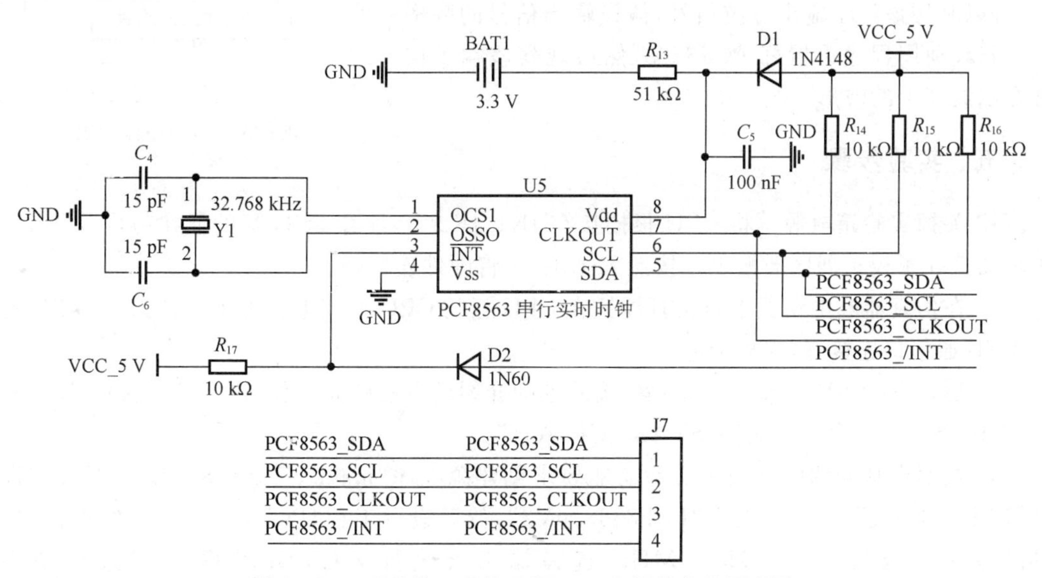

图1.18.1　I2C接口芯片PCF8563电子钟实验原理图

二、连线关系

实验中的杜邦线连线关系如表1.18.1所示。

表 1.18.1　I2C 接口芯片 PCF8563 电子钟实验杜邦线连线关系

线序号	线端 A 插接位置		线端 B 插接位置	
	开发板	端子	开发板	端子
S1	CPU_51	P3:P0.0	IIC	J7:SDA
S2	CPU_51	P3:P0.1	IIC	J7:SCL
S3	CPU_51	P2:P1.5	MAIN_BOARD	J20:RS
S4	CPU_51	P2:P1.6	MAIN_BOARD	J20:RW
S5	CPU_51	P2:P1.7	MAIN_BOARD	J20:E
P1	CPU_51	P3:P2.0～P2.7	MAIN_BOARD	J18:D0～D7

三、程序流程图

程序流程图如图 1.18.2 所示。

四、编程思路

参考 PCF8563 的用户使用手册对其进行读写控制。通信接口仍然为 I2C 接口。该 I2C 接口使用 P0.0 和 P0.1 来仿真实现。另外，IIC 子板上 J7 有个 CLKOUT 端，可以利用该端子输出方波信号，假设输出信号的频率为 1 Hz，利用程序设置好 PCF8563，然后观察该端子信号在示波器上的波形。

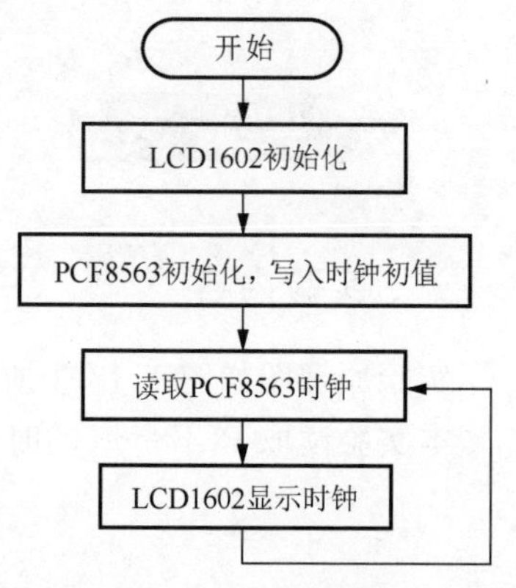

图 1.18.2　I2C 接口芯片 PCF8563 电子钟实验程序流程图

五、实验步骤

1. 关掉实验箱电源。将 CPU 板插接在 JK1，JK2 上，注意 CPU 板的插接方向。将 IIC 子板插接在子板扩展区插槽上。按照表 1.18.1 将硬件连接好。

2. 在仿真器断电情况下将仿真器插在 CPU 板的 CPU 插座上。将仿真器与开发 PC 机的 USB 通信口连接好，主板上电。

3. 运行 Keil μVision2 开发环境，按照老师介绍的方法建立工程“PCF8563.uV2”，CPU 为“AT89S51”，包含启动文件“STARTUP.A51”。

4. 按照老师介绍的方法及实验功能要求创建源程序“main.c”“PCF8563.c”“IIC.c”以及“LCD_1602.c”，并加入工程“PCF8563.uV2”，然后设置工程“PCF8563.uV2”的属性，将其晶振频率设置为 11.059 2 MHz，选择输出可执行文件，DEBUG 方式选择硬件“DEBUG”，并选择其中的“Keil Monitor-51 Driver”仿真器。

5. 构造工程“PCF8563.uV2”。如果编程有误则进行修改，直至构造正确为止。

6. 运行程序，观察结果是否符合程序要求，若不符合，分析出错原因，继续重复步骤 4 和 5，直至结果正确。

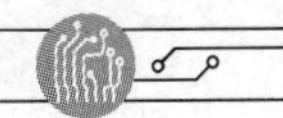

六、实验作业

1. 总结 PCF8563 的数据读写方法。
2. 对比 PCF8563 与 DS12C887 实现 RTC 的方法，分析各自的特点。

实验十九　I2C 接口芯片 TLC549CD 扩展 A/D 实验

一、实验内容

实验原理图如图 1.19.1 所示。

本实验通过 TLC549CD 实现 A/D 采样，并将采样结果通过 LCD1602 显示出来。

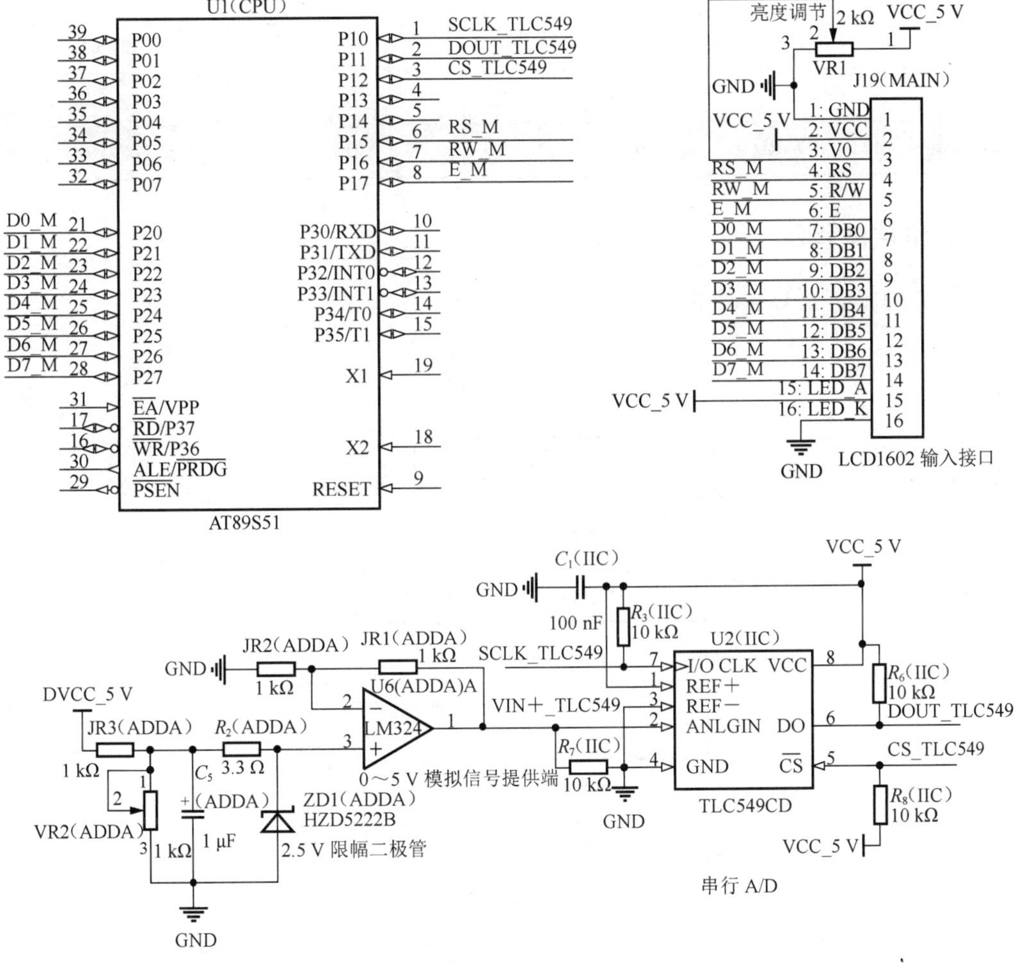

图 1.19.1　I2C 接口芯片 TLC549CD 扩展 A/D 实验原理图

二、连线关系

实验中的杜邦线连线关系如表 1.19.1 所示。

表 1.19.1　I2C 接口芯片 TLC549CD 扩展 A/D 实验杜邦线连线关系

线序号	线端 A 插接位置		线端 B 插接位置	
	开发板	端子	开发板	端子
S1	CPU_51	P2:P1.5	MAIN_BOARD	J20:RS
S2	CPU_51	P2:P1.6	MAIN_BOARD	J20:RW
S3	CPU_51	P2:P1.7	MAIN_BOARD	J20:E
P1	CPU_51	P3:A8～A15	MAIN_BOARD	J18:D0～D7
S4	CPU_51	P2:P1.0	IIC	J2:SCLK
S5	CPU_51	P2:P1.1	IIC	J2:/CS
S6	CPU_51	P2:P1.2	IIC	P1:DOUT
S7	MAIN_BOARD	P11:+3.3V	IIC	J1:VIN+

三、程序流程图

程序流程图如图 1.19.2 所示。

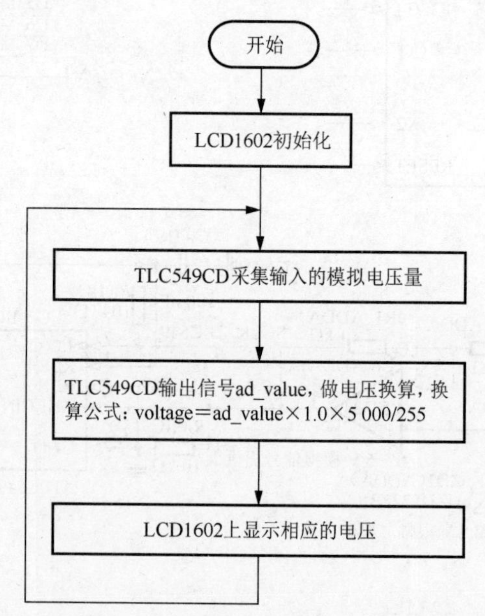

图 1.19.2　I2C 接口芯片 TLC549CD 扩展 A/D 实验程序流程图

四、编程思路

采集及显示要求同本篇的实验十三。

五、实验步骤

1. 关掉实验箱电源。将 CPU 板插接在 JK1,JK2 上,注意 CPU 板的插接方向。将 LCD1602 子板插接在主板的 J19 上,注意插接方向。将 IIC 和 ADDA 子板插接在子板扩展区插槽上。按照表 1.19.1 将硬件连接好。

2. 在仿真器断电情况下将仿真器插在 CPU 板的 CPU 插座上。将仿真器与开发 PC 机的 USB 通信口连接好,主板上电。

3. 运行 Keil μVision2 开发环境,按照老师介绍的方法建立工程“TLC549. uV2”,CPU 为“AT89S51”,包含启动文件“STARTUP. A51”。

4. 按照老师介绍的方法及实验功能要求创建源程序“TLC549. c”,并加入工程“TLC549. uV2”,然后设置工程“TLC549. uV2”的属性,将其晶振频率设置为 11.059 2 MHz,选择输出可执行文件,DEBUG 方式选择硬件“DEBUG”,并选择其中的“Keil Monitor-51 Driver”仿真器。

5. 构造工程“TLC549. uV2”。如果编程有误则进行修改,直至构造正确为止。

6. 运行程序,观察结果是否符合程序要求,若不符合,分析出错原因,继续重复步骤 4 和 5,直至结果正确。

六、实验作业

1. 改变通道上的输入信号电平,利用数字万用表测量其电压值,并将其与 LCD 上显示的采样值进行对比。

2. 比较利用 TLC549CD 实现 A/D 采集与采用 ADC0809 实现 A/D 采集的异同。

I2C 接口芯片 TLC5615 扩展 D/A 实验

一、实验内容

实验原理图如图 1.20.1 所示。

本实验利用单片机模拟 I2C 通过 TLC5615 实现信号发生器功能,静态按键实现信号频率的增加与减小以及输出信号类型的切换,选择的结果通过 LCD1602 显示出来。

能够实现的信号类型包括方波、三角波和正弦波,频率为 10 Hz,20 Hz,30 Hz 和 40 Hz 四种。

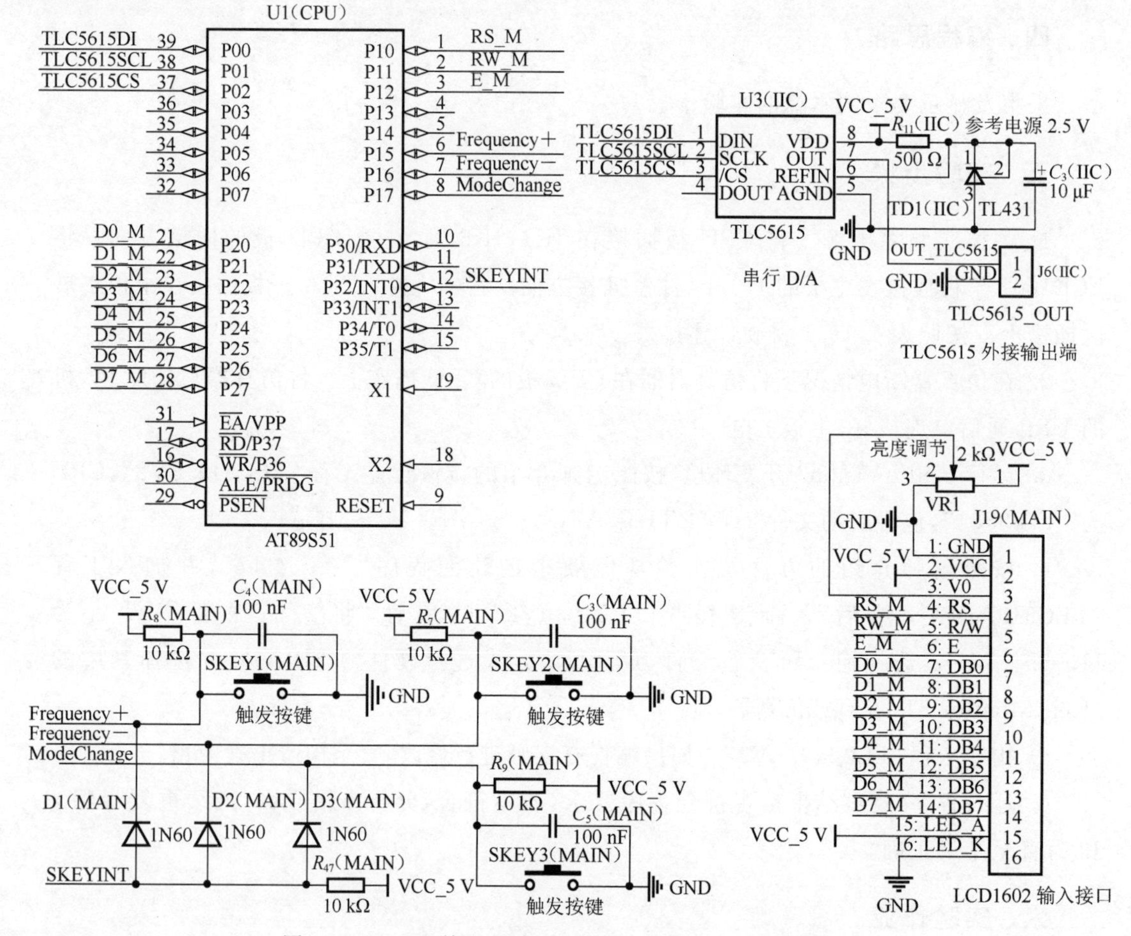

图 1.20.1　I2C 接口芯片 TLC5615 扩展 D/A 实验原理图

二、连线关系

实验中的杜邦线连线关系如表 1.20.1 所示。

表 1.20.1　I2C 接口芯片 TLC5615 扩展 D/A 实验杜邦线连线关系

线序号	线端 A 插接位置		线端 B 插接位置	
	开发板	端子	开发板	端子
S1	CPU_51	P2:P1.0	MAIN_BOARD	J20:RS
S2	CPU_51	P2:P1.1	MAIN_BOARD	J20:RW
S3	CPU_51	P2:P1.2	MAIN_BOARD	J20:E
P1	CPU_51	P3:P2.0～P2.7	MAIN_BOARD	J18:D0～D7
S4	CPU_51	P2:P1.5	MAIN_BOARD	J26:SKEY1
S5	CPU_51	P2:P1.6	MAIN_BOARD	J26:SKEY2
S6	CPU_51	P2:P1.7	MAIN_BOARD	J26:SKEY3
S7	CPU_51	P2:P3.2	MAIN_BOARD	J26:KEY_INT

续表

线序号	线端 A 插接位置		线端 B 插接位置	
	开发板	端子	开发板	端子
S8	CPU_51	P3:P0.0	IIC	J3:DI
S9	CPU_51	P3:P0.1	IIC	J3:SCL
S10	CPU_51	P3:P0.2	IIC	J3:CS
—	IIC	J6:5615_OUT	—	示波器探头
—	MAIN_BOARD	P14:GND	—	示波器探头接地

三、程序流程图

程序流程图如图 1.20.2 所示。

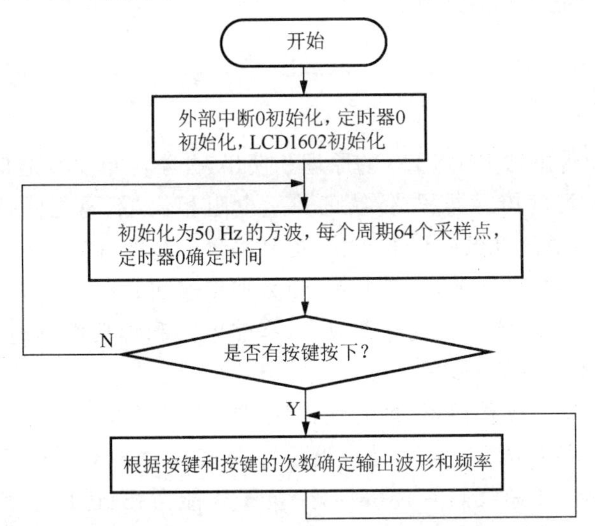

图 1.20.2　I2C 接口芯片 TLC5615 扩展 D/A 实验程序流程图

四、编程思路

见本篇的实验十四。

五、实验步骤

1. 关掉实验箱电源。将 CPU 板插接在 JK1，JK2 上，注意 CPU 板的插接方向。将 LCD1602 子板插接在主板的 J19 上，注意插接方向。将 IIC 子板插接在子板扩展区插槽上。按照表 1.20.1 将硬件连接好。

2. 在仿真器断电情况下将仿真器插在 CPU 板的 CPU 插座上。将仿真器与开发 PC 机的 USB 通信口连接好，主板上电。

3. 运行 Keil μVision2 开发环境，按照老师介绍的方法建立工程“TLC5615_c. uV2”，CPU 为“AT89S51”，包含启动文件“STARTUP. A51”。

4. 按照老师介绍的方法及实验功能要求创建源程序“main. c”“da_tlc5615. c”以及“lcd_1602. c”，并加入工程“TLC5615_c. uV2”，然后设置工程“TLC5615_c. uV2”的属性，将其晶振频率设置为 11.059 2 MHz，选择输出可执行文件，DEBUG 方式选择硬件“DEBUG”，并选择其中的“Keil Monitor-51 Driver”仿真器。

5. 构造工程“TLC5615_c.uV2”。如果编程有误则进行修改，直至构造正确为止。

6. 运行程序，观察结果是否符合程序要求，若不符合，分析出错原因，继续重复步骤 4 和 5，直至结果正确。

六、实验作业

1. 总结 TLC5615 串行 D/A 的实现方法。

2. 比较利用 TLC5615 实现 D/A 与采用 DAC0832 实现相同功能在软硬件上的异同。

DS18B20 温度测量实验

一、实验内容

本实验研究温度传感器 DS18B20 的原理和使用，并学习单总线通信方式。

DS18B20 数字式温度传感器，与传统的热敏电阻相比，不同之处是，使用集成芯片，采用单总线技术，能够有效地降低外界的干扰，提高测量的精度，同时，它可以直接将被测温度转化成串行数字信号供微机处理，接口简单，使数据传输和处理简单化。部分功能电路的集成使总体硬件设计更简洁，能有效地降低成本，搭建电路和焊接电路时更快，调试也更方便简单化，这也就缩短了开发的周期。

DS18B20 单线数字温度传感器，即一线器件，具有独特的优点：

1. 采用单总线的接口方式，与微处理器连接时仅需要一条口线即可实现微处理器与 DS18B20 的双向通信。单总线具有经济性好、抗干扰能力强、适用于恶劣环境的现场温度测量、使用方便等优点，使用户可以轻松地组建传感器网络，为测量系统的构建引入全新的概念。

2. 测量温度范围宽，测量精度高。DS18B20 的测量范围为−55～+125 ℃。在 −10～+85 ℃范围内，精度为±0.5 ℃。

3. 在使用时不需要任何外围元器件。

4. 具有多点组网功能。多个 DS18B20 可以并联在唯一的三线上，实现多点测温。

5. 供电方式灵活。DS18B20 可以通过内部寄生电路从数据线上获取电源。因此，当数据线上的时序满足一定的要求时，可以不接外部电源，从而使系统结构更简单，可靠性更高。

6. 测量参数可配置。DS18B20 的测量分辨率可通过程序设定为 9～12 位。

7. 负压特性。电源极性接反时，温度计不会因发热而烧毁，但不能正常工作。

8. 掉电保护功能。DS18B20 内部含有 E2PROM，在系统掉电以后，它仍可保存分辨率及报警温度的设定值。

DS18B20 内部结构主要由四部分组成：64 位光刻 ROM、温度传感器、非挥发的温度报警触发器 TH 和 TL 配置寄存器。

DS18B20 中的温度传感器用于完成对温度的测量，它的测量精度可以配置成 9 位、10

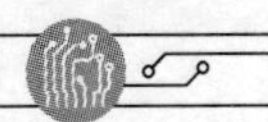

位、11位或12位四种状态。温度传感器在测量完成后将测量的结果存储在DS18B20的两个8 bit的RAM中，单片机可通过单线接口读到该数据，读取时低位在前，高位在后。数据的存储格式如表1.21.1所示（以12位转化为例）。

表1.21.1　数据的存储格式

MSB	2^3	2^2	2^1	2^0	2^{-1}	2^{-2}	2^{-3}	2^{-4}	LSB
	S	S	S	S	S	2^6	2^5	2^4	MSB

有关DS18B20的详细资料请阅读DS18B20的数据手册。

实验原理图如图1.21.1所示。

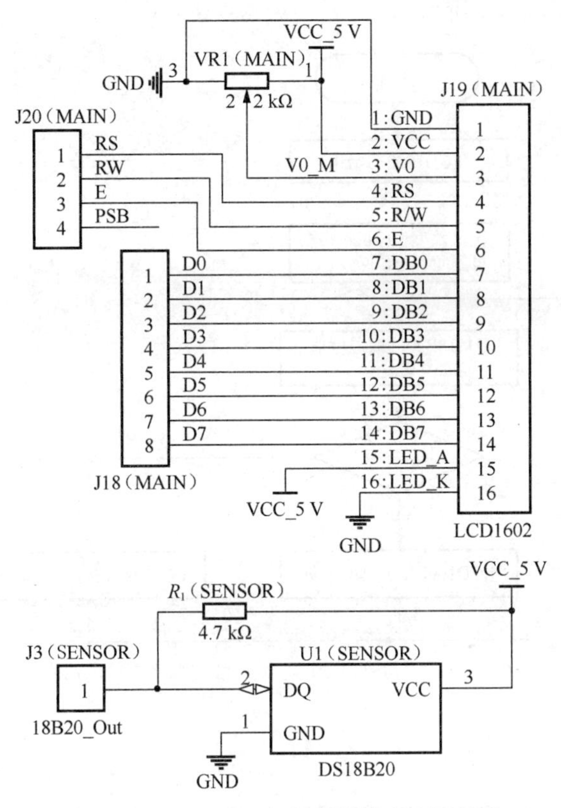

图1.21.1　DS18B20温度测量实验原理图

二、连线关系

实验中的杜邦线连线关系如表1.21.2所示。

表1.21.2　DS18B20温度测量实验杜邦线连线关系

线序号	线端A插接位置		线端B插接位置	
	开发板	端子	开发板	端子
S1	SENSOR	J3:18B20_OUT	CPU_51	P3:P0.0
P1	MAIN_BOARD	J18:D0～D7	CPU_51	P2:P1.0～P1.7

续表

线序号	线端 A 插接位置		线端 B 插接位置	
	开发板	端子	开发板	端子
S2	MAIN_BOARD	J20:E	CPU_51	P3:P0.4
S3	MAIN_BOARD	J20:RW	CPU_51	P3:P0.5
S4	MAIN_BOARD	J20:RS	CPU_51	P3:P0.6

三、程序流程图

程序流程图如图 1.21.2 所示。

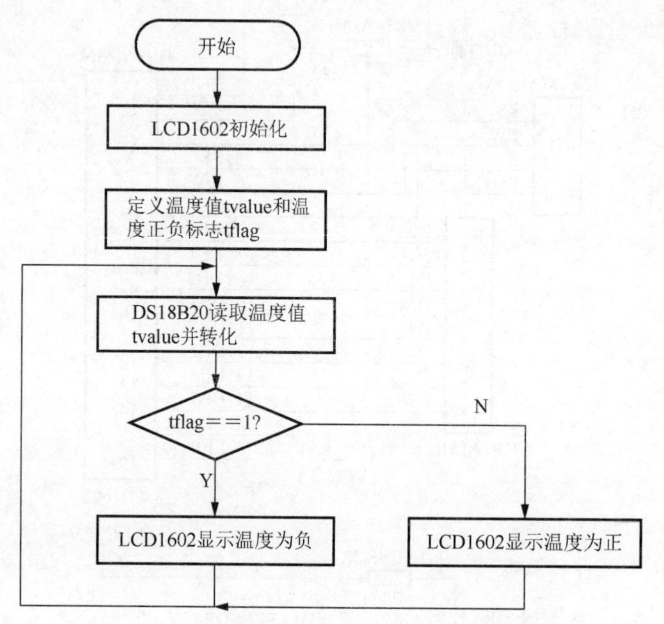

图 1.21.2　DS18B20 温度测量实验程序流程图

四、编程思路

DS18B20 有一个串行输入/输出端，进行命令的读入和温度数据的读出。阅读 DS18B20 的数据手册，从 DS18B20 中读出数据并用 LCD 模块显示出来。

五、实验步骤

1. 关掉实验箱电源。将 CPU 板插接在 JK1，JK2 上，注意 CPU 板的插接方向。将 SENSOR 子板插接在子板扩展区插槽上。将 LCD1602 子板插接在主板的 J19 上，注意插接方向。按照表 1.21.2 将硬件连接好。

2. 在仿真器断电情况下将仿真器插在 CPU 板的 CPU 插座上。将仿真器与开发 PC 机的 USB 通信口连接好，主板上电。

3. 运行 Keil μVision2 开发环境，按照老师介绍的方法建立工程“18B20. uV2”，CPU 为“AT89S51”，包含启动文件“STARTUP. A51”。

4. 按照老师介绍的方法及实验功能要求创建源程序“18B20.c”，并加入工程“18B20.uV2”，然后设置工程“18B20.uV2”的属性，将其晶振频率设置为11.059 2 MHz，选择输出可执行文件，DEBUG方式选择硬件“DEBUG”，并选择其中的“Keil Monitor-51 Driver”仿真器。

5. 构造工程“18B20.uV2”。如果编程有误则进行修改，直至构造正确为止。

6. 运行程序，观察LCD是否能正确显示当前温度。用手触摸DS18B20并观察LCD中显示的温度是否随之改变。若不符合要求，分析出错原因，直至结果正确。

六、实验作业

1. 总结DS18B20单总线通信方式的特点。
2. 尝试使用DS18B20读取不同精度的温度。
3. 尝试模拟DS18B20在现实生活中的应用。

实验二十二　DHT11温湿度测量实验

一、实验内容

本实验研究另一个单总线通信的传感器——DHT11温湿度传感器，学习DHT11单总线通信方式的特点，学会应用DHT11温湿度传感器。

DHT11是一款温湿度一体化的数字传感器。该传感器包括一个电阻式测湿元件和一个NTC测温元件，并与一个高性能8位单片机相连接。通过单片机等微处理器进行简单的电路连接就能够实时地采集本地湿度和温度。DHT11与单片机之间能采用简单的单总线进行通信，仅仅需要一个I/O口。传感器内部40 bit的湿度和温度数据一次性传给单片机，数据采用校验和方式进行校验，有效地保证了数据传输的准确性。DHT11功耗很低，5 V电源电压下，平均最大工作电流为0.5 mA。

DHT11的技术参数如下：

1. 工作电压范围：3.3～5.5 V。
2. 工作电流：平均0.5 mA。
3. 输出：单总线数字信号。
4. 测量范围：湿度20%RH～90%RH，温度0～50 ℃。
5. 精度：湿度±5%，温度±2 ℃。
6. 分辨率：湿度1%，温度1 ℃。

DHT11的管脚排列如图1.22.1所示。

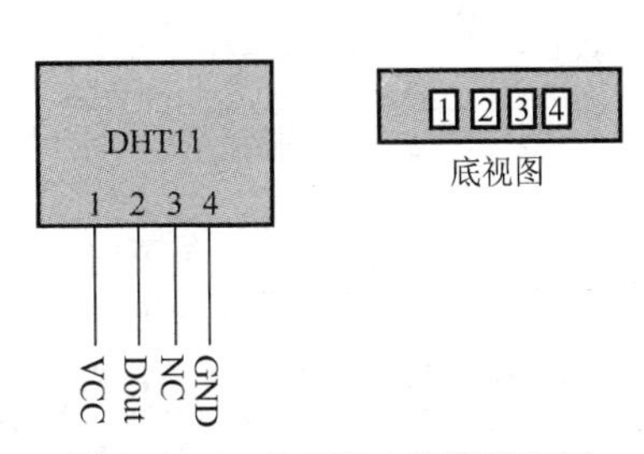

图1.22.1　DHT11管脚排列图

虽然DHT11与DS18B20类似，都是单总线访问，但是DHT11的访问相对DS18B20来说要简单很多。下面我们先来看看DHT11的数据结构。

DHT11数字温湿度传感器采用单总线数据格式，即单个数据引脚端口完成输入/输出双向传输。其数据包由 5 Byte(40 bit)组成,数据分小数部分和整数部分,一次完整的数据传输为 40 bit,高位先出。DHT11 的数据格式为:8 bit 湿度整数数据+8 bit 湿度小数数据+8 bit 温度整数数据+8 bit 温度小数数据+8 bit 校验和数据。其中校验和数据为前 4 个字节相加。

传感器输出的是未编码的二进制数据。数据(湿度、温度、整数、小数)之间应该分开处理。例如,某次从 DHT11 读到的数据如图 1.22.2 所示。

Byte4	Byte3	Byte2	Byte1	Byte0
00101101	00000000	00011100	00000000	01001001
整数	小数	整数	小数	校验和
湿度		温度		校验和

图 1.22.2　某次读取到的 DHT11 数据

由以上数据就可得到湿度和温度的值,计算方法如下:

湿度=Byte4. Byte3=45.0(%RH)

温度=Byte2. Byte1=28.0(℃)

校验=Byte4+Byte3+Byte2+Byte1=73(=湿度+温度)(校验正确)

可以看出,DHT11 的数据格式是十分简单的,DHT11 和 MCU 的一次通信最长时间为 3 ms 左右,建议主机连续读取时间间隔不要小于 100 ms。

下面,我们介绍一下 DHT11 的传输时序。DHT11 的数据发送流程如图 1.22.3 所示。

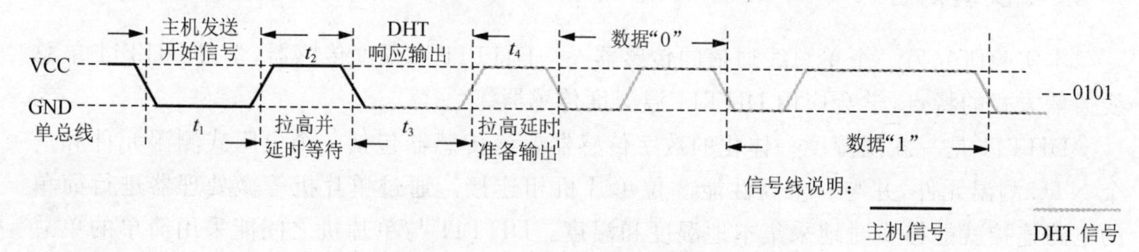

图 1.22.3　DHT11 数据发送流程

首先主机发送开始信号,即拉低数据线,保持 t_1 时间(至少 18 ms),然后拉高数据线,保持 t_2 时间(20~40 μs),接着读取 DHT11 的响应,正常的话,DHT11 会拉低数据线,保持 t_3 时间(40~50 μs),作为响应信号,然后 DHT11 拉高数据线,保持时间 t_4 时间(40~50 μs)后,开始输出数据。

DHT11 输出数字"0"的时序如图 1.22.4 所示。

DHT11 输出数字"1"的时序如图 1.22.5 所示。

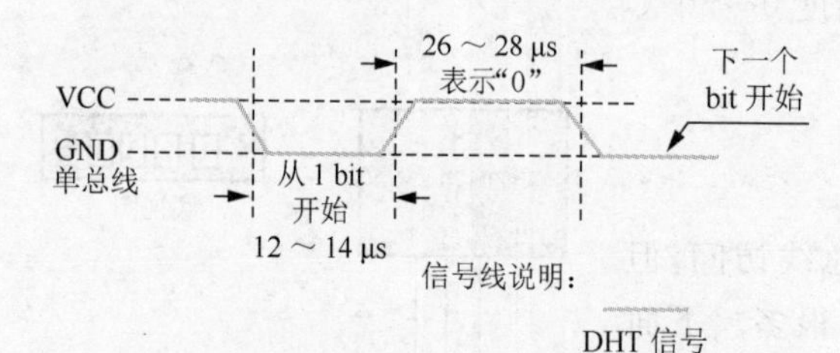

图 1.22.4　DHT11 输出数字"0"的时序

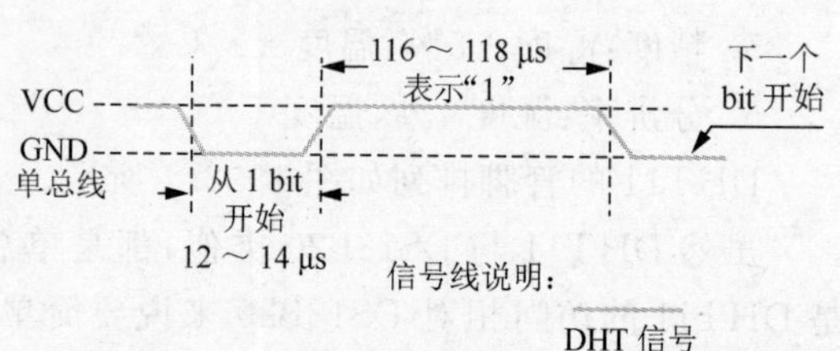

图 1.22.5　DHT11 输出数字"1"的时序

通过以上了解，我们就可以通过处理器来实现对 DHT11 的读取了。DHT11 的介绍就到这里，更详细的介绍请参考 DHT11 的数据手册。实验原理图如图 1.22.6 所示。

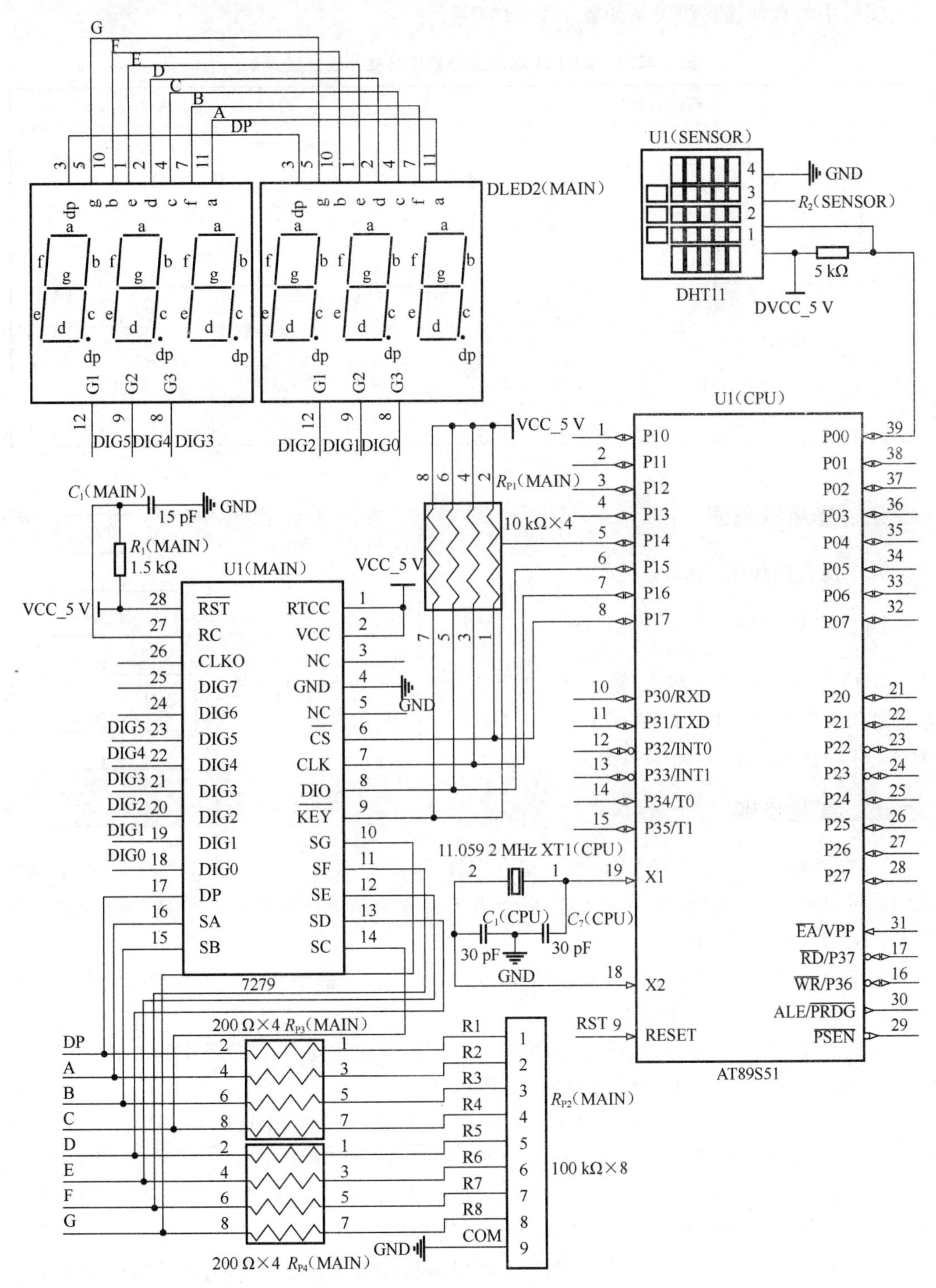

图 1.22.6　DHT11 温湿度测量实验原理图

二、连线关系

实验中的杜邦线连线关系如表 1.22.1 所示。

表 1.22.1　DHT11 温湿度测量实验杜邦线连线关系

线序号	线端 A 插接位置		线端 B 插接位置	
	开发板	端子	开发板	端子
S1	SENSOR	J9:DHT11_OUT	CPU_51	P3:P0.0
S2	MAIN_BOARD	J11:CS	CPU_51	P2:P1.7
S3	MAIN_BOARD	J11:CLK	CPU_51	P2:P1.6
S4	MAIN_BOARD	J11:DIO	CPU_51	P2:P1.5
S5	MAIN_BOARD	J11:KEY	CPU_51	P2:P1.4
P1	MAIN_BOARD	J12:DIG0～DIG5	MAIN_BOARD	J15:DIG0～DIG5
P2	MAIN_BOARD	J17:DP～SG	MAIN_BOARD	J1:LED_DP～LED_SG

注：连线之前，主板上的 DIP 开关 SP1 所有的位都要置于 ON 状态。

三、程序流程图

程序流程图如图 1.22.7 所示。

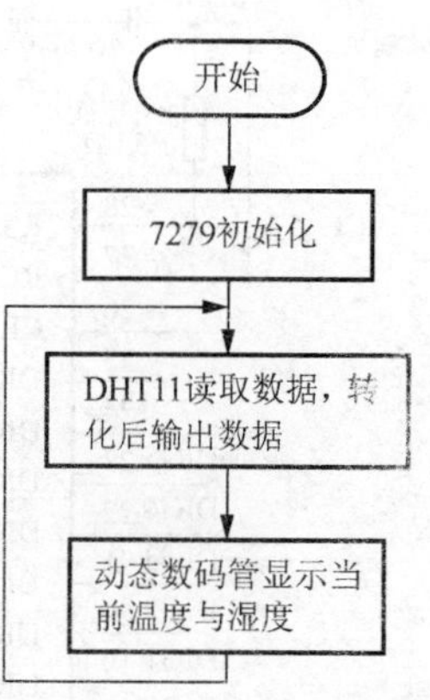

图 1.22.7　DHT11 温湿度测量实验程序流程图

四、编程思路

DHT11 有一个串行输入/输出端，进行命令的读入和温湿度数据的读出。阅读 DHT11 的数据手册，从 DHT11 中读出数据并用 KEY_LED 模块或 LCD 模块显示出来。

五、实验步骤

1. 关掉实验箱电源。将 CPU 板插接在 JK1,JK2 上，注意 CPU 板的插接方向。将 SENSOR 子板插接在子板扩展区插槽上。按照表 1.22.1 将硬件连接好。

2. 在仿真器断电情况下将仿真器插在 CPU 板的 CPU 插座上。将仿真器与开发 PC 机的 USB 通信口连接好，主板上电。

3. 运行 Keil μVision2 开发环境，按照老师介绍的方法建立工程“DHT11humidity. uV2”，CPU 为“AT89S51”，包含启动文件“STARTUP. A51”。

4. 按照老师介绍的方法及实验功能要求创建源程序“DHT11humidity. c”以及“7279. c”，并加入工程“DHT11humidity. uV2”，然后设置工程“DHT11humidity. uV2”的属性，将其晶振频率设置为 11.059 2 MHz，选择输出可执行文件，DEBUG 方式选择硬件“DEBUG”，并选择其中的“Keil Monitor-51 Driver”仿真器。

5. 构造工程“DHT11humidity. uV2”。如果编程有误则进行修改，直至构造正确为止。

6. 运行程序，观察是否能正确显示当前温湿度。用手触摸 DHT11 并观察数码管中显示的温湿度是否随之改变。若不符合要求，分析出错原因，重复步骤 4 和 5，直至结果正确。

六、实验作业

1. 比较 DHT11 和 DS18B20 通信方式的异同。
2. 尝试使用其他方式（比如 LCD1602）显示温湿度。
3. 模拟实现 DHT11 在现实生活中的应用。

实验二十三　红外对管障碍物检测实验

一、实验内容

本实验研究红外发射和接收的原理，通过 LED 的亮灭变化反映是否接收到红外信号。实验原理图如图 1.23.1 所示。

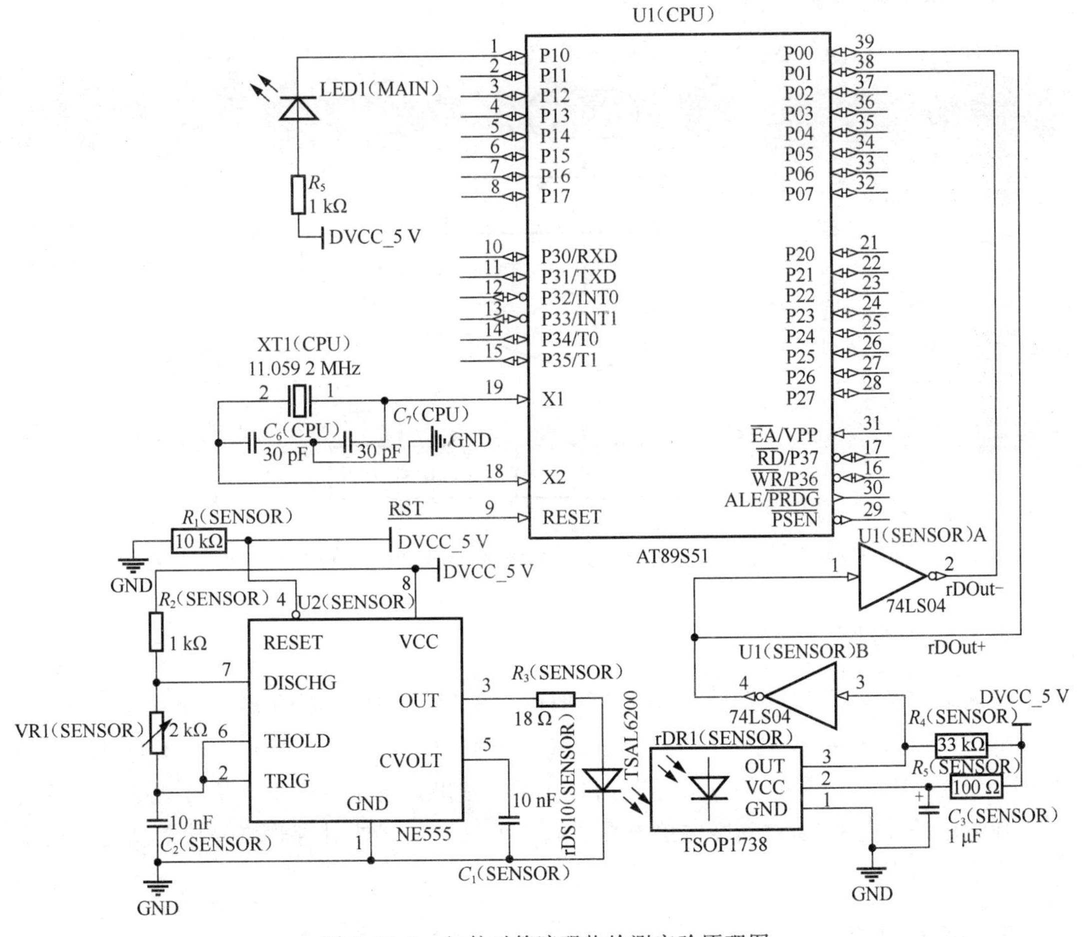

图 1.23.1　红外对管障碍物检测实验原理图

本单片机实验箱采用的是 TSOP1738 一体式红外接收头，可以对收到的遥控信号进行放大、检波、整形、解调，滤除 38 kHz 的载波信号，并将接收到的信号输出，直接得到原发射器发出的数字编码信号,使用方便,性能可靠。

二、连线关系

实验中的杜邦线连线关系如表 1.23.1 所示。

表 1.23.1 红外对管障碍物检测实验杜邦线连线关系

线序号	线端 A 插接位置		线端 B 插接位置	
	开发板	端子	开发板	端子
S1	SENSOR	J12:RDEN	CPU_51	P4:+5 V
S2	SENSOR	J11:OUT+	CPU_51	P2:P1.0
S3	SENSOR	J11:OUT−	CPU_51	P2:P1.1
S4	MAIN_BOARD	J48:LED1	CPU_51	P3:P0.0

三、程序流程图

程序流程图如图 1.23.2 所示。

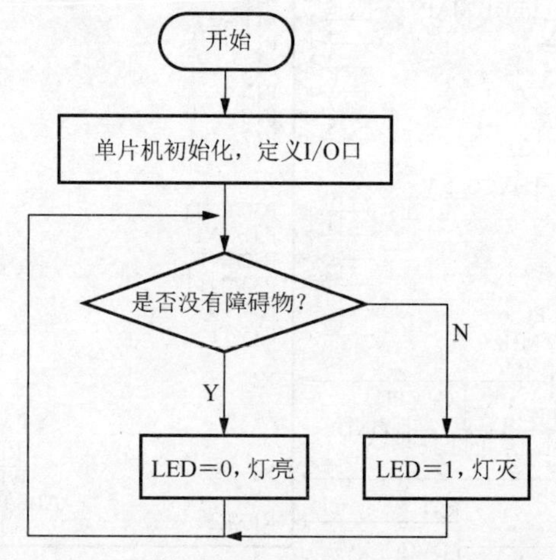

图 1.23.2 红外对管障碍物检测实验程序流程图

四、编程思路

输入端加高电平,红外发射管发出 38 kHz 红外信号,加低电平时红外发射管不工作。当 TSOP1738 没有接收到红外信号时,OUT + 输出高电平,OUT − 输出低电平;当 TSOP1738 接收到 38 kHz 的红外信号时,OUT+输出低电平,OUT−输出高电平。给输入端加恒定的高电平,通过判断输出电平高低就可以实现红外对管障碍物检测功能。使用 LED 灯指示结果。

五、实验步骤

1. 关掉实验箱电源。将 CPU 板插接在 JK1,JK2 上,注意 CPU 板的插接方向。将 SENSOR 子板插接在子板扩展区插槽上。按照表 1.23.1 将硬件连接好。

2. 在仿真器断电情况下将仿真器插在CPU板的CPU插座上。将仿真器与开发PC机的USB通信口连接好，主板上电。

3. 运行Keil μVision2开发环境，按照老师介绍的方法建立工程“Infra_red. uV2”，CPU为“AT89S51”，包含启动文件“STARTUP. A51”。

4. 按照老师介绍的方法及实验功能要求创建源程序“Infra_red. c”，并加入工程“Infra_red. uV2”，然后设置工程“Infra_red. uV2”的属性，将其晶振频率设置为11. 059 2 MHz，选择输出可执行文件，DEBUG方式选择硬件“DEBUG”，并选择其中的“Keil Monitor-51 Driver”仿真器。

5. 构造工程“Infra_red. uV2”。如果编程有误则进行修改，直至构造正确为止。

6. 运行程序，用物体遮挡住发射管和接收管之间的区域，观察LED的亮灭是否符合要求，若不符合要求则分析原因，重复步骤4和5。

六、实验作业

1. 查阅资料了解遥控器的原理。
2. 了解红外对管在现实中的应用。
3. 模拟实现红外对管的简单应用。

实验二十四　超声波测距实验

一、实验内容

本实验研究超声波测距的基本原理和超声波测距模块的使用方法。

超声波测距的原理是超声波发射器向某一方向发射超声波，从发射时刻起开始计时，超声波在空气中传播，途中碰到障碍物就立即返回来，超声波接收器收到反射波就立即停止计时。超声波在空气中的传播速度为340 m/s，根据计时器记录的时间 t，就可以计算出发射点距障碍物的距离(s)，即 $s=340t/2$ 。这就是所谓的时间差测距法。

本实验箱配有常用的HC-SR04超声波测距模块，可提供2～400 cm的非接触式距离感测功能，测距精度可达3 mm。模块包括超声波发射器、接收器与控制电路，能发出40 kHz的超声波并接收回波进行放大、滤波、整形和处理，同时输出一段持续时间与待测距离成正比的高电平。

HC-SR04基本工作原理：采用I/O口TRIG触发测距，给出至少10 μs的高电平信号，模块自动发送8个40 kHz的方波，自动检测是否有信号返回，若有信号返回，则通过I/O口ECHO输出一个高电平，高电平持续的时间就是超声波从发射到返回的时间。测试距离=(高电平时间×声速)/2。

引脚定义：VCC为超声测距模块提供5 V供电电源；TRIG为触发控制信号输入，高电平有效；ECHO为回声信号输出，输出一段时间的高电平；GND为地线接口。

电气参数如表1. 24. 1所示。

表 1.24.1 HC-SR04 超声波测距模块电气参数

电气参数	HC-SR04 超声波测距模块
工作电压	DC 5 V
工作电流	15 mA
工作频率	40 Hz
最远射程	4 m
最近射程	2 cm
测量角度	15°
输入触发信号	10 μs 的 TTL 脉冲
输出回声信号	输出 TTL 电平信号，与射程成比例
规格尺寸	45 mm×20 mm×15 mm

超声波时序图如图 1.24.1 所示。

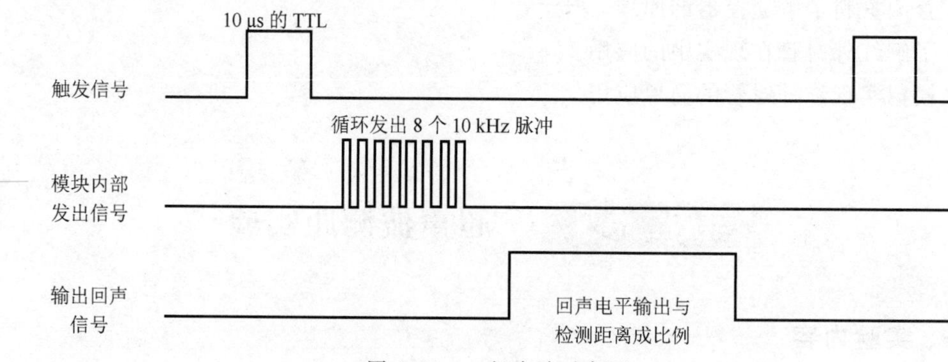

图 1.24.1 超声波时序图

注意：进行实验时，不要带电连接，否则会影响模块的正常工作；测距时，被测物体的面积不少于 0.5 m^2 且表面应尽量平整，否则影响测量结果。

二、连线关系

实验中的杜邦线连线关系如表 1.24.2 所示。

表 1.24.2 超声波测距实验杜邦线连线关系

线序号	线端 A 插接位置		线端 B 插接位置	
	开发板	端子	开发板	端子
S1	超声波测距模块	VCC	SENSOR	P2:SX2_0
S2	超声波测距模块	TRIG	SENSOR	P2:SX2_1
S3	超声波测距模块	ECHO	SENSOR	P2:SX2_2
S4	超声波测距模块	GND	SENSOR	P2:SX2_3
S5	CPU_51	P4:+5 V	SENSOR	J2:SX2_0
S6	CPU_51	P3:P2.6	SENSOR	J2:SX2_1

续表

线序号	线端 A 插接位置		线端 B 插接位置	
	开发板	端子	开发板	端子
S7	CPU_51	P3:P2.7	SENSOR	J2:SX2_2
S8	CPU_51	P5:GND	SENSOR	J2:SX2_3
S9	CPU_51	P2:P1.5	MAIN_BOARD	J20:E
S10	CPU_51	P2:P1.6	MAIN_BOARD	J20:RW
S11	CPU_51	P2:P1.7	MAIN_BOARD	J20:RS
P1	CPU_51	P3:P0.0～P0.7	MAIN_BOARD	J18:D0～D7

三、程序流程图

程序流程图如图 1.24.2 所示。

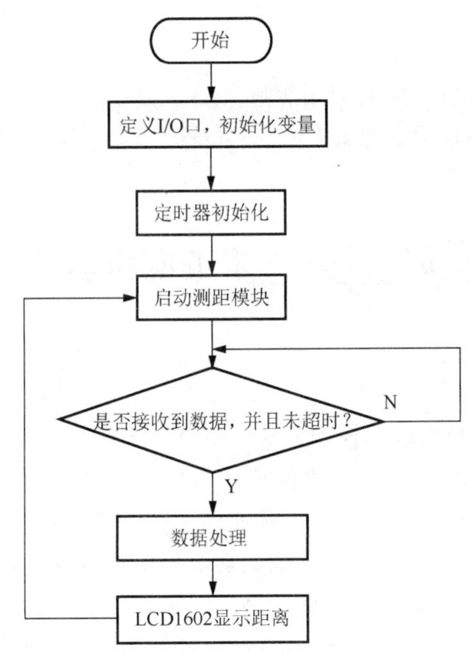

图 1.24.2　超声波测距实验程序流程图

四、编程思路

用一个定时计数器进行定时中断，以防超量程后程序卡死，用另一个定时计数器进行计数，当高电平到来时进行计数，高电平结束时停业计数，用来计算返回的高电平的时间，用这个时间计算出障碍物的距离并用 LCD1602 显示出来。

五、实验步骤

1. 关掉实验箱电源。将 CPU 板插接在 JK1，JK2 上，注意 CPU 板的插接方向。将 SENSOR 子板插入子板扩展区，将超声波测距模块插入 SENSOR 子板传感器模块扩展区。

将 LCD1602 子板插接在主板的 J19 上，注意插接方向。按照表 1.24.2 将硬件连接好。

2. 在仿真器断电情况下将仿真器插在 CPU 板的 CPU 插座上。将仿真器与开发 PC 机的 USB 通信口连接好，主板上电。

3. 运行 Keil μVision2 开发环境，按照老师介绍的方法建立工程“超声波.uV2”，CPU 为“AT89S51”，包含启动文件“STARTUP. A51”。

4. 按照老师介绍的方法及实验功能要求创建源程序“main. c”和“1602. c”，并加入工程“超声波.uV2”，然后设置工程“超声波.uV2”的属性，将其晶振频率设置为11.059 2 MHz，选择输出可执行文件，DEBUG 方式选择硬件“DEBUG”，并选择其中的“Keil Monitor-51 Driver”仿真器。

5. 构造工程“超声波.uV2”。如果编程有误则进行修改，直至构造正确为止。

6. 运行程序，观察结果是否符合程序要求，若不符合，分析出错原因，继续重复步骤 4 和 5，直至结果正确。

六、实验作业

1. 尝试通过其他方式显示距离。
2. 查阅资料了解超声波测距的应用领域。
3. 了解更多超声波测距的电路。

实验二十五　步进电机驱动实验

一、实验内容

本实验研究步进电机的原理和控制方法。

步进电机是将电脉冲信号转变为角位移或线位移的开环控制设备。在非超载的情况下，步进电机的转速、停止的位置只取决于脉冲信号的频率和脉冲数，而不受负载变化的影响。当步进驱动器接收到脉冲信号后，它就驱动步进电机的转子按设定的方向转动一个固定的角度，称为“步距角”。电机转子的旋转是以固定的角度一步一步运行的，可以通过控制脉冲个数来控制角位移量，从而达到准确定位的目的，同时可以通过控制脉冲频率来控制电机转动的速度和加速度，从而达到调速的目的。

通常电机的转子为永磁体，当电流流过定子绕组时，定子绕组产生一个矢量磁场，该磁场会带动转子旋转一定的角度，使得转子的一对磁场方向与定子的磁场方向一致。当定子的矢量磁场旋转一个角度，转子也会随着该磁场旋转一个角度。每输入一个电脉冲，电机转动一个角度前进一步，它输出的角位移与输入的脉冲数成正比，转速与脉冲频率成正比。改变绕组通电的顺序，电机就会反转，所以可通过控制脉冲数量、频率及电机各相绕组的通电顺序来控制步进电机的转动。

实验原理图如图 1.25.1 所示。

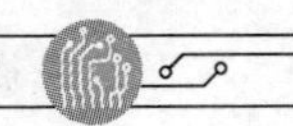

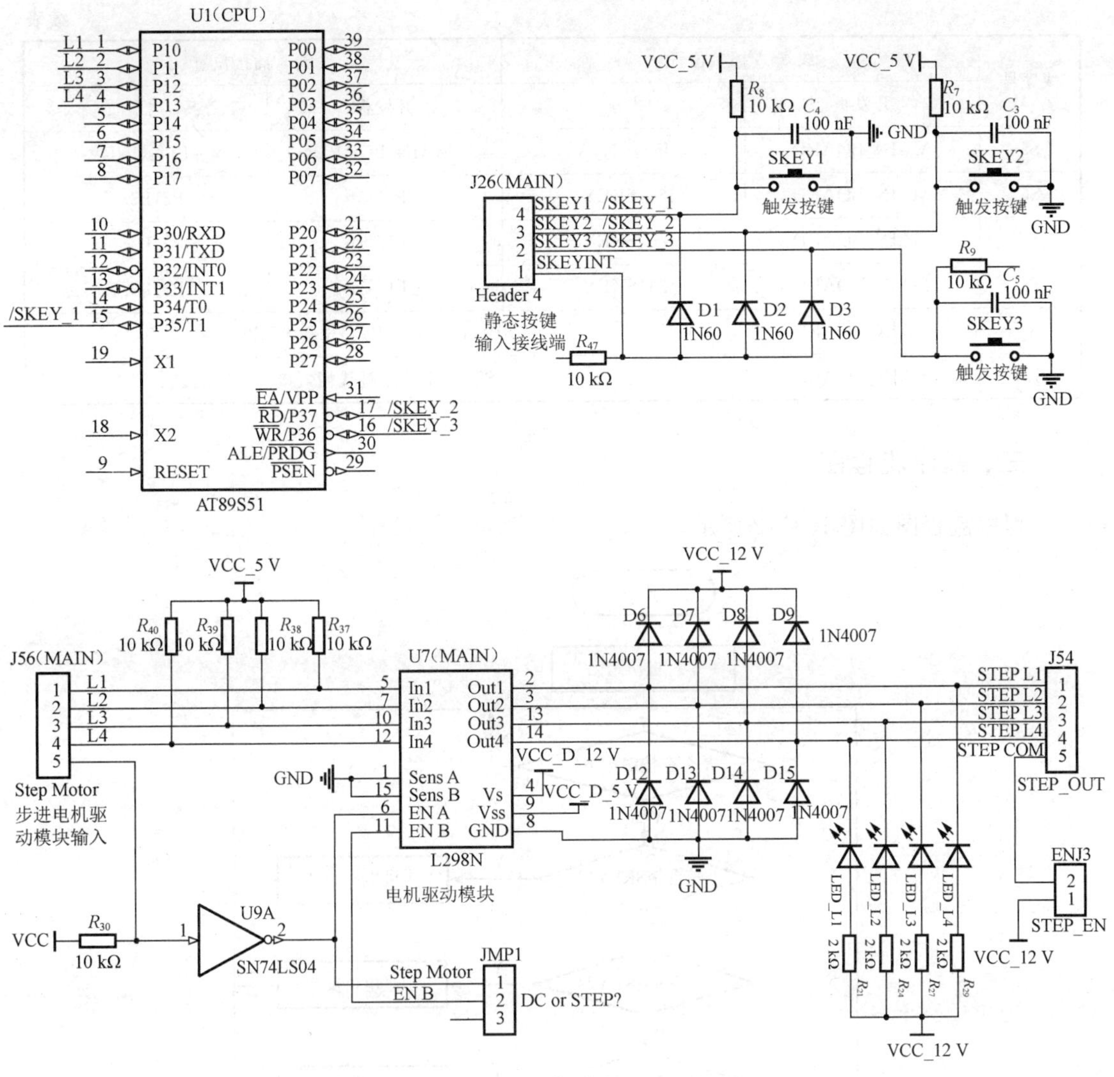

图 1.25.1　步进电机驱动实验原理图

二、连线关系

实验中的杜邦线连线关系如表 1.25.1 所示。

表 1.25.1　步进电机驱动实验杜邦线连线关系

线序号	线端 A 插接位置		线端 B 插接位置	
	开发板	端子	开发板	端子
S1	MAIN_BOARD	J56:L1	CPU_51	P2:P1.0
S2	MAIN_BOARD	J56:L2	CPU_51	P2:P1.1
S3	MAIN_BOARD	J56:L3	CPU_51	P2:P1.2
S4	MAIN_BOARD	J56:L4	CPU_51	P2:P1.3

续表

线序号	线端A插接位置		线端B插接位置	
	开发板	端子	开发板	端子
S5	MAIN_BOARD	J56:EN_A	MAIN_BOARD	P14:GND
S6	MAIN_BOARD	J26:SKEY1	CPU_51	P2:P3.5
S7	MAIN_BOARD	J26:SKEY2	CPU_51	P2:P3.6
S8	MAIN_BOARD	J26:SKEY3	CPU_51	P2:P3.7
S9	MAIN_BOARD	JMP1(DC or STEP?)选择 STEP		
S10	MAIN_BOARD	STEP_EN 用跳线帽短接		

三、程序流程图

程序流程图如图 1.25.2 所示。

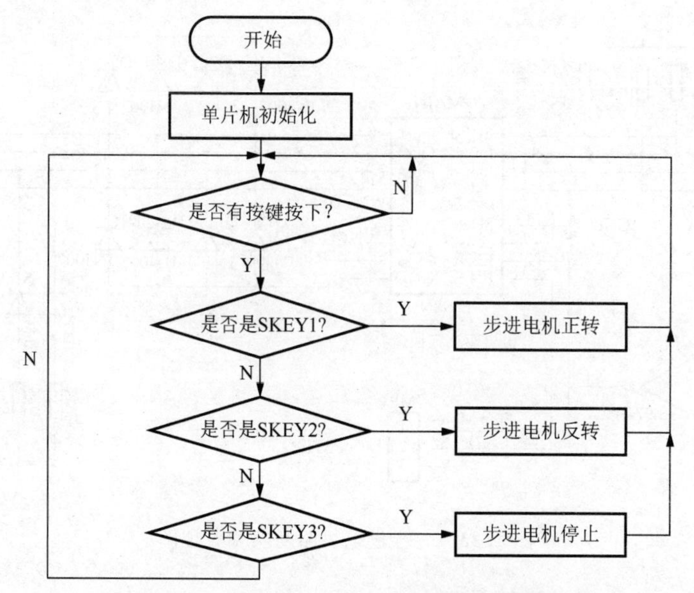

图 1.25.2　步进电机驱动实验程序流程图

四、编程思路

本实验箱采用的是四相八拍步进电机,驱动方式为四相八拍方式,各线圈通电顺序如表 1.25.2 所示。

表 1.25.2　线圈通电顺序

拍	L4	L3	L2	L1	编码
1	0	0	0	1	01H
2	0	0	1	1	03H
3	0	0	1	0	02H

续表

拍	L4	L3	L2	L1	编码
4	0	1	1	0	06H
5	0	1	0	0	04H
6	1	1	0	0	0CH
7	1	0	0	0	08H
8	1	0	0	1	09H

将编码按1～8拍的顺序赋给P1，则电机正转；将编码按8～1拍的顺序赋给P1，则电机反转。

五、实验步骤

1. 关掉实验箱电源。将CPU板插接在JK1，JK2上，注意CPU板的插接方向。按照表1.25.1将硬件连接好。

2. 在仿真器断电情况下将仿真器插在CPU板的CPU插座上。将仿真器与开发PC机的USB通信口连接好，主板上电。

3. 运行Keil μVision2开发环境，按照老师介绍的方法建立工程“STEPMOTOR. uV2”，CPU为“AT89S51”，包含启动文件“STARTUP. A51”。

4. 按照老师介绍的方法及实验功能要求创建源程序“StepMotor. c”，并加入工程“STEPMOTOR. uV2”，然后设置工程“STEPMOTOR. uV2”的属性，将其晶振频率设置为11. 059 2 MHz，选择输出可执行文件，DEBUG方式选择硬件“DEBUG”，并选择其中的“Keil Monitor-51 Driver”仿真器。

5. 构造工程“STEPMOTOR. uV2”。如果编程有误则进行修改，直至构造正确为止。

6. 运行程序，观察结果是否符合程序要求，若不符合，分析出错原因，继续重复步骤4和5，直至结果正确。

六、实验作业

1. 查阅资料了解步进电机的结构。
2. 查阅资料了解步进电机的应用领域。

直流电机驱动及转速测量实验

一、实验内容

本实验研究直流电机驱动的基本原理和霍尔元件的使用。

实验原理图如图1.26.1所示。

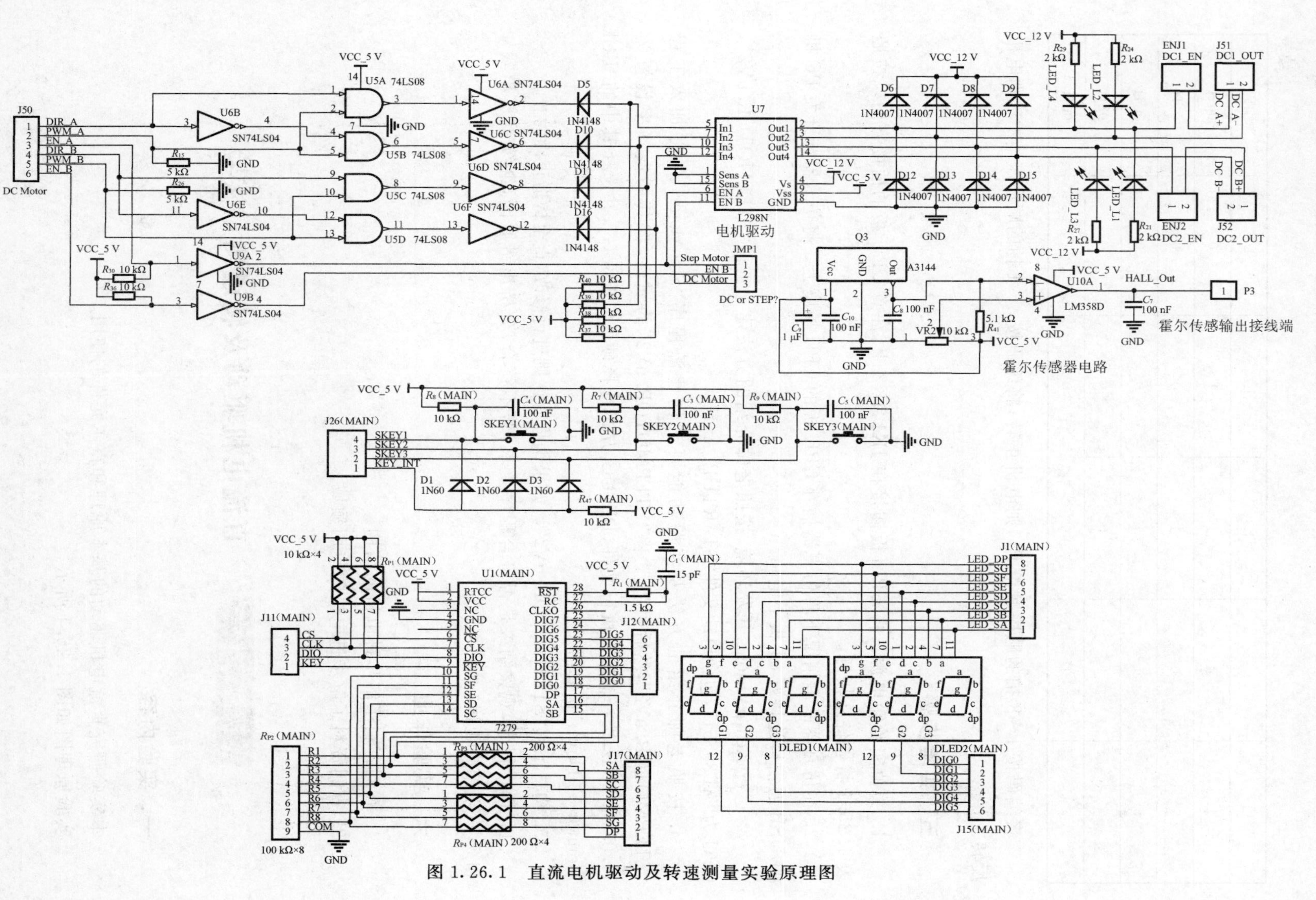

图 1.26.1　直流电机驱动及转速测量实验原理图

二、连线关系

实验中的杜邦线连线关系如表 1.26.1 所示。

表 1.26.1 直流电机驱动及转速测量实验杜邦线连线关系

线序号	线端 A 插接位置		线端 B 插接位置	
	开发板	端子	开发板	端子
S1	MAIN_BOARD	J50:DIR_A	CPU_51	P3:A10
S2	MAIN_BOARD	J50:PWM_A	CPU_51	P3:A9
S3	MAIN_BOARD	J50:EN_A	CPU_51	P3:A8
S4	MAIN_BOARD	P3	CPU_51	P2:P3.5
S5	MAIN_BOARD	J11:CS	CPU_51	P2:P1.7
S6	MAIN_BOARD	J11:CLK	CPU_51	P2:P1.6
S7	MAIN_BOARD	J11:DO	CPU_51	P2:P1.5
S8	MAIN_BOARD	J11:KEY	CPU_51	P2:P1.4
P1	MAIN_BOARD	J15:DIG0～DIG5	MAIN_BOARD	J12:DIG0～DIG5
P2	MAIN_BOARD	J1:LED_SA～LED_DP	MAIN_BOARD	J17:SA～DP
S9	MAIN_BOARD	JMP1(DC or STEP?)选择 DC		
S10	MAIN_BOARD	DC1_EN 用跳线帽短接		

注：连线之前，主板上的 DIP 开关 SP1 所有的位都要置于 ON 状态。

三、程序流程图

程序流程图如图 1.26.2 所示。

四、编程思路

直流电机上安装的亚克力圆片上嵌有一个小磁铁，每当小磁铁经过霍尔传感器上方时，霍尔传感器模块会产生一个高电平，将其输出连接到 T1，定时器 1 为霍尔传感器传出的脉冲计数，定时器 0 为定时中断。每隔一定时间定时器 0 溢出产生中断，读取 TH1 和 TL1 的值并输出。主程序控制电机转动，电位器调节霍尔传感器的灵敏度，利用数码管输出转速。

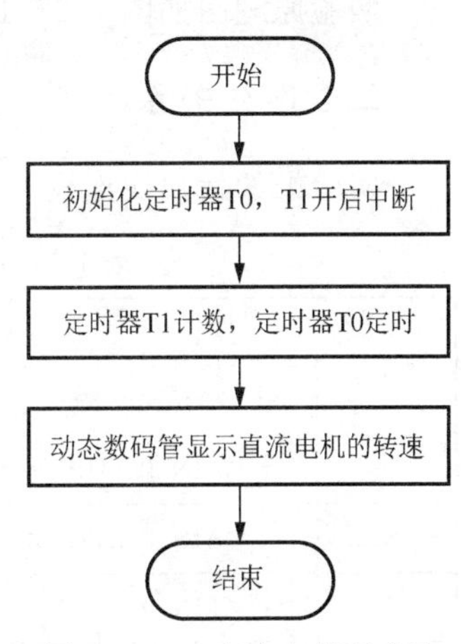

图 1.26.2 直流电机驱动及转速测量实验程序流程图

五、实验步骤

1. 关掉实验箱电源。将 CPU 板插接在 JK1,JK2 上,注意 CPU 板的插接方向。按照表 1.26.1 将硬件连接好。

2. 在仿真器断电情况下将仿真器插在 CPU 板的 CPU 插座上。将仿真器与开发 PC 机的 USB 通信口连接好,主板上电。

3. 运行 Keil μVision2 开发环境,按照老师介绍的方法建立工程"MOTOR_DC. uV2",CPU 为"AT89S51",包含启动文件"STARTUP. A51"。

4. 按照老师介绍的方法及实验功能要求创建源程序"main. c"以及"7279. c",并加入到工程"MOTOR_DC. uV2",然后设置工程"MOTOR_DC. uV2"的属性,将其晶振频率设置为 11. 059 2 MHz,选择输出可执行文件,DEBUG 方式选择硬件"DEBUG",并选择其中的"Keil Monitor-51 Driver"仿真器。

5. 构造工程"MOTOR_DC. uV2"。如果编程有误则进行修改,直至构造正确为止。

6. 运行程序,观察电机的转动是否符合程序要求,若不符合,分析出错原因,继续重复步骤 4 和 5,直至结果正确。

实验二十七 电机手动调速与程控调速实验

一、实验内容

本实验研究通过 PWM 调节脉冲占空比的方式改变直流电机的转速,处理器读取按键的状态,确定是增加还是降低频率。

实验原理图如图 1.27.1 所示。

二、连线关系

实验中的杜邦线连线关系如表 1.27.1 所示。

表 1.27.1　电机手动调速与程控调速实验杜邦线连线关系

线序号	线端 A 插接位置		线端 B 插接位置	
	开发板	端子	开发板	端子
S1	MAIN_BOARD	J50:DIR_A	CPU_51	P3:A10
S2	MAIN_BOARD	J50:PWM_A	CPU_51	P3:A9
S3	MAIN_BOARD	J50:EN_A	CPU_51	P3:A8
S4	MAIN_BOARD	J26:SKEY1	CPU_51	P2:P1.7
S5	MAIN_BOARD	JMP1(DC or STEP?)选择 DC		
S6	MAIN_BOARD	DC1_EN 用跳线帽短接		

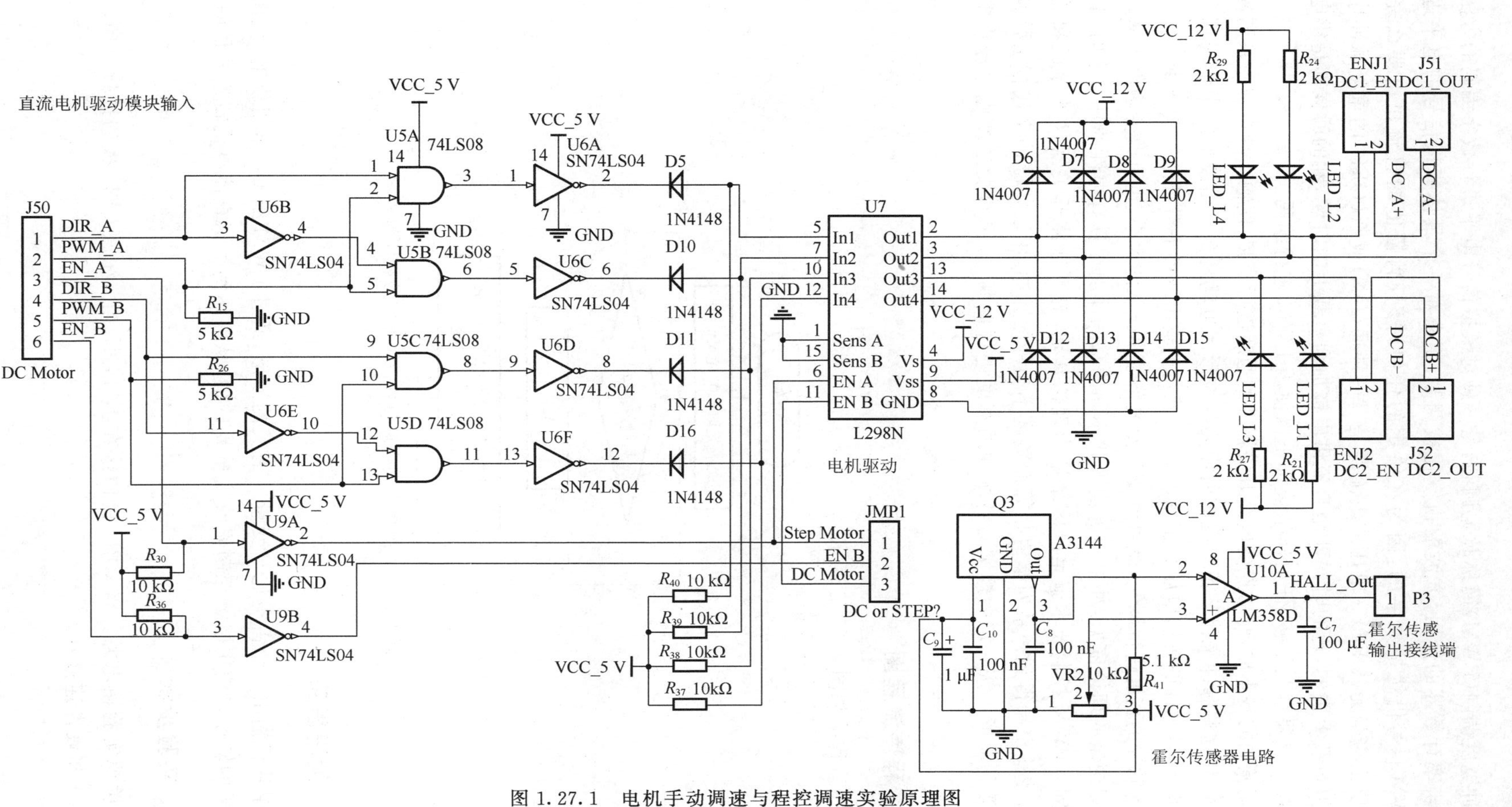

图 1.27.1　电机手动调速与程控调速实验原理图

脉冲宽度调制(PWM)简称脉宽调制,是一种对模拟信号电平进行数字编码的方法。通过高分辨率计数器的使用,方波的占空比被调制,用来对一个具体模拟信号的电平进行编码。PWM信号仍然是数字的,因为在给定的任何时刻,满幅值的直流供电要么完全有(ON),要么完全无(OFF)。电压或电流源是以一种通(ON)或断(OFF)的重复脉冲序列被加到模拟负载上去的,通的时候即是直流供电被加到负载上的时候,断的时候即是供电被断开的时候。只要带宽足够,任何模拟值都可以使用PWM进行编码。

脉宽调制的基本原理:对逆变电路开关器件的通断进行控制,使输出端得到一系列幅值相等的脉冲,用这些脉冲来代替正弦波或所需要的波形。也就是在输出波形的半个周期中产生多个脉冲,使各脉冲的等值电压为正弦波形,所获得的输出波形平滑且低次谐波少。按一定的规则对各脉冲的宽度进行调制,既可改变逆变电路输出电压的大小,也可改变输出频率。

脉宽调制的理论依据:冲量相等而形状不同的窄脉冲加在具有惯性的环节上时,其效果基本相同。PWM控制技术就是以该结论为理论基础,对半导体开关器件的导通和关断进行控制,使输出端得到一系列幅值相等而宽度不相等的脉冲,用这些脉冲来代替正弦波或其他所需要的波形。按一定的规则对各脉冲的宽度进行调制,即可改变逆变电路输出电压的大小。

三、程序流程图

程序流程图如图1.27.2所示。

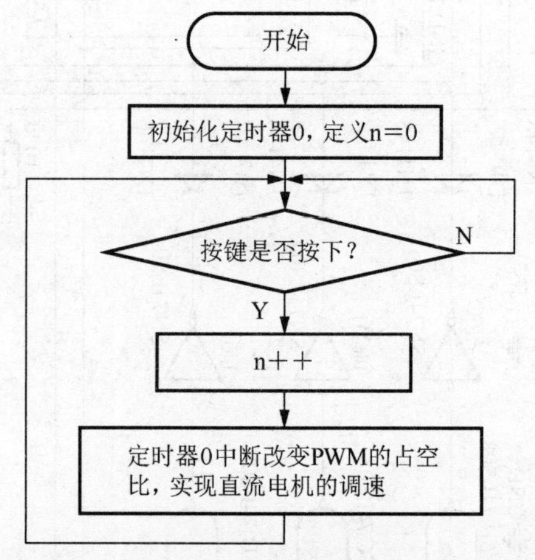

图1.27.2　电机手动调速与程控调速实验程序流程图

四、编程思路

用单片机输出一个占空比与变量 n 有关的波形,通过PWM给DC电机供电,从而控制直流电机的转速。使用按键控制修改变量 n 的值,从而达到控制直流电机转速的目的。

五、实验步骤

1. 关掉实验箱电源。将CPU板插接在JK1,JK2上,注意CPU板的插接方向。按照表1.27.1将硬件连接好。

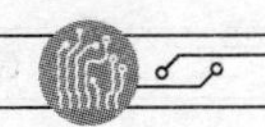

2. 在仿真器断电情况下将仿真器插在CPU板的CPU插座上。将仿真器与开发PC机的USB通信口连接好，主板上电。

3. 运行Keil μVision2开发环境，按照老师介绍的方法建立工程“DJSDTS. uV2”，CPU为“AT89S51”，包含启动文件“STARTUP. A51”。

4. 按照老师介绍的方法及实验功能要求创建源程序“djsdts. c”，并加入工程“DJSDTS. uV2”，然后设置工程“DJSDTS. uV2”的属性，将其晶振频率设置为11.059 2 MHz，选择输出可执行文件，DEBUG方式选择硬件“DEBUG”，并选择其中的“Keil Monitor-51 Driver”仿真器。

5. 构造工程“DJSDTS. uV2”。如果编程有误则进行修改，直至构造正确为止。

6. 运行程序，观察直流电机的转动和数码管的显示是否符合程序要求，若不符合，分析出错原因，继续重复步骤4和5，直至结果正确。

六、实验作业

1. 查阅资料了解更多脉宽调制的知识。
2. 总结脉宽调制的特点。
3. 总结脉宽调制调速相比其他调速方式的优点。

实验二十八　串口通信实验

一、实验内容

本实验研究串口通信的数据格式及数据协议设定，以及相应寄存器的配置，掌握单片机串口通信的编程和调试方法。

串口是一种接口标准，它规定了接口的电气标准，简单说只是物理层的一个标准，没有规定接口插件电缆以及使用的协议，所以只要我们使用的接口插件电缆符合串口标准就可以在实际中灵活使用，在串口接口标准上使用各种协议进行通信及设备控制。

本实验实现单片机与PC机的232通信，PC机向单片机发送字符，单片机将收到的字符通过串口在PC机的串口调试工具上显示出来，如图1.28.1所示。单片机选用AT89S51，晶振频率为11.059 2 MHz。

二、连线关系

实验中的杜邦线连线关系如表1.28.1所示。

表1.28.1　串口通信实验杜邦线连线关系

线序号	线端A插接位置		线端B插接位置	
	开发板	端子	开发板	端子
S1	MAIN_BOARD	J57/J59:TXD	CPU_51	P2:P3.1
S2	MAIN_BOARD	J57/J59:RXD	CPU_51	P2:P3.0

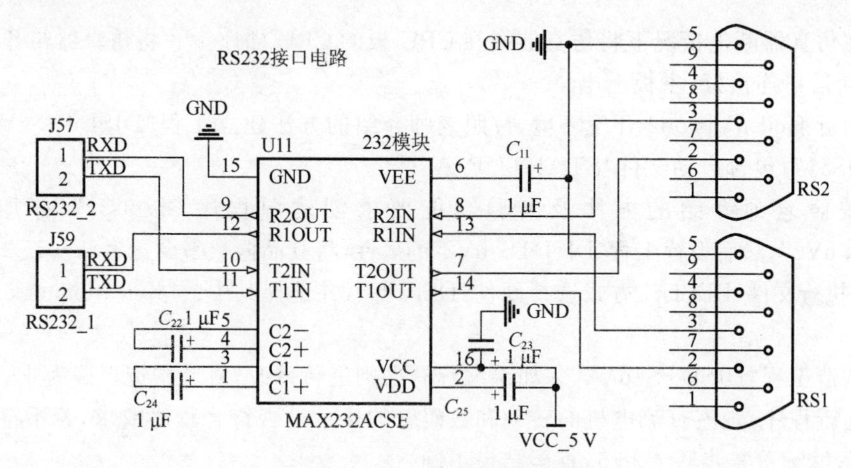

图 1.28.1　串口通信实验原理图

三、程序流程图

程序流程图如图 1.28.2 所示。

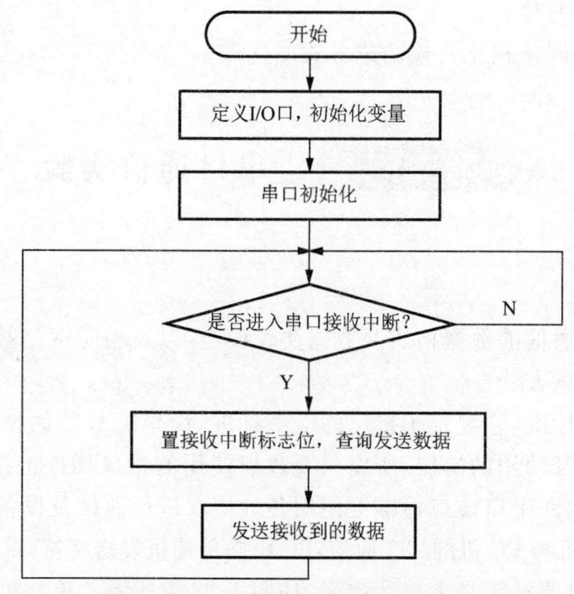

图 1.28.2　串口通信实验程序流程图

四、实验步骤

1. 关掉实验箱电源。将 CPU 板插接在 JK1,JK2 上，注意 CPU 板的插接方向。使用串口线连接 PC 机和 DB9 接口。按照表 1.28.1 将硬件连接好。

2. 运行 Keil μVision2 开发环境，按照老师介绍的方法建立工程“RS232. uV2”,CPU 为“AT89S51”,包含启动文件“STARTUP. A51”。

3. 按照老师介绍的方法及实验功能要求创建源程序“RS232. c”,并加入工程“RS232. uV2”,然后设置工程“RS232. uV2”的属性，将其晶振频率设置为 11. 059 2 MHz,选择输出 hex 文件。

4. 构造工程“RS232. uV2”。如果编程有误则进行修改，直至构造正确为止。

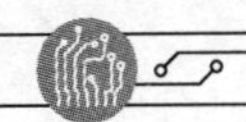

5. 打开烧录软件 PROGISP，烧写 hex 文件到 AT89S51 芯片中。

6. 主板上电，运行程序，在通信接收端用串口调试工具观察通信数据。观察结果是否符合程序要求，若不符合，分析出错原因，继续重复步骤 4 和 5，直至结果正确。

五、实验作业

1. 深入了解 232 通信方式。

2. 总结 232 通信方式的优点。

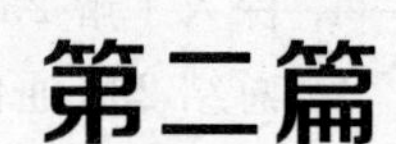

第二篇

高频电子线路实验(LTE-GP-03A)

高频电子线路是电子信息科学与技术、通信工程、电子信息工程等专业的一门必修专业课,同时是一门理论性与实践性都很强的课程。高频电子线路实验是一门独立开设的实验课程,本课程在实验方法和思想、实验仪器、实验技术、实验数据的处理及误差分析等方面都有自身的理论基础和教学内容,它与高频电子线路课程既有紧密的联系,又有所不同,是理论与实践相结合的课程。

高频电子线路实验的学习目的:

1. 通过本课程的学习更好地掌握已学过的理论知识,在实验的基本方法和基本技能方面受到一定的训练。理论联系实际,培养初步的工程实践能力以及严谨求学的科学作风,为学习后续课程打下基础。

2. 学会正确使用实验仪器和仪表,如:示波器、高低频信号发生器、万用表、稳压电源、计数器、频谱分析仪、高频电子线路实验箱。

3. 了解高频电子线路实验的目的,掌握实验原理、内容及方法。

4. 能正确连接电路,检查和排除故障。

5. 准确记录和处理数据,分析和综合实验结果,实事求是地撰写实验报告。

6. 通过实验进一步培养学生实事求是、踏实细致、严肃认真的科学态度和克服困难、坚韧不拔的工作作风,以及科学、良好的实验素质和习惯。

高频电子线路实验的要求:

1. 认真阅读实验指导书,分析、掌握实验电路的工作原理,并进行必要的估算,完成指定的预习任务,熟悉实验任务,并复习实验中所用各仪器的使用方法及注意事项。

2. 使用仪器和实验箱前必须了解其性能、操作方法及注意事项,在使用时

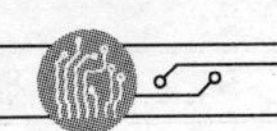

应严格遵守。

3. 实验时接线要认真,相互仔细检查,确定无误后才能接通电源。若是初学或没有把握,应经指导教师审查同意后再接通电源。

4. 实验时应注意观察,若发现有破坏性异常现象(例如有元器件冒烟、发烫或有异味),应立即关断电源,保持现场,报告指导教师,找出原因,排除故障,经指导教师同意后再继续实验。

5. 实验过程中应仔细观察实验现象,认真记录实验结果(数据、波形、现象)。所记录的实验结果经指导教师审阅签字后才能拆除实验线路。

6. 实验结束后,必须关断电源,拔出电源插头,并将仪器、设备、工具、导线等按规定进行整理。

7. 实验后必须按要求独立完成实验报告。

实验注意事项:

1. 本实验系统(LTE-GP-03A)接通电源前,请确保电源插座接地良好。

2. 每次安装实验模块之前,应确保主机箱右侧的交流开关处于断开状态。为保险起见,建议拔下电源线后再安装实验模块。

3. 安装实验模块时,模块右边的电源开关要拨至上方,使模块四角的螺孔和母板上的铜支柱对齐,然后用螺钉固定。确保四个螺钉拧紧,以免造成实验模块与电源或者地接触不良。经仔细检查后方可通电实验。

4. 各实验模块上的电源开关、拨码开关、复位开关、自锁开关、手调电位器和旋转编码器均为磨损件,请不要频繁按动或旋转。

5. 请勿直接用手触摸芯片、电解电容等元器件,以免造成损坏。

6. 各模块中的贴片可调电容是出厂前调试用的。出厂后的各实验模块功能已调至最佳状态,无须另行调节各电位器,否则将会对实验结果造成严重影响。

7. 在关闭各模块电源之后,方可进行连线。连线时在保证接触良好的前提下应尽量轻插轻放,检查无误后方可通电实验。拆线时若遇到连线与孔连接过紧的情况,应用手捏住线端的金属外壳轻轻摇晃,直至连线与孔松脱,切勿旋转及用蛮力强行拔出。

8. 拨动开关或转动电位器时,切勿用力过猛,以免造成损坏。

高频电子线路实验箱简介

一、产品组成

主要实验模块及电路组成如下：

1. 2 号模块：小信号选频放大模块。

该模块包含单调谐放大电路、电容耦合双调谐放大电路、集成选频放大电路、自动增益控制电路(AGC)等四种电路。

2. 3 号模块：正弦波振荡及 VCO 模块。

该模块包含 *LC* 振荡电路、石英晶体振荡电路、压控 *LC* 振荡电路、变容二极管调频电路等四种电路。

3. 4 号模块：AM 调制及检波模块。

该模块包含模拟乘法器调幅(AM，DSB，SSB)电路、二极管峰值包络检波电路、三极管小信号包络检波电路、模拟乘法器同步检波电路等四种电路。

4. 5 号模块：FM 鉴频模块。

该模块包含正交鉴频(乘积型相位鉴频)电路、锁相鉴频电路、基本锁相环路等三种电路。

5. 7 号模块：混频及变频模块。

该模块包含二极管双平衡混频电路、模拟乘法器混频电路。

6. 8 号模块：高频功率放大器(简称功放)模块。

该模块包含非线性丙类功放电路、线性宽带功放电路、集成线性宽带功放电路、集电极调幅电路等四种电路。

7. 9 号模块：收音机模块。

该模块包含三极管变频电路、AM 收音机、FM 收音机。

8. 10 号模块：综合实验模块。

该模块包含话筒及音乐片放大电路、音频功放电路、天线及半双工电路、分频器电路等四种电路。

二、产品主要特点

1. 采用模块化设计，使用者可以根据需要选择模块，既可节约经费又方便日后升级。

2. 产品集成了多种高频电路设计及调试所必备的仪器，既可使学生在做实验时观察实验现象更加方便，调整电路时更加全面有效，同时又可为学生在进行高频电路设计及调试时提供工具。

3. 实验内容非常丰富，单元实验包含了高频电子线路课程的几乎所有知识点，并有丰富的有一定复杂性的综合实验。

4. 电路板采用贴片工艺制造，高频特性良好，性能稳定可靠。

三、实验内容

1. 小信号调谐(单、双调谐)放大器实验	(2 号模块)
2. 二极管双平衡混频器实验	(7 号模块)
3. 三点式正弦波振荡器(*LC*、晶体)实验	(3 号模块)
4. 非线性丙类功率放大器实验	(8 号模块)
5. 集电极调幅实验	(8 号模块)
6. 模拟乘法器调幅(AM,DSB,SSB)实验	(4 号模块)
7. 包络检波及同步检波实验	(4 号模块)
8. 变容二极管调频实验	(3 号模块)
9. 正交鉴频及锁相鉴频实验	(5 号模块)
10. 模拟锁相环实验	(5 号模块)
11. 超外差式中波调幅收音机组装及调试实验	(2,4,9,10 号模块)
12. 超外差式 FM 收音机实验	(2,5,9,10 号模块)

实验一　高频小信号调谐放大器实验

一、实验目的

1. 掌握高频小信号调谐电压放大器的电路组成与基本工作原理。
2. 熟悉调谐回路的调谐方法及测试方法。
3. 掌握高频小信号调谐放大器处于谐振时各项主要技术指标的意义及测试技能。

二、实验内容

1. 谐振频率的调整与测定。

2. 主要技术性能指标的测定:谐振频率、谐振放大增益 A_V 及动态范围、通频带 $BW_{0.7}$、矩形系数 $K_{r0.1}$。

三、实验器材

1. 信号发生器	1 台
2. 2 号模块	1 块
3. 双踪示波器	1 台
4. 万用表	1 块
5. 扫频仪	1 台

四、实验原理及实验电路说明

高频小信号调谐放大器是通信接收机的前端电路,主要用于高频小信号或微弱信号的线性放大。实验电路由晶体管 N_1、变压器 T_1、电容 C_1 等组成,不仅可以对高频小信号进行放大，而且还有选频作用。本实验中单调谐小信号放大电路的谐振频率为 $f_0=10.7\ \text{MHz}$。

放大器各项性能指标及测量方法如下。

（一）谐振频率

放大器的调谐回路谐振时所对应的频率 f_0 称为放大器的谐振频率，对于图 2.1.1 所示电路（也是以下各项指标所对应电路），f_0 的表达式为

$$f_0=\frac{1}{2\pi\sqrt{LC_\Sigma}} \tag{2.1.1}$$

式中：L——调谐回路电感线圈的电感量；

C_Σ——调谐回路的总电容。

C_Σ 的表达式为

$$C_\Sigma=C+P_1^2C_{oe}+P_2^2C_{ie} \tag{2.1.2}$$

式中：C_{oe}——晶体管的输出电容；

C_{ie}——晶体管的输入电容；

P_1——初级线圈抽头系数；

P_2——次级线圈抽头系数。

谐振频率 f_0 的测量方法是：

用扫频仪作为测量仪器，测出电路的幅频特性曲线，调变压器 T 的磁芯，使电压谐振曲线的峰值出现在规定的谐振频率点 f_0 处。

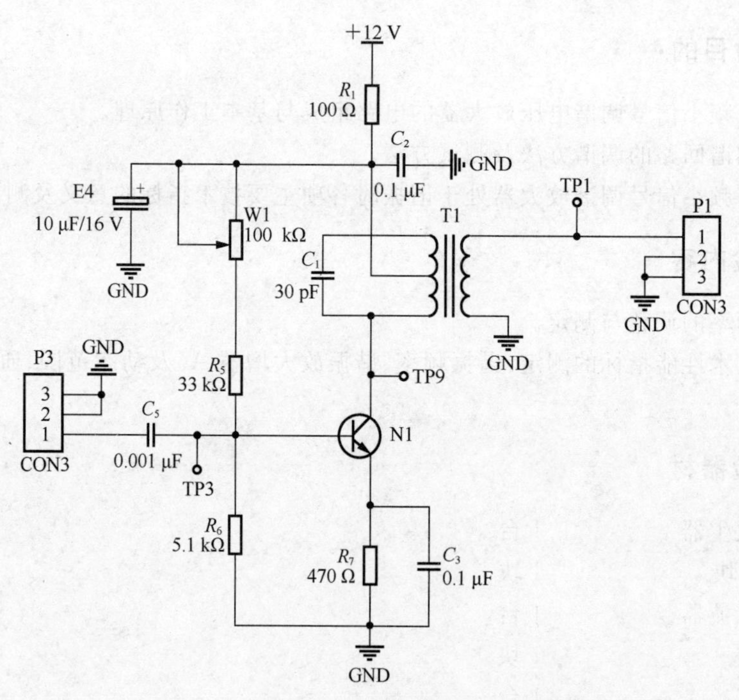

图 2.1.1　单调谐小信号放大电路实验原理图

（二）电压增益

放大器的调谐回路谐振时，所对应的电压增益 A_{V0} 称为放大器的谐振电压增益。A_{V0} 的表达式为

$$A_{V0}=-\frac{V_o}{V_i}=\frac{-p_1p_2y_{fe}}{g_\Sigma}=\frac{-p_1p_2y_{fe}}{p_1^2g_{oe}+p_2^2g_{ie}+G} \tag{2.1.3}$$

式中：g_Σ ——调谐回路谐振时的总电导。

要注意的是 y_{fe}本身是一个复数，所以谐振时输出电压 $v_o(t)$与输入电压 $v_i(t)$的相位差不是 180°，而是 180°＋Φ_{fe}。V_o，V_i分别为输出电压、输入电压的有效值，实际中为了方便，通常用示波器测量波形的峰峰值代替，不影响增益的计算结果。

A_{V0}的测量方法是，在调谐回路已处于谐振状态时，用高频电压表测量图 2.1.1 中输出信号 V_o及输入信号 V_i的大小，则电压增益 A_{V0}由下式计算：

$$A_{V0}=V_o/V_i \quad 或 \quad A_{V0}=20\lg(V_o/V_i)\ \text{dB} \tag{2.1.4}$$

(三) 通频带

由于调谐回路的选频作用，当工作频率偏离谐振频率时，放大器的电压增益下降，习惯上称电压增益 A_V下降到谐振电压增益 A_{V0}的 0.707 倍时所对应的频率偏移为放大器的通频带 BW，其表达式为

$$BW=2\triangle f_{0.7}=f_0/Q_L \tag{2.1.5}$$

式中：Q_L——调谐回路的有载品质因数。

分析表明，放大器的谐振电压增益 A_{V0}与通频带 BW 的关系为

$$A_{V0}\cdot BW=\frac{|y_{fe}|}{2\pi C_\Sigma} \tag{2.1.6}$$

式(2.1.6)说明，当晶体管选定即 y_{fe}确定，且回路总电容 C_Σ为定值时，谐振电压增益 A_{V0}与通频带 BW 的乘积为一常数。这与低频放大器中的增益带宽积为一常数的概念是相同的。

通频带 BW 的测量方法：通过测量放大器的谐振曲线来求通频带，可以是扫频法，也可以是逐点法。逐点法的测量步骤是：先调整放大器的调谐回路使其谐振，记下此时的谐振频率 f_0及电压增益 A_{V0}。然后改变高频信号的频率，记下此时的信号频率，测出电路的输出电压，并算出对应的电压增益。由于回路失谐后电压增益下降，所以放大器的谐振曲线如图 2.1.2 所示。

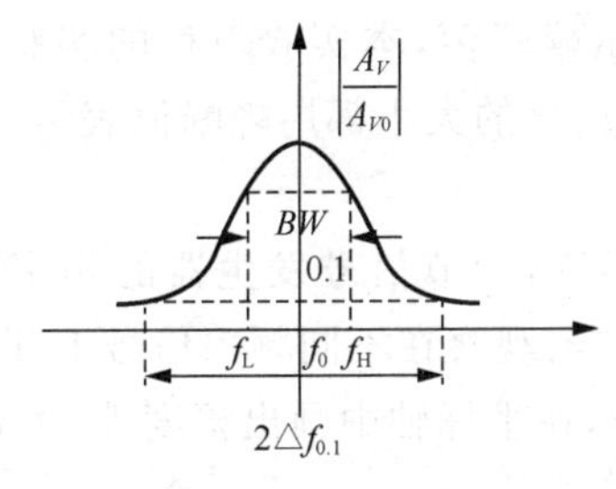

图 2.1.2　谐振曲线

可得

$$BW=f_H-f_L=2\triangle f_{0.7} \tag{2.1.7}$$

通频带越宽，放大器的电压增益越小。要想得到一定宽度的通频宽，同时又能提高放大器的电压增益，除了选用 y_{fe}较大的晶体管外，还应尽量减小调谐回路的总电容量 C_Σ。如果放大器只用来放大来自接收天线的某一固定频率的微弱信号，则可减小通频带，尽量提高放大器的增益。

五、实验步骤

1. 断电状态下，按图 2.1.3 进行连线(注：图中符号○⌒○表示高频连接线)。

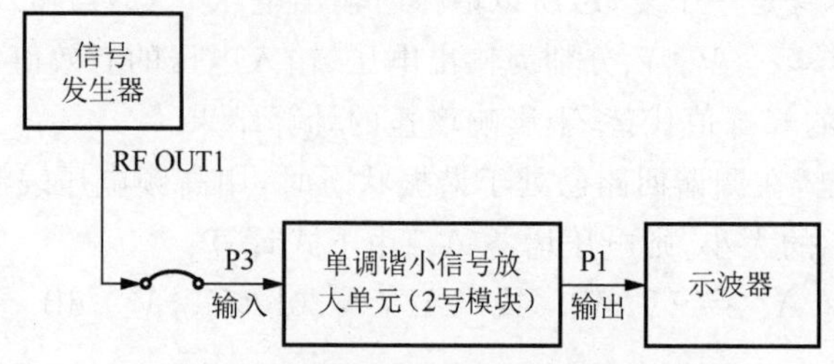

图 2.1.3　单调谐小信号放大电路连线框图

2. 频率谐振的调整。

用示波器观测 TP3，调节信号发生器，使之输出峰峰值幅度为 200 mV、频率为10.7 MHz 的正弦波信号。顺时针调节 W1 到底，用示波器观测 TP1，调节信号发生器，使 TP1 处信号幅度最大且波形稳定不失真。

3. 动态测试。

保持第 2 步输入信号的频率不变，调节信号发生器的幅度旋钮，改变单调谐小信号放大电路中 TP3 处输入信号的幅度。用示波器观察在不同幅度信号下 TP1 处的输出信号的峰值电压，并将对应的实测值填入表 2.1.1，计算电压增益 A_V。在坐标轴中画出动态曲线。

表 2.1.1　动态测试数据表

输入信号 f_i/MHz	f_0=　　MHz			
输入信号 $V_{i(p\text{-}p)}$/mV	50	100	200	300
输出信号 $V_{o(p\text{-}p)}$/mV				
增益 A_V				

注：p-p(peak 的首字母)表示峰峰值，本实验教程的实验大多是用示波器观察、测量信号，为了测量方便，输入、输出等信号的大小都用峰峰值表示。

4. 通频带特性测试。

(1) 保持输入信号的幅度不变，调节信号发生器的频率旋钮，改变单调谐放大电路中 TP3 处输入信号的频率。用示波器观察在不同频率信号下 TP1 处的输出信号的峰值电压，并将对应的实测值填入表 2.1.2，在坐标轴中画出幅度-频率特性曲线。

表 2.1.2　幅度-频率特性测试数据表

输入信号 $V_{i(p\text{-}p)}$/mV	200									
输入信号 f_i/MHz						f_0				
输出信号 $V_{o(p\text{-}p)}$/mV										
增益 A_V										

(2) 调节输入信号频率，测试并计算出 $BW_{0.707}$。

5. 谐振曲线的矩形系数 $K_{r0.1}$ 测试。

$$K_{r0.1}=2\triangle f_{0.1}/(2\triangle f_{0.7})$$

(1) 调节信号频率,测试并计算出 $BW_{0.1}$(即 $2\triangle f_{0.1}$)。

(2) 计算矩形系数 $K_{r0.1}$。

六、实验报告要求

1. 画出实验电路原理图,并说明其工作原理。
2. 整理实验数据,将表格转换成坐标轴的形式,并得出结论。

实验二　集成选频放大器实验

一、实验目的

1. 熟悉集成选频放大器的内部工作原理。
2. 熟悉陶瓷滤波器的选频特性。

二、实验内容

1. 测量集成选频放大器的增益。
2. 测量集成选频放大器的通频带。

三、实验器材

1. 1号信号源模块	1块
2. 6号频率计模块	1块
3. 2号模块	1块
4. 双踪示波器	1台
5. 万用表	1块
6. 扫频仪(可选)	1台

四、实验原理及实验电路说明

(一) 集成选频放大器的原理

由实验原理图(图 2.2.1)可知,本实验中涉及的集成选频放大器是带 AGC(自动增益控制)功能的选频放大器,放大 IC 用的是 Motorola 公司的 MC1350。

(二) MC1350 放大器的工作原理

图 2.2.2 为 MC1350 单片集成放大器的内部电路图。这个电路是双端输入、双端输出的全差动式电路,主要用于中频和视频放大。

输入级为共射-共基差分对,Q1 和 Q2 组成共射差分对,Q3 和 Q6 组成共基差分对。除了 Q3 和 Q6 的射极等效输入阻抗作为 Q1,Q2 的集电极负载外,还有 Q4,Q5 的射极输入阻抗分别与 Q3,Q6 的射极输入阻抗并联,起着分流的作用。各个等效微变输入阻抗分别与对应元器件的偏流成反比。增益控制电压(直流电压)控制 Q4,Q5 的基极,以改变 Q4,Q5 和 Q3,Q6 的工作点电流的相对大小,当增益控制电压增大时,Q4,Q5 的工作点电流增大,射极等效输入阻抗下降,分流作用增强,放大器的增益减小。

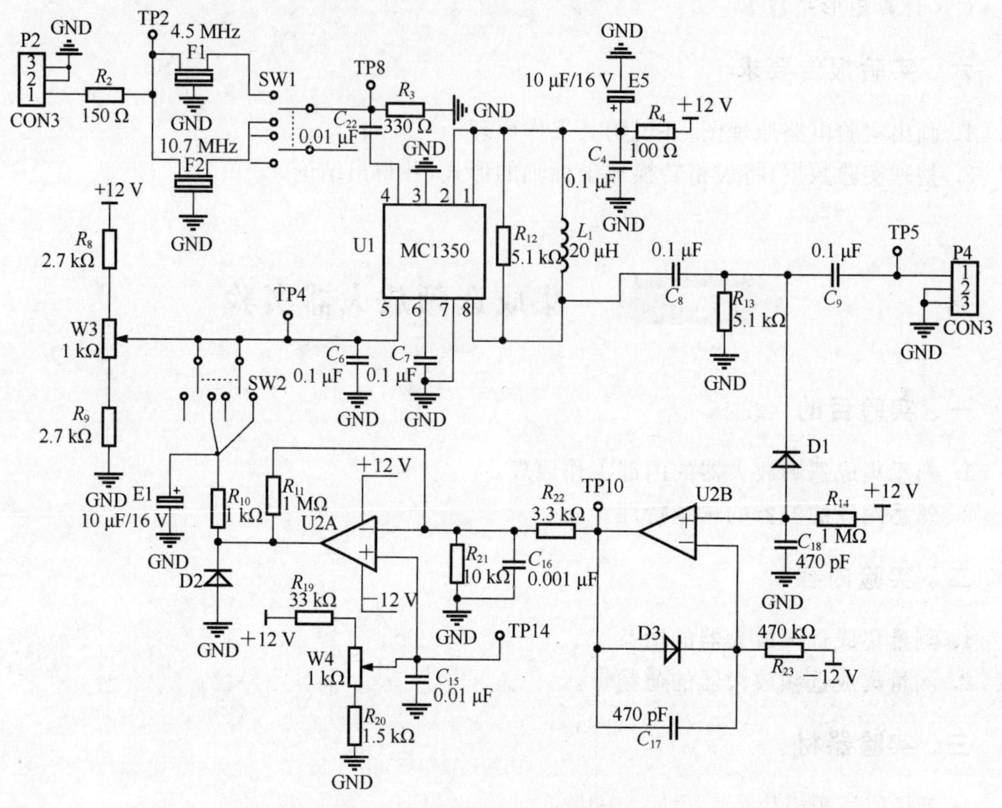

图 2.2.1　集成选频放大器实验原理图

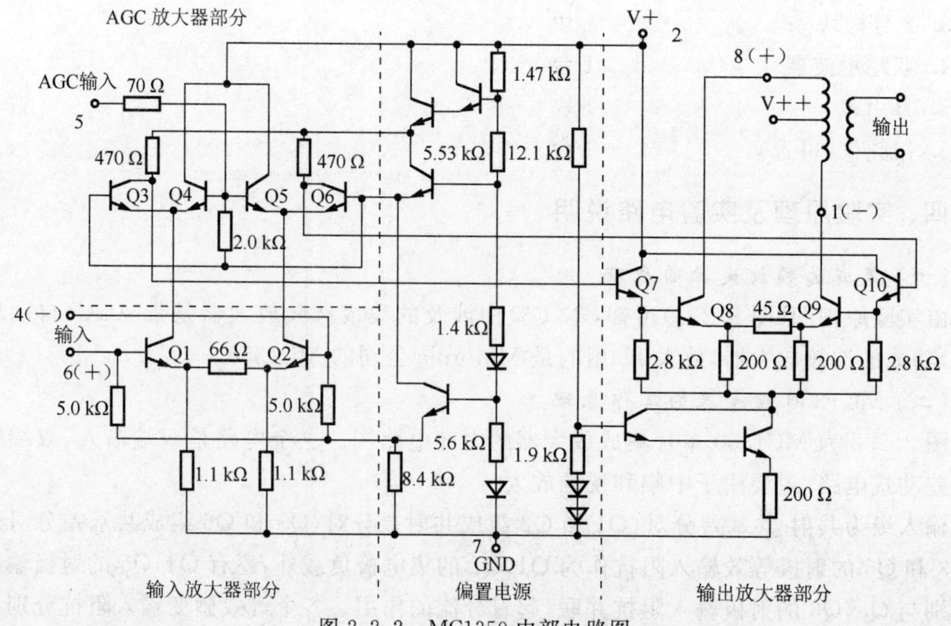

图 2.2.2　MC1350 内部电路图

五、实验步骤

1. 按图 2.2.3 所示搭建好测试电路。

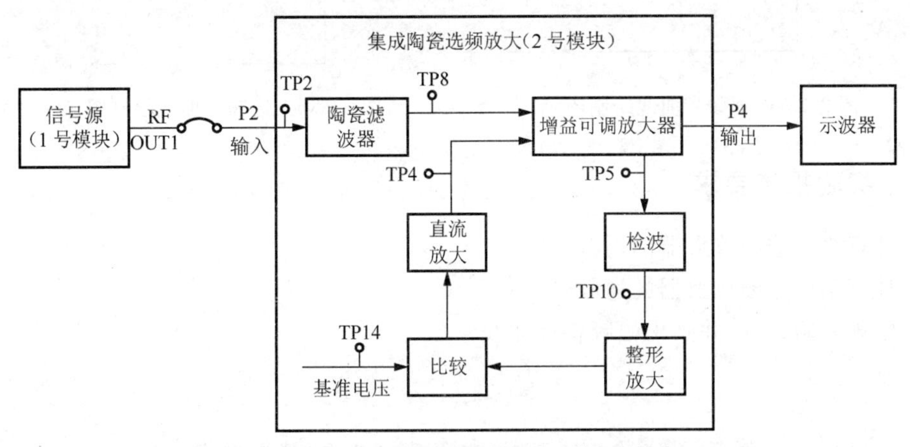

图 2.2.3　集成选频放大器连线框图

注:实验箱 2 号模块上由于空间的局限没有画出“整形放大”部分。

实验连线表如表 2.2.1 所示。

表 2.2.1　实验连线表

源端口	目的端口	连线说明
1 号模块:RF OUT1($V_{i(p-p)}$ = 200 mV)	2 号模块:P2	射频信号输入
1 号模块:RF OUT2	6 号模块:P3	频率计实时观察输入频率

2. 测量开环电压增益 A_V。

(1) 拨码开关 SW1 拨至 4.5 MHz 挡,即选频回路为 4.5 MHz。调节信号源模块,使 RF 输出频率 f=4.5 MHz,幅度为 200 mV。SW2 拨至“OFF”,用示波器在 TP5 处观测信号输出,调节 W3 使输出幅度最大且无明显失真。用示波器分别观测输入和输出信号的幅度大小,A_V 即为输出信号与输入信号幅度之比。

(2) 将拨码开关 SW1 拨至 10.7 MHz 挡,此时调节信号源频率 f=10.7 MHz,再进行上述实验操作。

3. 测量放大器通频带。

(1) 2 号模块的拨码开关 SW1 拨至 4.5 MHz 挡,以“10k”挡步进调节信号源上的频率调节旋钮,使其在 4.5 MHz 左右变化,并用示波器观测各频率点的输出信号的幅度,然后就可以在图 2.2.4 所示的输出幅度-频率坐标轴上标示出放大器的通频带特性。

(2) 2 号模块的拨码开关 SW1 拨至 10.7 MHz 挡,以“10k”挡步进调节信号源上的频率调节旋钮,使其在 10.7 MHz 左右变化,并用示波器观测各频率点的输出信号的幅度,然后就可以在图 2.2.5 所示的输出幅度-频率坐标轴上标示出放大器的通频带特性。

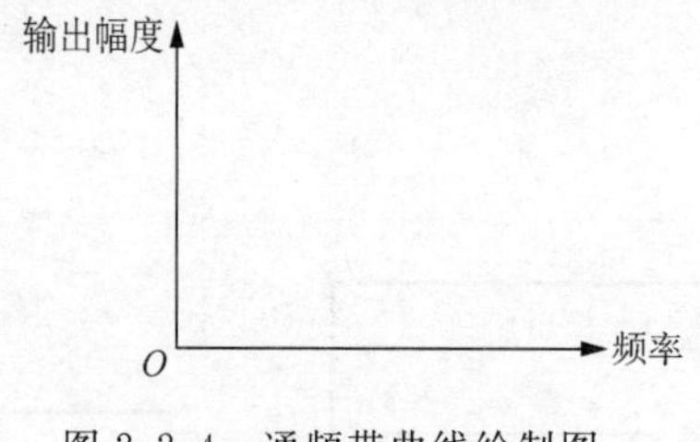

图 2.2.4　通频带曲线绘制图一

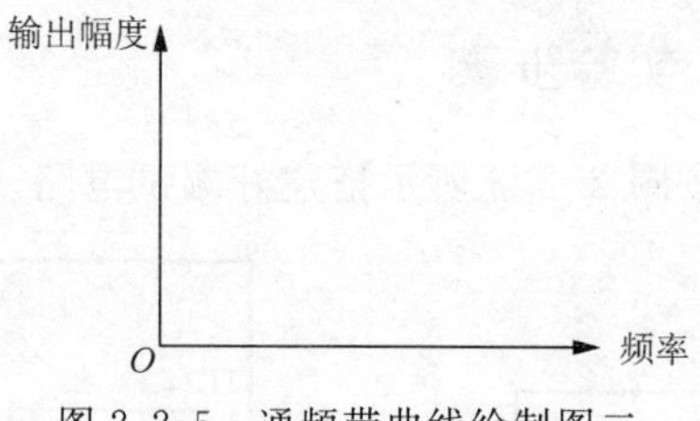

图 2.2.5　通频带曲线绘制图二

六、实验报告要求

1. 计算集成选频放大器的增益。
2. 计算集成选频放大器的通频带。
3. 整理实验数据，并画出幅频特性曲线。

二极管双平衡混频器实验

一、实验目的

1. 掌握二极管双平衡混频器频率变换的物理过程。
2. 掌握混频器的分类及作用。

二、实验内容

1. 研究二极管双平衡混频器的频率变换过程及其优缺点。
2. 研究这种混频器输出频谱与本机振荡电压大小的关系。

三、实验器材

1. 7 号模块	1 块
2. 信号发生器	1 台
3. 双踪示波器	1 台

四、实验原理及实验电路说明

(一) 二极管双平衡混频原理

在高频电子电路中，常常需要将信号自某一频率变成另一个频率。这样不仅能满足各种无线电设备的需要，而且有利于提高设备的性能。对信号进行变频，是将信号的各分量移至新的频域，各分量的频率间隔和相对幅度保持不变。进行这种频率变换时，新频率等于信号原来的频率与某一参考频率之和或差。该参考频率通常称为本机振荡频率(简称本振频率)。本机振荡频率可以由单独的信号源供给，也可以由频率变换电路内部产生。当本机振荡频率由单独的信号源供给时，这样的频率变换电路称为混频器(不带独立振荡器的叫变频器)。

二极管双平衡混频器基本原理模型如图 2.3.1 所示。图中 V_S 为输入信号电压,V_L 为本机振荡电压(简称本振电压)。在负载 R_L 上产生差频和和频,还夹杂一些其他频率的无用产物,其上接有一个滤波器(图中未画出)。

二极管双平衡混频器的最大特点是工作频率极高,可达微波波段。由于二极管双平衡混频器工作于很高的频段,所以图 2.3.1 中的变压器一般为传输线变压器。

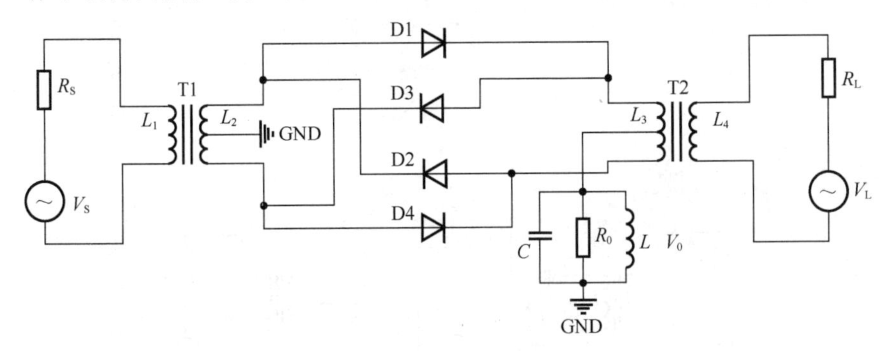

图 2.3.1　二极管双平衡混频器基本原理模型

二极管双平衡混频器是利用二极管伏安特性的非线性进行工作的。众所周知,二极管的伏安特性为指数律,用幂级数展开为

$$i=I_S(e^{\frac{v}{V_T}}-1)=I_S\left[\frac{v}{V_T}+\frac{1}{2!}\left(\frac{v}{V_T}\right)^2+\cdots+\frac{1}{n!}\left(\frac{v}{V_T}\right)^n+\cdots\right] \tag{2.3.1}$$

当加到二极管两端的电压 v 为输入信号 V_S 和本振电压 V_L 之和时,v^2 项产生差频与和频,其他项产生不需要的频率分量。由于式(2.3.1)中 v 的阶次越高,系数越小,因此,对差频与和频构成干扰最严重的是 v 的一次方项(因其系数比 v^2 项大一倍)产生的输入信号频率分量和本振频率分量。

用两个二极管构成双平衡混频器和用单个二极管实现混频相比,前者能有效地抑制无用产物。双平衡混频器的输出仅包含 p 为奇数的 $p\omega_L\pm\omega_S$ 的组合频率分量,而抵消了 ω_L,ω_C 以及 p 为偶数的 $p\omega_L\pm\omega_S$ 的众多组合频率分量。

下面我们直观地从物理方面简要说明双平衡混频器的工作原理及其对频率 ω_L 及 ω_S 的抑制作用。

在实际电路中,本振信号 V_L 远大于输入信号 V_S。在 V_S 变化范围内,二极管的导通与否完全取决于 V_L。因而本振信号的极性决定了哪一对二极管导通。当 V_L 上端为正时,二极管 D3 和 D4 导通,D1 和 D2 截止;当 V_L 上端为负时,二极管 D1 和 D2 导通,D3 和 D4 截止。这样,可以将图 2.3.1 所示的双平衡混频器拆开成图 2.3.2(a)和(b)所示的两个单平衡混频器,图 2.3.2(a)是 V_L 上端为负、下端为正期间工作,图 2.3.2(b)是 V_L 上端为正、下端为负期间工作。

由图 2.3.2(a)和(b)可以看出:V_L 分别单独作用在 R_L 上所产生的 ω_L 分量相互抵消,故 R_L 上无 ω_L 分量。由 V_S 产生的分量在 V_L 上正下负期间,经 D3 产生的分量和经 D4 产生的分量在 R_L 上均是自下而上,而在 V_L 下正上负期间,则是自上而下,即在 V_L 一个周期内也是互相抵消的。V_L 的大小变化控制着二极管电流的大小,从而控制其等效电阻,因此 V_S 在 V_L 瞬时值不同情况下所产生的电流大小不同,正是由于这一非线性特性产生相乘效应,出现了差频与和频。

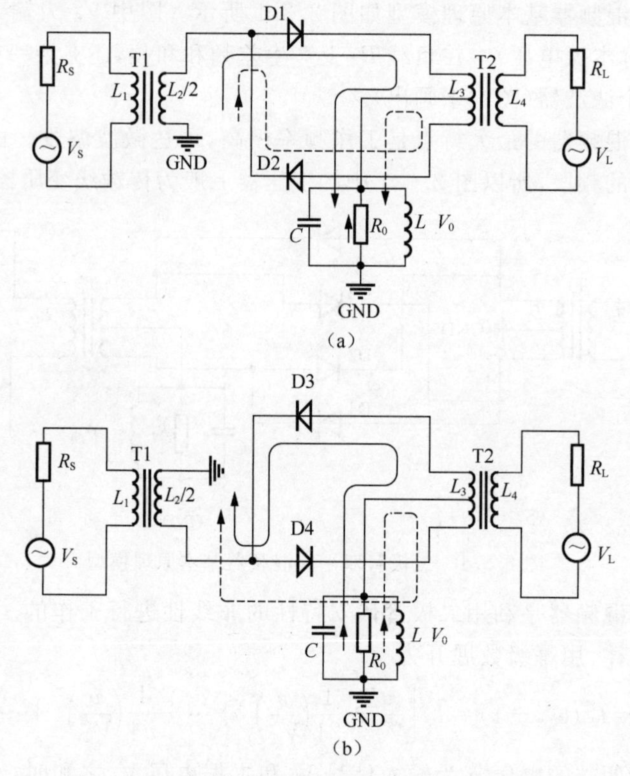

图 2.3.2　双平衡混频器拆开成两个单平衡混频器

（二）实验电路说明

实验原理图如图 2.3.3 所示，这里使用的是二极管双平衡混频模块ADE-1。在图 2.3.3 中，本振信号 V_L 由 P3 输入，射频信号 V_S 由 P1 输入，它们都通过 ADE-1 中的变压器将单端输入变为平衡输入并进行阻抗变换，TP8 为中频输出口，是不平衡输出。

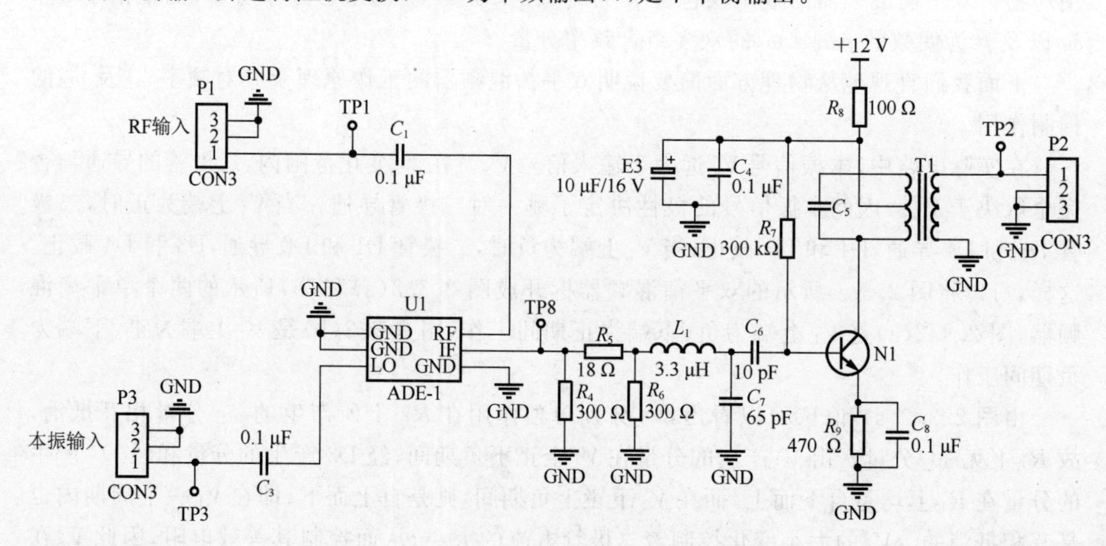

图 2.3.3　二极管双平衡混频器实验原理图

注:7 号模块正面是电路示意简化图,元器件在模块的反面。

ADE-1 内部电路如图 2.3.4 所示。

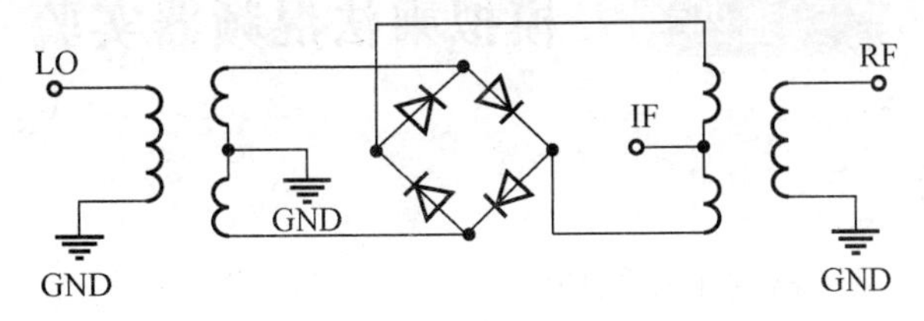

图 2.3.4 ADE-1 内部电路

在工作时,要求本振信号 $V_L > V_S$。使 4 只二极管按照其周期处于开关工作状态,可以证明,在负载 R_L 两端的输出电压(可在 TP8 处测量)将会有本振信号的奇次谐波(含基波)与信号频率的组合分量,即 $p\omega_L \pm \omega_S$(p 为奇数),通过带通滤波器可以取出所需频率分量 $\omega_L + \omega_S$(或 $\omega_L - \omega_S$)。由于 4 只二极管完全对称,所以分别处于两个对角上的本振电压 V_L 和射频信号 V_S 不会互相影响,有很好的隔离性。此外,这种混频器输出频谱较纯净,噪声小,工作频带宽,动态范围大,工作频率高,缺点是高频增益小于 1。

N1,C_5,T1 组成谐振放大器,用于选出我们需要的频率并进行放大,以弥补无源混频器的损耗。

五、实验步骤

1. 熟悉实验模块上各元器件的位置及作用。
2. 按图 2.3.5 所示进行连线。

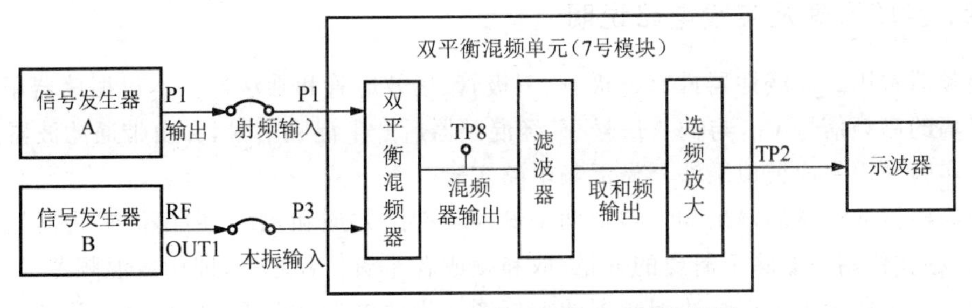

图 2.3.5 二极管双平衡混频器实验连线框图

3. 调节信号发生器 A,使其输出频率为 4.5 MHz 且幅度为 400 mV 的正弦波信号。
4. 调节信号发生器 B,使其输出频率为 6.2 MHz 且幅度为 1 V 的正弦波信号。
5. 用示波器观察 7 号模块混频器输出点 TP8 处的波形,以及经选频放大处理后的 TP2 处的波形,并读出其频率。使用数字示波器的 FFT 功能观测 TP8 及 TP2 处的频谱。
6. 调节本振信号幅度,重复步骤 3~5。

六、实验报告要求

画出 TP1,TP2,TP3 处的波形及频谱。

实验四 模拟乘法混频器实验

一、实验目的

1. 了解模拟乘法混频器的工作原理。
2. 了解混频器中的寄生干扰。

二、实验内容

1. 研究模拟乘法混频器的频率变换过程。
2. 研究模拟乘法混频器输出中频电压与输入本振电压的关系。
3. 研究模拟乘法混频器输出中频电压与输入信号电压的关系。

三、实验器材

1. 1号模块	1块
2. 6号模块	1块
3. 3号模块	1块
4. 7号模块	1块
5. 双踪示波器	1台

四、实验原理及实验电路说明

混频器常用的非线性器件有二极管、三极管、场效应管和乘法器。本机振荡器用于产生一个等幅的高频信号 V_L，与输入信号 V_S 经混频器后产生混频信号，并由带通滤波器滤出。

本实验采用集成模拟乘法器做混频电路实验。

因为模拟乘法器的输出频率包含两个输入频率之差或和，故采用模拟乘法器加滤波器的方式，滤波器用来滤除不需要的分量，取和频或者差频二者之一，即构成混频器。

图 2.4.1 所示为模拟乘法混频器的方框图。设滤波器滤除和频，则输出差频信号。图 2.4.2 为信号混频前后的频谱图。我们设信号是载波频率为 f_S 的普通调幅波。本机振荡频率为 f_L。

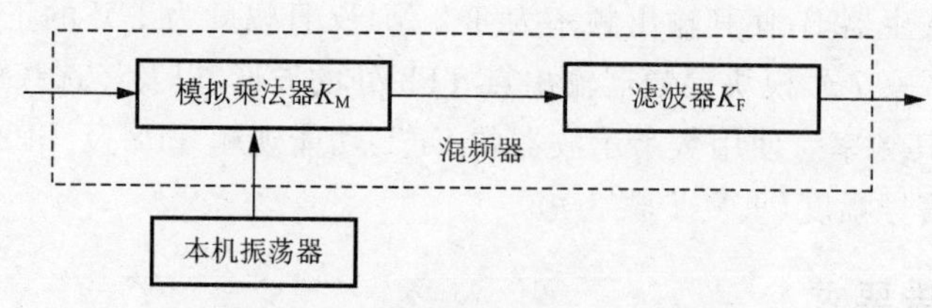

图 2.4.1 模拟乘法混频器方框图

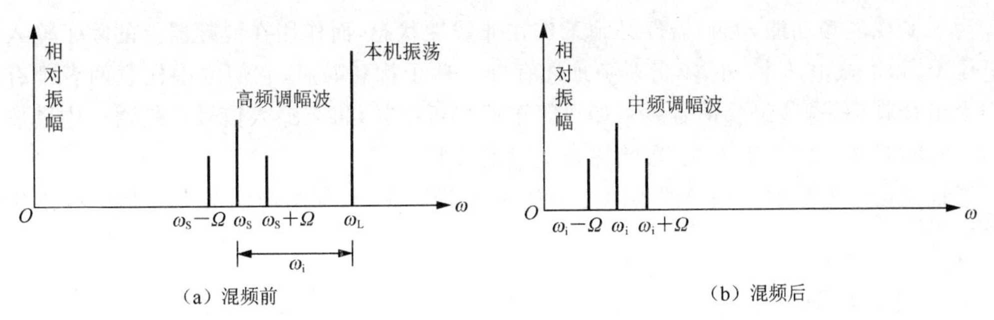

图 2.4.2 混频前后的频谱图

设输入信号为 $v_S=V_S\cos\omega_S t$,本机振荡信号为

$$v_L=V_L\cos\omega_L t \tag{2.4.1}$$

由模拟乘法混频器的方框图可得输出电压

$$v_0=\frac{1}{2}K_F K_M V_L V_S\cos(\omega_L-\omega_S)t=V_0\cos(\omega_L-\omega_S)t \tag{2.4.2}$$

其中

$$V_0=\frac{1}{2}K_F K_M V_L V_S \tag{2.4.3}$$

定义混频增益 A_M 为中频电压幅度 V_0 与高频电压幅度 V_S 之比,就有

$$A_M=\frac{V_0}{V_S}=\frac{1}{2}K_F K_M V_L \tag{2.4.4}$$

图 2.4.3 为模拟乘法混频器实验原理图,该电路由集成模拟乘法器 MC1496 完成。

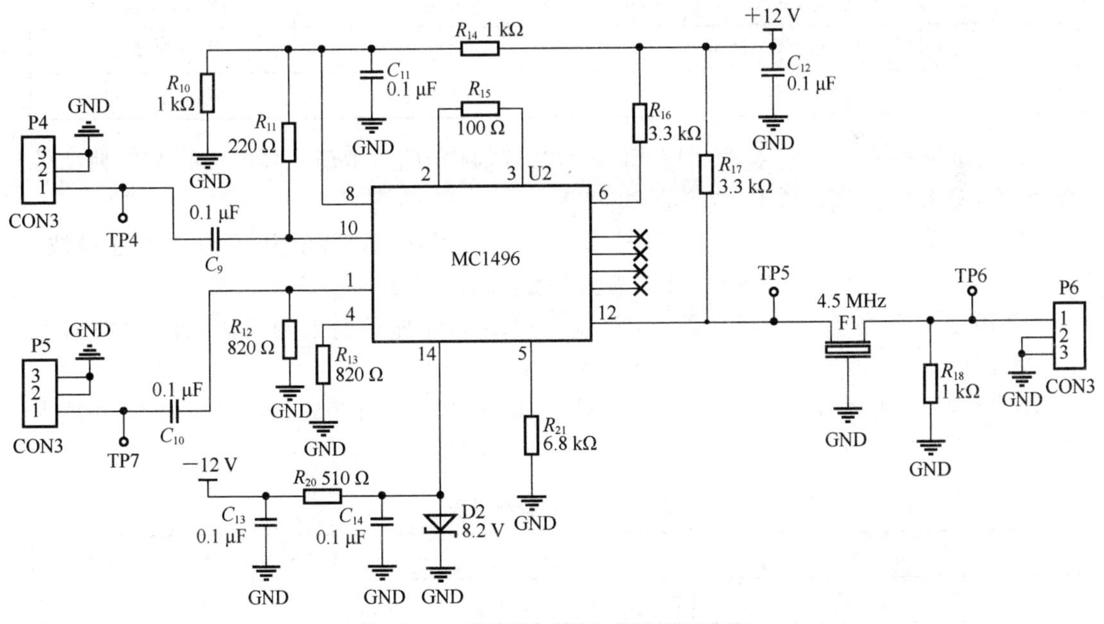

图 2.4.3 模拟乘法混频器实验原理图

MC1496 可以采用单电源供电,也可采用双电源供电。本实验电路中采用+12 V,−8 V 双电源供电。R_{12}(820 Ω),R_{13}(820 Ω)组成平衡电路,F1 为 4.5 MHz 陶瓷滤波器。本实验中输入信号频率为 $f_S=4.2$ MHz(由 3 号模块 *LC* 振荡输出),本振频率 $f_L=8.7$ MHz。

为了实现混频功能，混频器件必须工作在非线性状态，而作用在混频器上的除了输入信号电压V_S和本振电压V_L外，不可避免地还存在一些干扰和噪声，它们之中任意两者都有可能产生组合频率，这些组合信号频率如果等于或接近中频，将与输入信号一起通过中频放大器、解调器，对输出级产生干扰，影响输入信号的接收。

干扰是由于混频器不满足线性时变工作条件而形成的，其中影响最大的是中频干扰和镜像干扰。

五、实验步骤

1. 按照图 2.4.4 和表 2.4.1 进行连线。

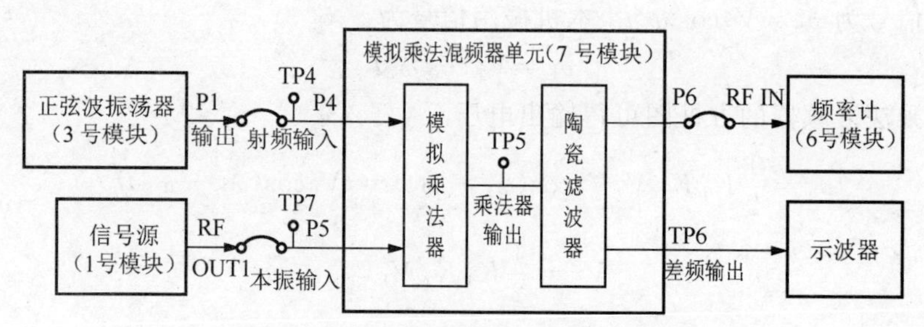

图 2.4.4 模拟乘法混频器实验连线框图

表 2.4.1 实验连线表

源端口	目的端口	连线说明
1 号模块：RF OUT1($V_{本振(p\text{-}p)}=600$ mV，$f=8.7$ MHz)	7 号模块：P5	本振信号输入
3 号模块：P1($f_S=4.2$ MHz)	7 号模块：P4	射频信号输入
7 号模块：P6	6 号模块：P3	混频后信号输出

2. 将 3 号模块上的 S1 拨为“01”，S2 拨为“01”，调节 C_{C1}，微调 3 号模块的 W2，使 7 号模块 TP4 处频率为 4.2 MHz，幅度为 200 mV。

3. 调节信号源模块，使 RF OUT1 输出频率为 8.7 MHz、峰峰值为 600 mV 的正弦波。

4. 用示波器观测 7 号模块的 TP5，观测乘法器输出波形。

5. 用示波器观测 7 号模块的 TP6，观测经滤波处理后的混频输出(注：滤波器为 4.5 MHz的带通滤波器)，并读出频率计上的频率。

6. 改变本振信号电压幅度，用示波器观测，记录 TP6 处混频输出信号的幅值，并填入表 2.4.2。

表 2.4.2 实验数据表

$V_{本振(p\text{-}p)}$/mV	200	300	400	500	600	700
$V_{中频(p\text{-}p)}$/mV						

六、实验报告要求

1. 整理实验数据，填写表 2.4.2。

2. 绘制实验步骤 4 和 5 中所观测到的波形图，并进行分析。归纳并总结信号混频的过程。

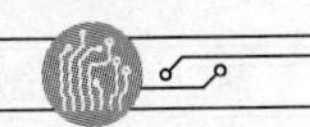

实验五　三点式正弦波振荡器实验

一、实验目的

1. 掌握三点式正弦波振荡器电路的基本原理、起振条件、振荡电路设计及电路参数计算。

2. 通过实验掌握晶体管的静态工作点、反馈系数大小、负载变化对起振和振荡幅度的影响。

二、实验内容

1. 熟悉振荡器模块的各元器件及其作用。
2. 进行 LC 振荡器波段工作研究。
3. 研究 LC 振荡器中静态工作点、反馈系数以及负载对振荡器的影响。

三、实验器材

1. 3号模块	1块
2. 双踪示波器	1台
3. 万用表	1块

四、实验原理及实验电路说明

实验原理图如图2.5.1所示。将开关S1的1拨向下方,2拨向上方,S2全部断开,由晶体管N1和C_3,C_{10},C_{11},C_4,C_{C1},L_1构成电容反馈三点式振荡器的改进型振荡器——西勒振荡器,电容C_{C1}可用来改变振荡频率。

振荡频率为

$$f_0 \approx \frac{1}{2\pi\sqrt{L_1(C_4 + C_{C1})}} \tag{2.5.1}$$

振荡器的频率约为4.5 MHz(计算振荡频率可调范围)。

振荡电路反馈系数为

$$F = \frac{C_3}{C_3 + C_{11}} = \frac{220}{220 + 470} \approx 0.32 \tag{2.5.2}$$

振荡器输出通过耦合电容C_5(10 pF)加到由N2组成的射极跟随器的输入端,因C_5容量很小,再加上射极跟随器的输入阻抗很高,可以减小负载对振荡器的影响。射极跟随器输出信号经N3调谐放大,再经变压器耦合从P1输出。

五、实验步骤

(一) 研究振荡器静态工作点对振荡幅度的影响

1. 将开关S1拨为“01”,S2拨为“00”,构成 LC 振荡器。

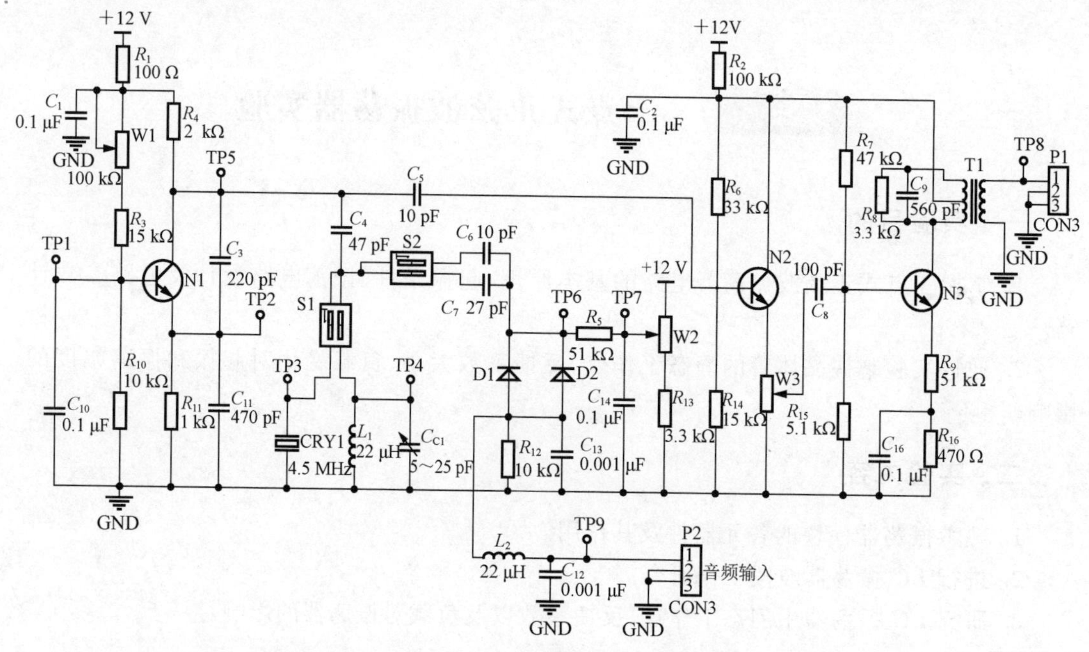

图 2.5.1　三点式正弦波振荡器(4.5 MHz)实验原理图

2. 改变上偏置电位器 W1，记下 N1 发射极电流 I_{eo}（$=V_e/R_{11}$，将万用表红表笔接 TP2，黑表笔接地测量 V_e），并用示波器测量对应点 TP4 的振荡幅度 $V_{TP4(p\text{-}p)}$，填于表 2.5.1 中，分析输出振荡电压和振荡管静态工作点的关系。

表 2.5.1　起振条件测试表

振荡状态	$V_{TP4(p\text{-}p)}$/mV	I_{eo}/A	波形
起振			
停振			
振荡幅度最大			

(二) 测量振荡器输出频率范围

改变 C_{C1}，用示波器从 TP8 处观察波形及输出频率的变化情况，记录最高频率和最低频率，填于表 2.5.2 中。

表 2.5.2　频率数据记载表

输出频率	实测结果	理论计算
f_{max}/MHz		
f_{min}/MHz		

六、实验报告要求

1. 分析静态工作点、反馈系数 F 对振荡器起振条件和输出波形振幅的影响，并用所学理论加以分析。

2. 计算实验电路的振荡频率 f_0，并与实测结果比较。

实验六 晶体振荡器与压控振荡器实验

一、实验目的

1. 掌握晶体振荡器与压控振荡器的基本工作原理。
2. 比较 *LC* 压控振荡器和晶体振荡器的频率稳定度。

二、实验内容

1. 熟悉振荡器模块的各元器件及其作用。
2. 比较分析 *LC* 压控振荡器与晶体振荡器的频率稳定度。
3. 改变变容二极管的偏置电压,观察振荡器输出频率的变化。

三、实验器材

1. 3 号模块	1 块
2. 6 号模块	1 块
3. 双踪示波器	1 台
4. 万用表	1 块

四、实验原理及实验电路说明

实验原理图如图 2.5.1 所示。

1. 晶体振荡器:将开关 S2 拨为“00”,S1 拨为“10”,由 N1、C_3、C_{10}、C_{11}、晶体 CRY1 与 C_4 构成晶体振荡器——皮尔斯振荡电路,在振荡频率上晶体等效为电感。

2. *LC* 压控振荡器(VCO):将 S2 拨为“10”或“01”,S1 拨为“01”,则变容二极管 D1,D2 并联在电感 L_1 两端。当调节电位器 W2 时,D1,D2 两端的反向偏压随之改变,从而改变了 D1 和 D2 的结电容 C_j,也就改变了振荡电路的等效电感,使振荡频率发生变化。

3. 晶体压控振荡器:开关 S2 拨为“10”或“01”,S1 拨为“10”,就构成了晶体压控振荡器。

五、实验步骤

(一) 温度对两种振荡器谐振频率的影响(选做)

1. 将电路设置为 *LC* 压控振荡器(S1 拨为“01”),在室温下记录振荡频率(频率计接于 P1 处)。

2. 将加热的电烙铁靠近振荡管 N1,每隔 1 min 记下频率的变化值。

3. 开关 S1 交替设为“01”(*LC* 压控振荡器)和“10”(晶体振荡器),并将数据记于表 2.6.1。

表 2.6.1　振荡器数据对比记载表

温度时间变化 / 振荡频率	室温	1 min	2 min	3 min	4 min	5 min
LC 压控振荡器 f_1/MHz						
晶体振荡器 f_2/MHz						

(二) 两种压控振荡器的频率变化范围比较

1. 将电路设置为 LC 压控振荡器(S1 拨为“01”),频率计接于 P1,直流电压表接于 TP7。

2. 将 W2 调节至低阻值、中阻值、高阻值位置(即从左→中间→右顺时针旋转),分别将变容二极管的反向偏置电压、振荡频率记于表 2.6.2 中。

3. 将电路设置为晶体压控振荡器(S1 拨为“10”),重复步骤 2,将测试结果填于表 2.6.2。

表 2.6.2　阻值变化对振荡器的影响数据记载表

W2 电阻值		低阻值	中阻值	高阻值
反向偏置电压 V_{D1}(V_{D2})/mV				
振荡频率/MHz	LC 压控振荡器 f_1			
	晶体压控振荡器 f_2			

六、实验报告要求

1. 比较所测数据结果,结合新学理论进行分析。

2. 晶体压控振荡器的缺点是频率控制范围很窄,如何扩大其频率控制范围?

实验七　非线性丙类功率放大器实验

一、实验目的

1. 了解丙类功率放大器的基本工作原理,掌握丙类功率放大器的调谐特性以及负载改变时的动态特性。

2. 了解高频丙类功率放大器工作的物理过程以及激励信号变化对功率放大器工作状态的影响。

3. 比较甲类功率放大器与丙类功率放大器的特点。

4. 掌握丙类功率放大器的计算与设计方法。

二、实验内容

1. 观察高频丙类功率放大器的工作状态,并分析其特点。

2. 测试丙类功率放大器的调谐特性。

3. 测试丙类功率放大器的负载特性。

4. 观察激励信号变化、负载变化对工作状态的影响。

三、实验器材

1. 信号发生器　　　　1 台
2. 8 号模块　　　　　1 块
3. 双踪示波器　　　　1 台
4. 万用表　　　　　　1 块

四、实验原理及实验电路说明

功率放大器(简称功放)按照电流导通角 θ 的范围可分为甲类、乙类、丙类及丁类等不同类型。功率放大器的电流导通角 θ 越小,其效率 η 越高。

实验原理图如图 2.7.1 所示。

该实验电路由两级功率放大器组成。其中:N3,T5 组成甲类功率放大器,工作在线性放大状态,R_{14},R_{15},R_{16} 组成静态偏置电阻;N4,T6 组成丙类功率放大器,R_{18} 为射极反馈电阻,T6 为调谐回路。甲类功放的输出信号通过 R_{17} 送到 N4 基极作为丙类功放的输入信号,此时只有当甲类功放的输出信号大于丙类功放管 N4 基极-射极间的负偏压值时,N4 才导通工作。与拨码开关相连的电阻为负载回路外接电阻,改变 S1 拨码开关的位置可改变并联电阻值,即改变回路 Q 值。

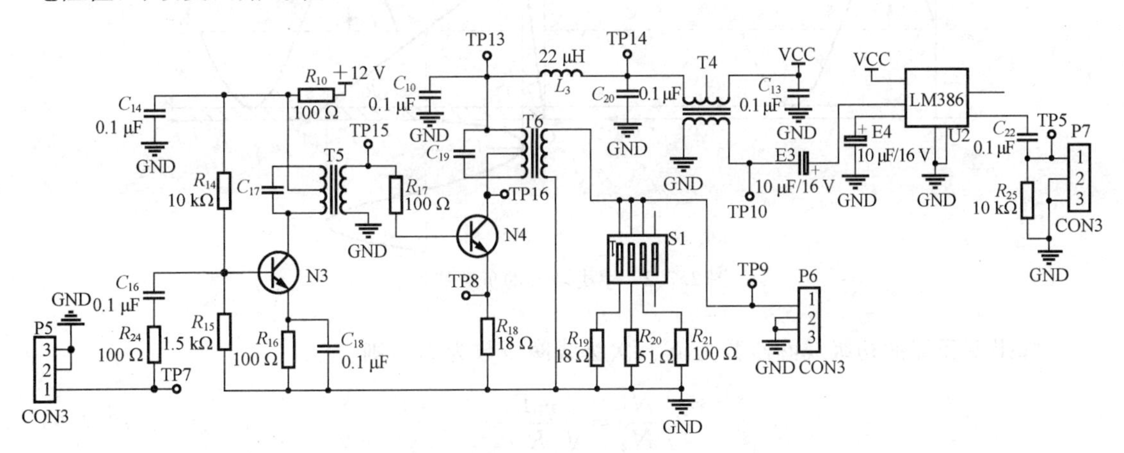

图 2.7.1　非线性丙类功率放大器实验原理图

下面介绍甲类功放和丙类功放的工作原理及基本关系式。

(一) 甲类功放

1. 静态工作点。

如图 2.7.1 所示,甲类功放工作在线性状态,电路的静态工作点如下:

$$V_{EQ}=I_{EQ}R_{16} \tag{2.7.1}$$

$$I_{CQ}=\beta I_{BQ} \tag{2.7.2}$$

$$V_{BQ}=V_{EQ}+0.7 \tag{2.7.3}$$

$$V_{CEQ}=V_{CC}-I_{CQ}R_{16} \tag{2.7.4}$$

2. 负载特性。

如图 2.7.1 所示，甲类功放的输出负载由丙类功放的输入阻抗决定，两级间通过变压器进行耦合，因此甲类功放的交流输出功率 P_0 可表示为

$$P_0=\frac{P'_H}{\eta_B} \tag{2.7.5}$$

式中，P'_H 为输出负载上的实际功率，η_B 为变压器的传输效率，一般 $\eta_B=0.75\sim0.85$。

图 2.7.2 为甲类功放的负载特性。为获得最大不失真输出功率，静态工作点 Q 应选在交流负载线 AB 的中点，此时集电极的负载电阻 R_H 称为最佳负载电阻。集电极的输出功率 P_C 的表达式为

$$P_C=\frac{1}{2}V_{cm}I_{cm}=\frac{V_{cm}^2}{2R_H} \tag{2.7.6}$$

式中，V_{cm} 为集电极输出的交流电压振幅，I_{cm} 为交流电流的振幅。它们的表达式分别为

$$V_{cm}=V_{CC}-I_{CQ}R_{16}-V_{CES} \tag{2.7.7}$$

$$I_{cm}\approx I_{CQ} \tag{2.7.8}$$

式中，V_{CES} 称为饱和压降，约 1 V。

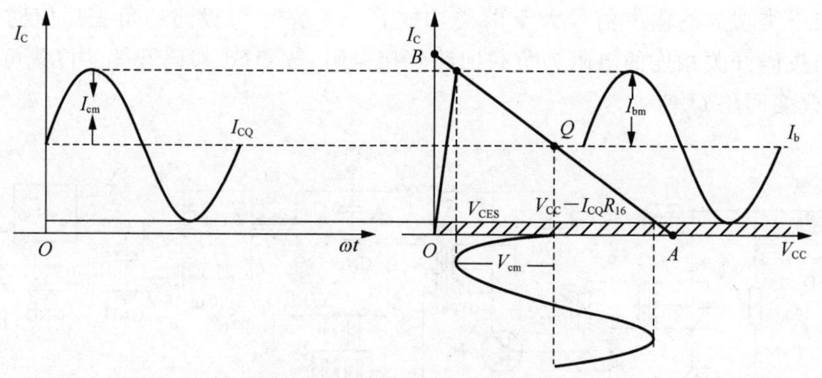

图 2.7.2　甲类功放的负载特性

如果变压器的初级线圈匝数为 N_1，次级线圈匝数为 N_2，则

$$\frac{N_1}{N_2}=\sqrt{\frac{\eta_B R_H}{R'_H}} \tag{2.7.9}$$

式中，R'_H 为变压器次级接入的负载电阻，即下级丙类功放的输入阻抗。

3. 功率增益。

与电压放大器不同的是，功率放大器有一定的功率增益，对于图 2.7.1 所示电路，甲类功放不仅要为下一级功放提供一定的激励功率，而且还要将前级输入的信号进行功率放大，功率放大增益 A_P 的表达式为

$$A_P=\frac{P_o}{P_i} \tag{2.7.10}$$

其中，P_i 为放大器的输入功率，它与放大器的输入电压 V_{im} 及输入电阻 R_i 的关系为

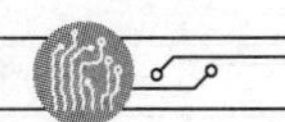

$$V_{im}=\sqrt{2R_iP_i} \tag{2.7.11}$$

(二)丙类功放

1. 基本关系式。

丙类功放的基极偏置电压 V_{BE} 是利用发射极电流的直流分量 $I_{EO}(\approx I_{CO})$ 在射极电阻上产生的压降来提供的,故称为自给偏压电路。当放大器的输入信号 $v_i(t)$ 为正弦波时,集电极的输出电流 $i_c(t)$ 为余弦脉冲波。利用谐振回路 LC 的选频作用可输出基波谐振电压 V_{c1}、电流 I_{c1}。图 2.7.3 画出了丙类功放的基极与集电极间的电流、电压波形关系。分析可得

$$V_{c1m}=I_{c1m}R_0 \tag{2.7.12}$$

式中,V_{c1m} 为集电极输出的谐振电压及基波电压的振幅,I_{c1m} 为集电极基波电流振幅,R_0 为集电极回路的谐振阻抗。

$$P_C=\frac{1}{2}V_{c1m}I_{c1m}=\frac{1}{2}I_{c1m}^2R_0=\frac{V_{c1m}^2}{2R_0} \tag{2.7.13}$$

式中,P_C 为集电极输出功率。

$$P_D=V_{CC}I_{CO} \tag{2.7.14}$$

式中,P_D 为电源 V_{CC} 供给的直流功率,I_{CO} 为集电极电流脉冲 i_C 的直流分量。

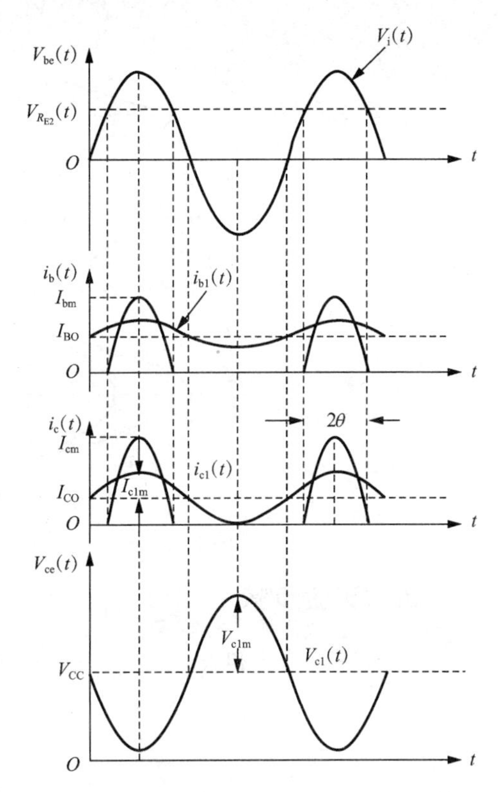

图 2.7.3 丙类功放的基极与集电极间电流和电压波形

放大器的效率 η 为

$$\eta=\frac{1}{2}\cdot\frac{V_{c1m}}{V_{CC}}\cdot\frac{I_{c1m}}{I_{CO}} \tag{2.7.15}$$

2. 负载特性。

当放大器的电源电压 $+V_{CC}$、基极偏压 V_b、输入电压(或称激励电压)V_{sm} 确定后,如果电流导通角选定,则放大器的工作状态只取决于集电极回路的等效负载电阻 R_q。谐振功放的交流负载特性如图 2.7.4 所示。

由图可见,当交流负载线正好穿过静态特性转移点 A 时,管子的集电极电压正好等于管子的饱和压降 V_{CES},集电极电流脉冲接近最大值 I_{cm}。

此时,集电极输出的功率 P_C 和效率 η 都较高,放大器处于临界工作状态。R_q 所对应的值称为最佳负载电阻,用 R_0 表示,即

$$R_0=\frac{(V_{CC}-V_{CES})^2}{2P_0} \tag{2.7.16}$$

当 $R_q<R_0$ 时,放大器处于欠压状态,如 C 点所示,集电极输出电流虽然较大,但集电极电压较小,因此输出功率和效率都较小。当 $R_q>R_0$ 时,放大器处于过压状态,如 B 点所示,集电极电压虽然比较大,但集电极电流波形有凹陷,因此输出功率较低,但效率较高。为了兼顾输出功率和效率的要求,谐振功放通常选择临界工作状态。判断放大器是否为临界工

作状态的条件是

$$V_{CC}-V_{cm}=V_{CES} \tag{2.7.17}$$

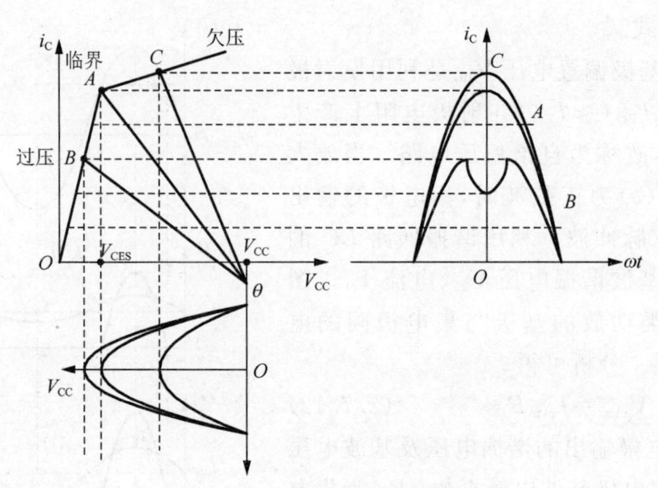

图 2.7.4　谐振功放的负载特性

五、实验步骤

1. 按图 2.7.5 和表 2.7.1 所示进行连线。

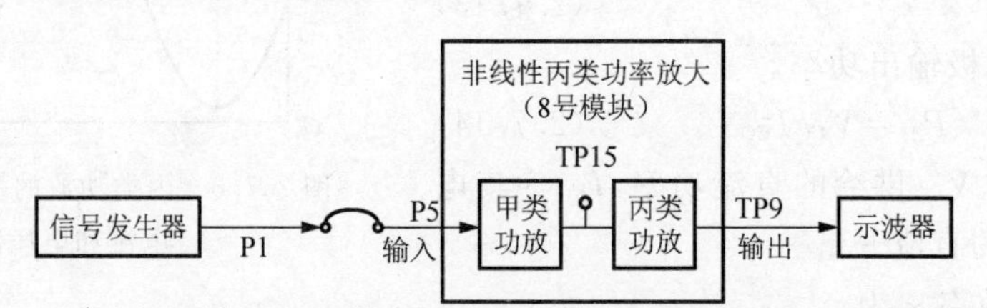

图 2.7.5　非线性丙类功率放大器实验连线框图

表 2.7.1　实验连线表

源端口	目的端口	连线说明
信号发生器:RF OUT1 ($V_{i(p\text{-}p)}\approx300$ mV, $f=10.7$ MHz)	8 号模块:P5	射频信号输入

2. 在 8 号模块的前置放大电路输入端 P5 处输入频率 $f=10.7$ MHz(测试点 TP7，$V_{TP7(p\text{-}p)}\approx300$ mV)的高频正弦信号，调节信号发生器，使 TP15 处信号峰峰值约为3.5 V。调节 T6，使 TP9 处输出幅度最大。

(1) 调谐特性的测试。

将 S1 设为“0000”，以 0.5 MHz 为步进在 9～15 MHz 范围内改变输入信号频率，记录 TP9 处的输出幅度，填入表 2.7.1。

(2) 负载特性的测试。

将信号发生器调至 10.7 MHz，RF 幅度为峰峰值 300 mV。8 号模块负载电阻转换开关 S1(第 4 位没用到)依次拨为“1110”“0110”和“0100”，用示波器观测相应的 V_c(TP9 处观测)值和 V_e(TP8 处观测)值，描绘相应的 i_e 波形，分析负载对工作状态的影响。其中

$R_{19}=18\ \Omega$,$R_{20}=51\ \Omega$,$R_{21}=100\ \Omega$。

3. 观察激励电压变化对工作状态的影响。

先调节信号发生器幅度旋钮,使 TP8 为对称的凹陷波形,然后由大到小或者由小到大地改变输入信号的幅度,用示波器观察 TP8 处 i_e波形的变化(观测 i_e波形即观测 v_e 波形,$I_e=V_e/R_{18}$)。

六、实验报告要求

1. 整理实验数据,并填写表 2.7.2 和表 2.7.3。

表 2.7.2　调谐特性测试数据记载表

f_i/MHz	9	9.5	10	10.5	11	11.5	12
$V_{o(p\text{-}p)}$/V							

表 2.7.3　负载特性测试数据记载表($f=10.7$ MHz,$V_{CC}=5$ V)

等效负载	$R_{19}//R_{20}//R_{21}$	$R_{20}//R_{21}$	R_{20}
$V_{c(p\text{-}p)}$/V			
$V_{e(p\text{-}p)}$/V			
i_e的波形			

2. 对实验参数和波形进行分析,说明输入激励电压、负载电阻对工作状态的影响。
3. 分析丙类功率放大器的特点。

实验八　线性宽带功率放大器实验

一、实验目的

了解线性宽带功率放大器工作状态的特点。

二、实验内容

1. 了解线性宽带功率放大器工作状态的特点。
2. 掌握线性功率放大器的幅频特性。

三、实验器材

1. 1 号模块　　1 块
2. 6 号模块　　1 块
3. 8 号模块　　1 块
4. 双踪示波器　　1 台
5. 扫频仪(可选)　　1 台
6. 万用表　　1 块

四、实验原理及实验电路说明

（一）传输线变压器的工作原理

现代通信的发展趋势之一是在宽波段工作范围内采用自动调谐技术，以便于迅速转换工作频率。为了满足上述要求，可以在发射机的中间各级采用宽带高频功率放大器，它不需要调谐回路就能在很宽的波段范围内获得线性放大。但为了只输出所需的工作频率，发射机末级（有时还包括末前级）还是要采用调谐放大器。当然，所付出的代价是输出功率和功率增益都降低了。因此，一般来说，宽带功率放大器适用于中小功率级。对于大功率设备来说，采用宽带功放作为推动级同样也能节约调谐时间。

最常见的宽带高频功率放大器是利用宽带变压器做耦合电路的放大器。宽带变压器有两种形式：一种是利用普通变压器，只是采用高频磁芯，可工作在短波波段；另一种是将传输线原理和变压器原理二者结合的所谓传输线变压器，这是最常用的一种宽带变压器。

传输线变压器是将传输线（双绞线、带状线或同轴电缆等）绕在高导磁芯上制成的，以传输线方式与变压器方式同时进行能量传输。

图 2.8.1 为 4∶1 传输线变压器的连接示意图。图 2.8.2 为传输线变压器的等效电路图。普通变压器上、下限频率的扩展方法是相互制约的。为了扩展下限频率，就需要增大初级线圈电感量，使其在低频段也能取得较大的输入阻抗，可以采用高磁导率的高频磁芯或增加初级线圈匝数，但这样做将使变压器的漏感和分布电容增大，降低了上限频率；为了扩展上限频率，就需要减小漏感和分布电容，可以采用低磁导率的高频磁芯或减少线圈匝数，但这样做又会使下限频率提高。把传输线的原理应用于变压器，就可以提高工作频率的上限，并解决带宽问题。传输线变压器有两种工作方式：一种是按照传输线方式来工作，即在它的两个线圈中通过大小相等、方向相反的电流，磁芯中的磁场正好相互抵消。因此，磁芯没有功率损耗，磁芯对传输线的工作没有什么影响。这种工作方式称为传输线模式。另一种是按照变压器方式工作，此时线圈中有激磁电流，并在磁芯中产生公共磁场，有铁芯功率损耗。这种方式称为变压器模式。传输线变压器通常同时存在着这两种模式，或者说，传输线变压器正是利用这两种模式来适应不同的功用的。

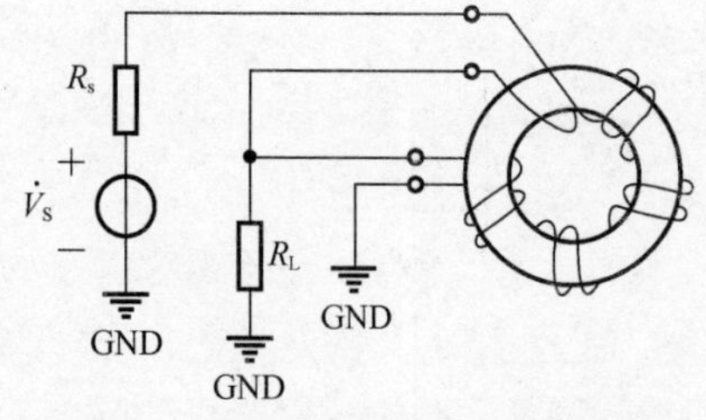

图 2.8.1　传输线变压器连接示意图

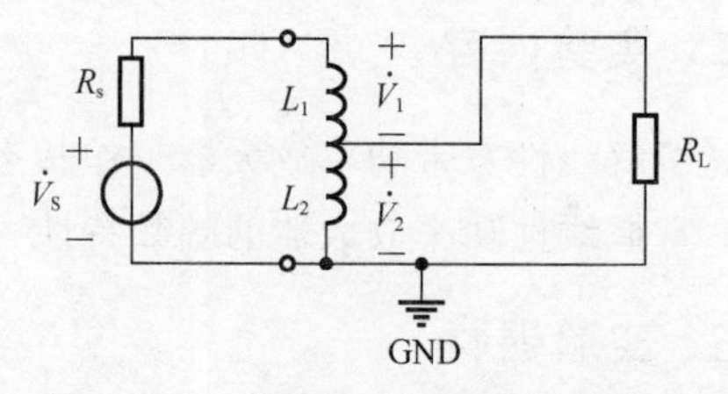

图 2.8.2　传输线变压器等效电路图

当传输线变压器工作在低频段时，由于信号波长远大于传输线长度，分布参数很小，可以忽略，故变压器方式起主要作用。由于磁芯的磁导率很高，所以即使传输线段短也能获得足够大的初级电感量，保证了传输线变压器具有较好的低频特性。

当传输线变压器工作在高频段时，传输线方式起主要作用，由于两根导线紧靠在一起，所以导线任意长度处的线间电容在整个线长上是均匀分布的，如图 2.8.3 所示。也由于两

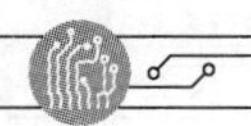

根等长的导线同时绕在一个高 μ 磁芯上，所以导线上每一线段 Δl 的电感也是均匀分布在整个线长上的，这是一种分布参数电路，可以利用分布参数电路理论进行分析，这里简单说明其工作原理。考虑到线间的分布电容和导线电感，将传输线看作由许多电感、电容组成的耦合链。当信号源加于电路的输入端时，信号源将给电容充电，使电容储能，电容又通过电感放电，使电感储能，即电能变为磁能。然后，电感又与后面的电容进行能量交换，即磁能转换为电能。之后，电容与后面的电感进行能量交换，如此往复不已，输入信号就以电磁能交换的形式，自始端传输到终端，最后被负载所吸收。由于理想的电感和电容均不损耗高频能量，因此，如果忽略导线的欧姆损耗和导线间的介质损耗，则输出端的能量将等于输入端的能量，即通过传输线变压器，负载可以取得信号源供给的全部能量。因此，传输线变压器有很宽的带宽。

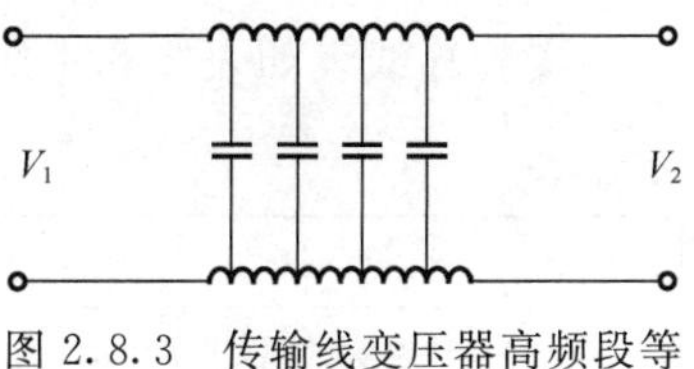

图 2.8.3　传输线变压器高频段等效电路图

(二) 实验电路组成

实验原理图如图 2.8.4 所示。该实验电路由两级传输线变压器 T2，T3 及以 N2 为核心的甲类功放组成。其中 T2，T3 的传输比都为 4∶1，R_2，R_{12} 组成甲类功放的静态偏置电阻。R_5 为本级交流负反馈电阻，用于展宽频带，改善非线性失真。

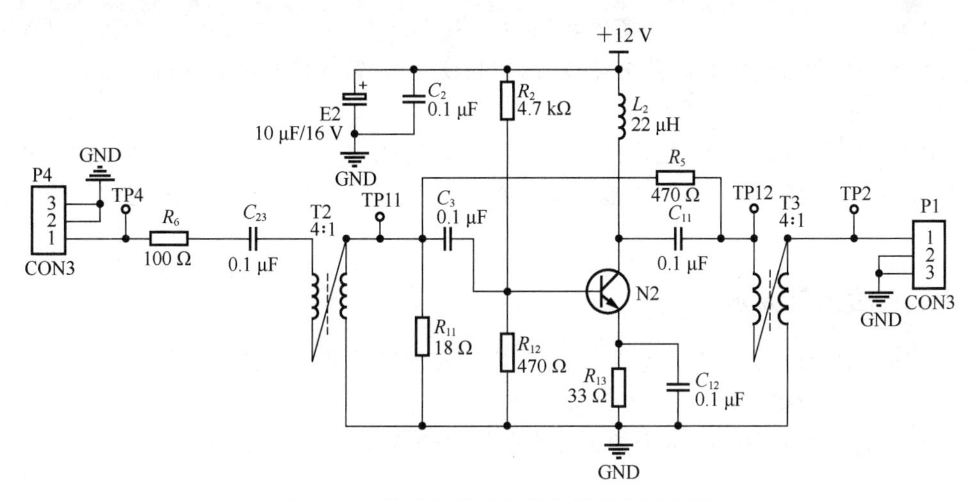

图 2.8.4　线性宽带功率放大器实验原理图

五、实验步骤

1. 按图 2.8.5 所示进行连线。

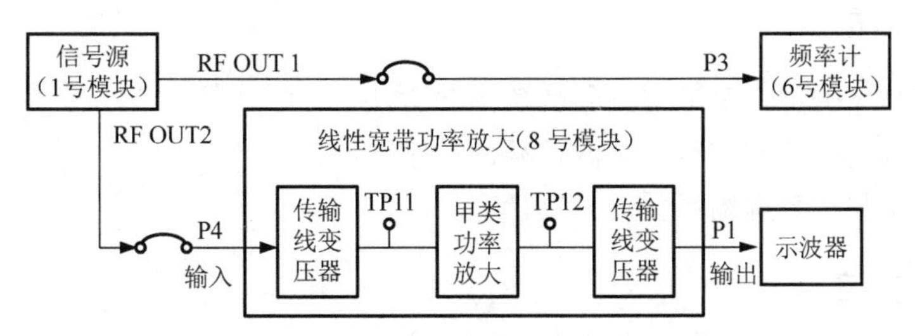

图 2.8.5　线性宽带功率放大器实验连线框图

实验连线表如表 2.8.1 所示。

表 2.8.1 实验连线表

源端口	目的端口	连线说明
1 号模块:RF OUT2	8 号模块:P4	射频信号输入
1 号模块:RF OUT1	频率计:P3	频率计实时观察输入频率

2. 对照图 2.8.4,了解实验模块上各元器件的位置与作用。

(1) 电压增益 A_V 的测量。

在 P4 处输入频率为 10.7 MHz,$V_{p\text{-}p}=200$ mV 的高频信号,用示波器测输入信号的峰峰值(在 TP4 处观察),再测输出信号的峰峰值(在 TP2 处观察),则电压增益为输出、输入峰值之比。

(2) 通频带的测量(需使用扫频仪)。

将扫频仪的频标设置为 10 MHz/1 MHz 挡位,调节扫频宽度使相邻两个频标在横轴上占有适当的格数,输入信号适当衰减,将扫频仪射频输出端接至电路输入端 P4 处,电路输出端 P1 接至扫频仪检波器输入端,调节输出衰减和 Y 轴增益,使谐振曲线在纵轴具有一定高度,读出其曲线下降 3 dB 处对称点的带宽,即

$$BW=2\triangle f_{0.7}=f_H-f_L \tag{2.8.1}$$

并画出幅频特性曲线(注:此电路增益较大,扫频仪输出、输入信号都要进行适当衰减)。

(3) 频率特性的测量。

将峰峰值 200 mV 左右的高频信号从 P4 处送入,以 1 MHz 步进将信号源频率从 5 MHz 调到 20 MHz,记录 TP2 处输出波形的幅度 $V_{o(p\text{-}p)}$。自行设计表格,将数据填入表格中。

六、实验报告要求

1. 写明实验目的。计算静态工作点,与实验实测结果进行比较。
2. 整理实验数据,对照电路图分析实验原理。
3. 在坐标纸上画出线性宽带功率放大器的幅频特性。

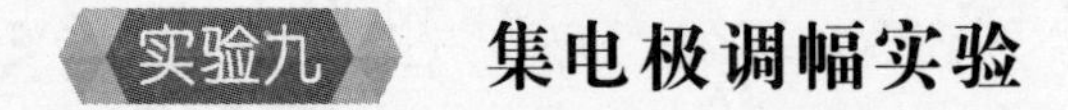

实验九 集电极调幅实验

一、实验目的

1. 掌握用晶体管进行集电极调幅的原理和方法。
2. 研究已调波与调制信号及载波信号的关系。
3. 掌握测量与计算调幅系数的方法。

二、实验内容

1. 丙类功放工作状态与集电极调幅的关系。

2. 观察调幅波,观察改变调幅度后输出波形的变化,并计算调幅系数。

三、实验器材

1. 信号发生器　　1台
2. 8号模块　　1块
3. 双踪示波器　　1台
4. 万用表　　1块

四、实验原理及实验电路说明

(一) 集电极调幅的工作原理

集电极调幅就是用调制信号来改变高频功率放大器的集电极直流电源电压,以实现调幅。它的基本电路如图2.9.1所示。

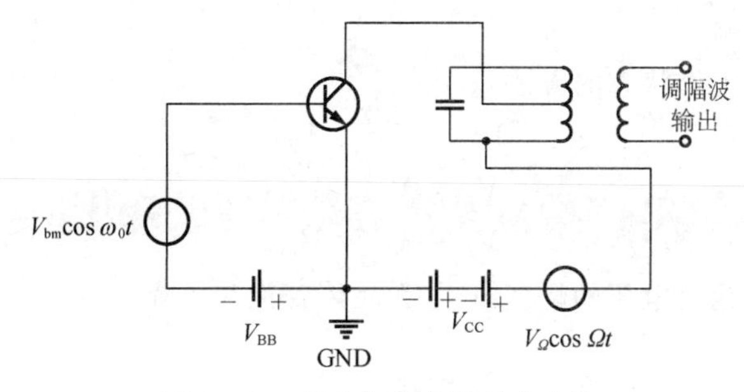

图2.9.1　集电极调幅的基本电路

由图可知,低频调制信号 $V_\Omega\cos\Omega t$ 与直流电源 V_{CC} 相串联,因此放大器的有效集电极电源电压等于上述两个电压之和,它随调制信号波形而变化。因此,集电极回路输出的高频电压振幅将随调制信号的波形而变化,于是得到调幅波输出。

图2.9.2(a)为 I_{c1m},I_{CO} 随 V_{CC} 而变化的曲线。由于 $P_D=V_{CC}I_{CO}$,$P_0=\frac{1}{2}I_{c1m}^2R_P\propto I_{c1m}^2$,$P_C=P_D-P_0$,因而可以从已知的 I_{CO},I_{c1m} 得出 P_D,P_0,P_C 随 V_{CC} 变化的曲线,如图2.9.2(b)所示。由图可以看出,在欠压状态下,V_{CC} 对 I_{c1m} 与 P_0 的影响很小。但集电极调幅作用是通过改变 V_{CC} 来改变 I_{c1m} 与 P_0 才能实现的。因此,在欠压状态下不能获得有效的调幅作用,必须工作在过压状态下,才能产生有效的调幅作用。

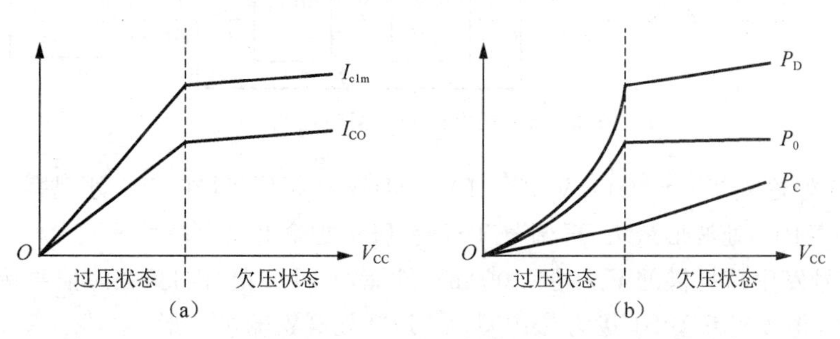

图2.9.2　V_{CC} 对工作状态的影响

集电极调幅的效率高，晶体管能获得充分的应用，这是它的主要优点。其缺点是已调波的边频带功率 $P_{\omega_0\pm\Omega}$ 由调制信号供给，因而需要大功率的调制信号源。

（二）实验电路说明

实验电路图如图 2.7.1 所示。N3，T5，C_{17} 等组成甲类功放，高频信号从 P5 输入。N4，T6，C_{19} 等组成丙类功放，音频信号从 P7 输入，经集成运放 LM386 放大之后通过变压器 T4 感应到次级，该音频电压 $v_\Omega(t)$ 与电源电压 V_{CC} 串联，构成 N4 管的等效电源电压，$v_{CC}(t)=V_{CC}+v_\Omega(t)$，在调制过程中 $v_{CC}(t)$ 随调制信号 $v_\Omega(t)$ 的变化而变化。如果要求集电极输出回路产生随调制信号 $v_\Omega(t)$ 规律变化的调幅电压，则应要求集电极电流的基波分量 I_{c1m}、集电极输出电压 $v_C(t)$ 随 $v_\Omega(t)$ 而变化。由振荡功放的理论可知，应使 N4 在 $v_{CC}(t)$ 的变化范围内工作在过压状态，此时输出信号的振幅值就等于电源供电电压 $v_{CC}(t)$；如果输出回路调谐在载波角频率 ω_0 上，则输出信号为

$$v_C(t)=v_{CC}(t)\cos\omega_0 t=(V_{CC}+V_0\cos\omega_0 t)\cos\omega_0 t \qquad (2.9.1)$$

从而实现了高电平调幅。

判断功放的三种工作状态的方法：

临界状态 $$V_{CC}-V_{cm}=V_{CES} \qquad (2.9.2)$$

欠压状态 $$V_{CC}-V_{cm}>V_{CES} \qquad (2.9.3)$$

过压状态 $$V_{CC}-V_{cm}<V_{CES} \qquad (2.9.4)$$

式中，V_{cm} 为各集电极输出电压的幅度，V_{CES} 为晶体管饱和压降。

调幅系数为

$$m_a=\frac{V_{max}-V_{min}}{V_{max}+V_{min}} \qquad (2.9.5)$$

五、实验步骤

1. 按图 2.9.3 所示进行连线。

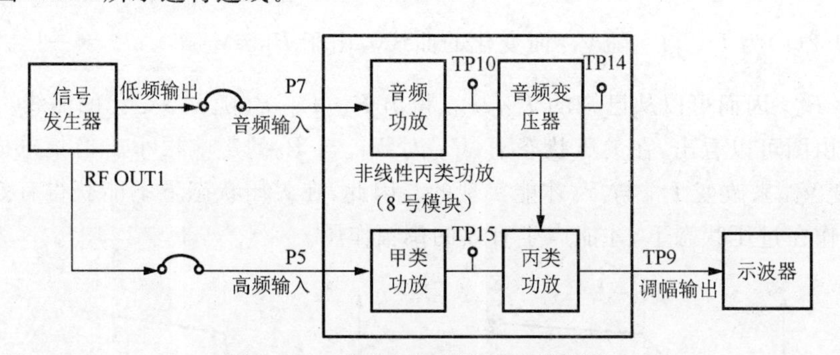

图 2.9.3 集电极调幅实验连线框图

2. 从 P5 处输入 $V_{p\text{-}p}=500$ mV，$f=10.7$ MHz 高频信号（在 TP7 处观察），首先调节信号发生器，使 TP15 处波形最大，再调节 T6，使 TP9 处输出波形最大。

3. 将信号发生器提供的 $V_{L(p\text{-}p)}=100$ mV、频率 1 kHz 左右的正弦波信号接至 P7 处（在 TP5 处观察），将拨码开关 S1 拨为“0100”，从 TP9 处观察输出波形。

4. 使 N4 管分别处于欠压状态（S1 拨为“1110”）和过压状态（S1 拨为“0000”），在 TP9 处观察调幅波形，并计算过压状态下的调幅系数。

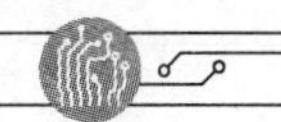

5. 改变音频信号的输入电压,观察调幅波变化,将实验结果记录于表 2.9.1 中。

表 2.9.1 实验结果记载表

V_L/mV	100	200	250	…
V_{max}/mV				
V_{min}/mV				
m_a				

六、实验报告要求

1. 记录实验模块序号。
2. 分析集电极调幅为何要选择在过压状态。
3. 分析调幅度与音频信号振幅的关系。

实验十 模拟乘法器调幅(AM,DSB,SSB)实验

一、实验目的

1. 掌握用集成模拟乘法器实现全载波调幅、抑制载波双边带调幅和音频信号单边带调幅的方法。
2. 研究已调波与调制信号以及载波信号的关系。
3. 掌握调幅系数的测量与计算方法。
4. 通过实验对比全载波调幅、抑制载波双边带调幅和单边带调幅的波形。
5. 了解模拟乘法器(MC1496)的工作原理,掌握调整与测量其特性参数的方法。

二、实验内容

1. 实现全载波调幅,改变调幅度,观察波形变化并计算调幅系数。
2. 实现抑制载波的双边带调幅波。
3. 实现抑制载波单边带调幅。

三、实验器材

1. 信号发生器　　1 台
2. 4 号模块　　1 块
3. 双踪示波器　　1 台
4. 万用表　　1 块

四、实验原理及实验电路说明

(一) 实验原理

幅度调制就是载波的振幅(包络)随调制信号的参数变化而变化。本实验中载波是由高

频信号源产生的 465 kHz 高频信号,1 kHz 的低频信号为调制信号。振幅调制器即为产生调幅信号的装置。

1. 集成模拟乘法器的内部结构。

集成模拟乘法器是完成两个模拟量(电压或电流)相乘的电子器件。在高频电子线路中,振幅调制、同步检波、混频、倍频、鉴频、鉴相等调制与解调的过程,均可视为两个信号相乘或包含相乘的过程。采用集成模拟乘法器实现上述功能,比采用分离器件如二极管和三极管要简单得多,而且性能优越。所以目前在无线通信、广播电视等方面应用较多。集成模拟乘法器常见产品有 BG314,F1595,F1596,MC1495,MC1496,LM1595,LM1596 等。

2. MC1496 的内部结构。

在本实验中采用集成模拟乘法器 MC1496 来完成调幅。MC1496 是四象限模拟乘法器,其内部电路和引脚图如图 2.10.1 所示。其中 Q1,Q2 与 Q3,Q4 组成双差分放大器,以反极性方式相连接,而且两组差分对的恒流源 Q5 与 Q6 又组成一对差分电路,因此恒流源的控制电压可正可负,以此实现了四象限工作。Q7,Q8 为差分放大器 Q5 与 Q6 的恒流源。

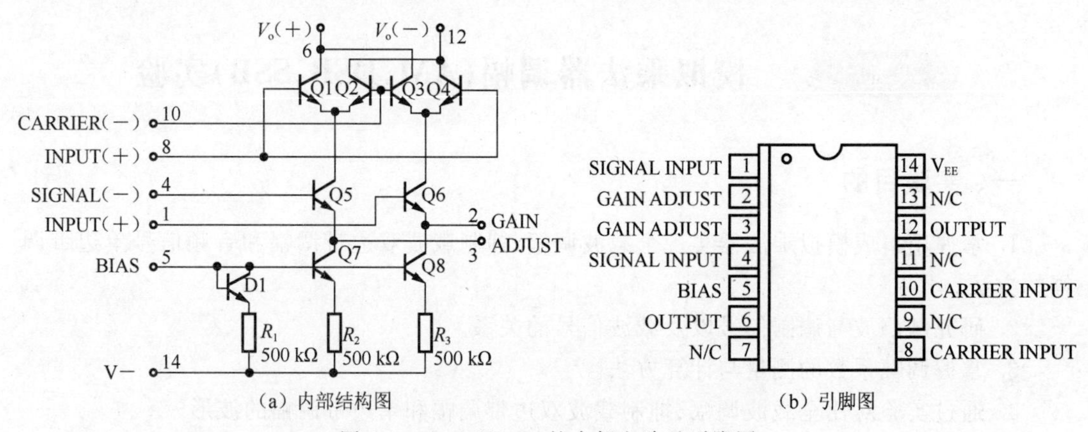

(a) 内部结构图　　(b) 引脚图

图 2.10.1　MC1496 的内部电路及引脚图

3. 静态工作点的设定。

(1) 静态偏置电压的设置。

静态偏置电压的设置应保证各个晶体管工作在放大状态,即晶体管的集电极和基极间的电压应大于或等于 2 V,小于或等于最大允许工作电压。

(2) 静态偏置电流的确定。

静态偏置电流主要由恒流源 I_0的值来确定。

当 MC1496 为单电源工作时,引脚 14 接地,5 脚通过一个电阻 R 接正电源 $+V_{CC}$。由于 I_0是 I_5的镜像电流,所以改变 R 可以调节 I_0的大小,即

$$I_0 \approx I_5 = \frac{V_{CC} - 0.7}{R + 500} \tag{2.10.1}$$

当 MC1496 为双电源工作时,引脚 14 接负电源 $-V_{EE}$,5 脚通过一个电阻 R 接地,所以改变 R 可以调节 I_0的大小,即

$$I_0 \approx I_5 = \frac{V_{EE} - 0.7}{R + 500} \tag{2.10.2}$$

根据 MC1496 的性能参数,器件的静态电流应小于 4 mA,一般取 $I_0 \approx I_5 = 1$ mA 。在

本实验电路中 R 用 6.8 kΩ 的电阻 R_{15} 代替。

(二) 实验电路说明

由 MC1496 集成电路构成的调幅器实验原理图如图 2.10.2 所示。图中 W1 用来调节引出脚 1,4 之间的平衡,器件采用双电源(+12 V,−8 V)方式供电,所以 5 脚偏置电阻 R_{15} 接地。电阻 R_1,R_2,R_4,R_5,R_6 为器件提供静态偏置电压,保证器件内部的各个晶体管工作在放大状态。载波信号加在 Q1～Q4 的输入端,即引脚 8,10 之间。载波信号 V_C 经高频耦合电容 C_1 从 10 脚输入,C_2 为高频旁路电容,使 8 脚交流接地。调制信号加在差动放大器 Q5,Q6 的输入端,即引脚 1,4 之间,调制信号 v_Ω 经低频耦合电容 C_5 从 1 脚输入。2,3 脚外接1 kΩ电阻,以扩大调制信号动态范围。当电阻增大时,线性范围增大,但乘法器的增益随之减小。已调制信号取自双差动放大器的两集电极(即引出脚 6,12 之间)输出。

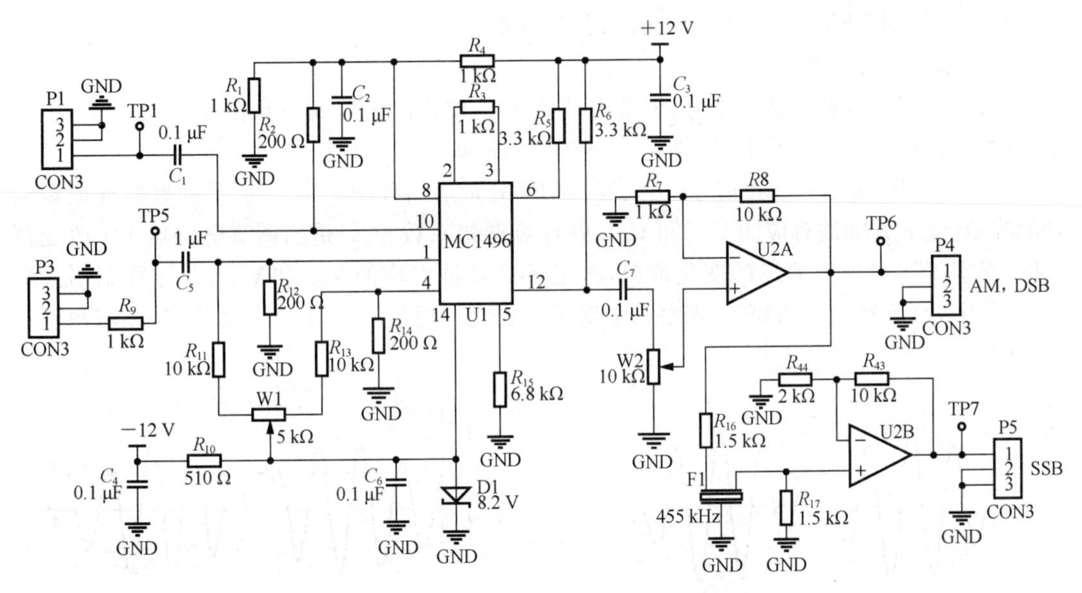

图 2.10.2　模拟乘法器调幅实验原理图

五、实验步骤

1. 按图 2.10.3 进行连线。

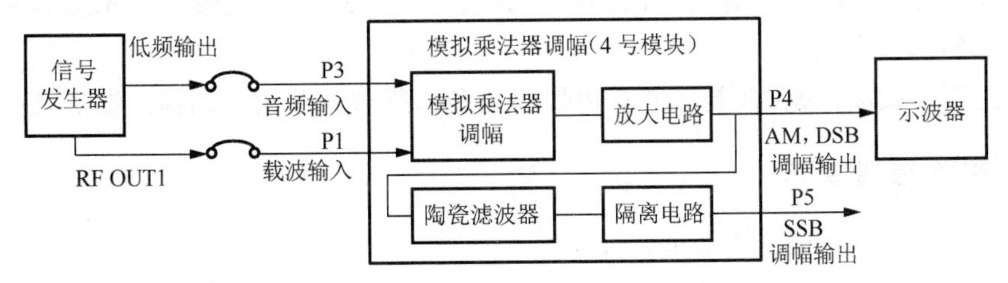

图 2.10.3　模拟乘法器调幅实验连线框图

注:实验箱 4 号模块上由于丝印空间的局限省略了“放大电路”部分。

实验连线表如表 2.10.1 所示。

表 2.10.1 实验连线表

源端口	目的端口	连线说明
信号发生器:RFOUT1($V_{H(p\text{-}p)}=600$ mV, $f=465$ kHz)	4 号模块:P1	载波输入
信号发生器:低频输出($V_{L(p\text{-}p)}=100$ mV, $f=1$ kHz)	4 号模块:P3	音频输入

2. 抑制载波振幅调制。

(1) 先从 P1 端输入载波信号(此时音频输入 P3 端口暂不输入音频信号),调节平衡电位器 W1,使输出信号 $v_o(t)$(在 TP6 处观测)中载波输出幅度最小(此时表明载波已被抑制,乘法器 MC1496 的 1,4 脚电压相等)。

(2) 再从 P3 端输入音频信号(正弦波),观察 TP6 处输出的抑制载波的调幅信号。适当调节 W2,改变 TP6 输出波形的幅度,观测到较清晰的抑制载波调幅波,如图 2.10.4 所示。用示波器的 FFT 功能,从频域角度观测 TP6。

3. 全载波振幅调制。

(1) 先在 P1 端输入载波信号,调节电位器 W1,使输出信号 $v_o(t)$(在 TP6 处观测)中有载波输出(此时 V_1 与 V_4 不相等,即 MC1496 的 1,4 脚电压差不为 0)。

(2) 再从 P3 端输入音频信号(正弦波),TP6 处最后出现图 2.10.5 所示的有载波调幅信号的波形,记下 AM 波对应的 V_{max} 和 V_{min},并计算调幅系数 m_a。适当调节电位器 W1 改变调幅度,观察 TP6 处输出波形的变化情况,再记录 AM 波对应的 V_{max} 和 V_{min},并计算调幅系数 m_a。适当改变音频信号的幅度,观察调幅信号的变化。用示波器的 FFT 功能,从频域角度观测 TP6。

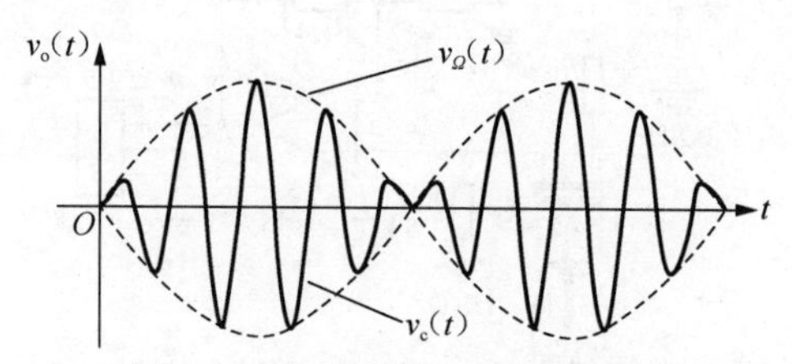

图 2.10.4 抑制载波调幅波波形

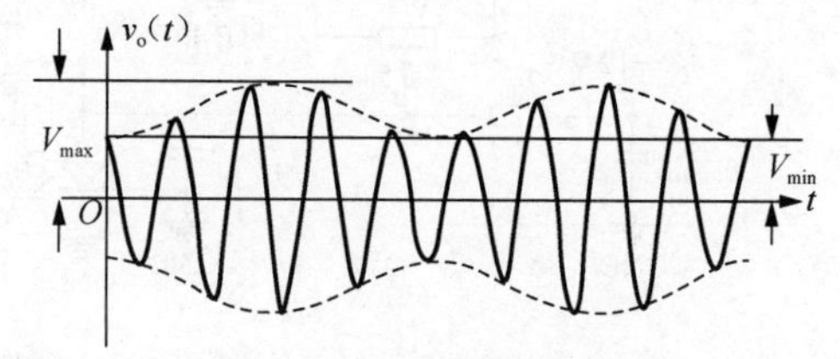

图 2.10.5 普通调幅波波形

4. 抑制载波单边带振幅调制。

(1) 先调节电位器 W1,使 TP6 处输出抑制载波调幅信号,再将音频信号频率调到 10 kHz左右,从 P5(TP7)处观察输出的抑制载波单边带的时域波形。用示波器的 FFT 功能,从频域角度观测 TP7。

(2) 比较全载波调幅、抑制载波双边带调幅和抑制载波单边带调幅的波形及频谱。

六、实验报告要求

1. 整理实验数据,画出实验波形。

2. 画出调幅实验中 $m_a=30\%$,$m_a=100\%$,$m_a>100\%$ 的调幅波形,分析过调幅的原因。

3. 分析当改变 W1 时能得到几种调幅波形,画出这几种波形。

4. 画出全载波调幅波形、抑制载波双边带调幅波形及抑制载波单边带调幅波形及频谱,比较三者的区别。

实验十一 包络检波及同步检波实验

一、实验目的

1. 进一步了解调幅波的原理,掌握调幅波的解调方法。

2. 掌握二极管峰值包络检波的原理。

3. 掌握包络检波器的主要质量指标、检波效率及各种波形失真的现象,分析失真的原因并思考克服的方法。

4. 掌握用集成电路实现同步检波的方法。

二、实验内容

1. 完成普通调幅波的解调。

2. 观察抑制载波双边带调幅波的解调。

3. 观察普通调幅波解调中的对角切割失真、底部切割失真(又称负峰切割失真)以及检波器不加高频滤波时的现象。

三、实验器材

1. 1号模块　　1块

2. 4号模块　　1块

3. 双踪示波器　　1台

4. 万用表　　1块

四、实验原理及实验电路说明

检波过程是一个解调过程,它与调制过程正好相反。检波器的作用是从振幅受调制的高频信号中还原出原调制的信号。

假如输入信号是高频等幅信号,则输出就是直流电压。这是检波器的一种特殊情况,在测量仪器中应用比较多。例如某些高频伏特计的探头就是采用这种检波原理。

若输入信号是调幅波,则输出就是原调制信号。这种情况应用最广泛,如各种连续波工作的调幅接收机的检波器即属此类。

从频谱来看,检波就是将调幅信号频谱由高频段搬移到低频段,如图 2.11.1 所示(此图为单音频 Ω 调制的情况)。检波过程是应用非线性器件进行频率变换,首先产生许多新频率,然后通过滤波器滤除无用频率分量,取出所需要的原调制信号。

常用的检波方法有包络检波和同步检波两种。全载波振幅调制信号的包络直接反映了调制信号的变化规律,可以用二极管包络检波的方法进行解调。而抑制载波的双边带或单边带振幅调制信号的包络不能直接反映调制信号的变化规律，无法用包络检波方法进行解调，所以采用同步检波方法。

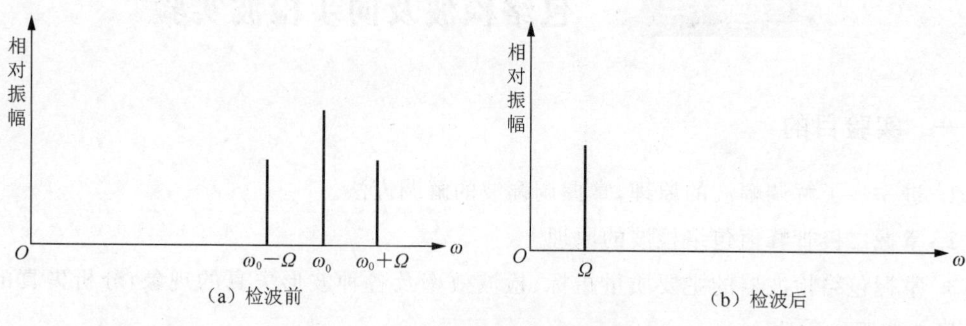

图 2.11.1　检波器检波前后的频谱

（一）包络检波

1. 二极管包络检波原理。

当输入信号较大（大于 0.5 V）时，利用二极管单向导电特性对振幅调制信号进行解调，称为大信号检波。

大信号检波原理电路如图 2.11.2(a)所示。检波的物理过程如下：在高频信号电压的正半周时，二极管正向导通并对电容器 C 充电，由于二极管的正向导通电阻很小，所以充电电流 i_D很大，使电容器上的电压 v_C 很快就接近高频电压的峰值。充电电流的方向如图 2.11.2(a)所示。

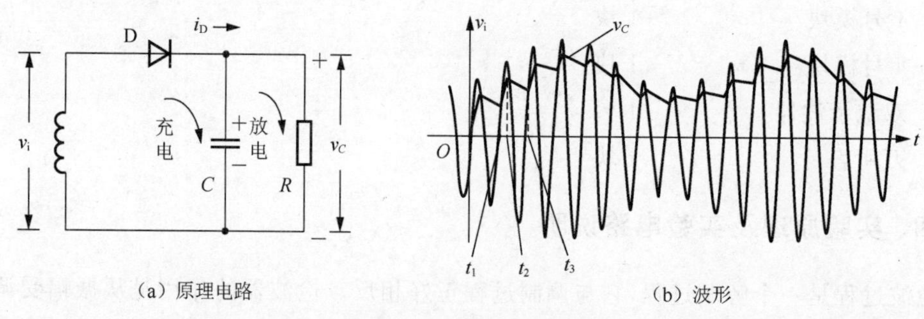

图 2.11.2　大信号检波

这个电压建立后通过信号源电路，又反向地加到二极管 D 的两端。这时二极管导通与否，由电容器 C 上的电压 v_C 和输入信号电压 v_i共同决定。当高频信号的瞬时值小于 v_C 时，二极管处于反向偏置，管子截止，电容器就会通过负载电阻 R 放电。由于放电时间常数 RC 远大于调频电压的周期，故放电很慢。当电容器上的电压下降不多时，调频信号第二个正半周的电压又超过二极管上的负压，二极管又导通。图 2.11.2(b)中的 $t_1\sim t_2$时间为二极管导通的时间，在此时间内又对电容器充电，电容器的电压又迅速接近第二个高频电压的最大值。图 2.11.2(b)中的 $t_2\sim t_3$ 时间为二极管截止的时间，在此时间内电容器又通过负载电阻 R 放电。这样不断地循环反复，就得到图 2.11.2(b)中电压 v_C 的波形。因此只要充

电很快,即充电时间常数 R_dC 很小(R_d 为二极管导通时的内阻),而放电足够慢,即放电时间常数 RC 很大,满足 $R_dC \ll RC$,就可使输出电压 v_C 的幅度接近输入电压 v_i 的幅度,即传输系数接近1。另外,由于正向导电时间很短,放电时间常数又远大于高频电压周期(放电时 v_C 基本不变),所以输出电压 v_C 的起伏是很小的,可看成与高频调幅波包络基本一致。而高频调幅波的包络又与原调制信号的形状相同,故输出电压 v_C 就是原来的调制信号,达到了解调的目的。

2. 实验电路说明。

本实验原理图如图 2.11.3 所示,主要由二极管 D 及 RC 低通滤波器组成,利用二极管的单向导电特性和检波负载 RC 的充放电过程实现检波,所以 RC 时间常数的选择很重要。RC 时间常数过大,则会产生对角切割失真,又称惰性失真。如果 RC 常数太小,高频分量就会滤不干净。综合考虑应满足

$$RC\Omega_{\max} \leqslant \frac{\sqrt{1-m_a^2}}{m_a} \tag{2.11.1}$$

式中,m_a 是调幅系数,$\Omega_{\max}$ 为调制信号最高角频率。

当检波器的直流负载电阻 R 与交流音频负载电阻 R_Ω 不相等,而且调幅系数 m_a 又相当大时,会产生负峰切割失真,为避免这种情况,应满足

$$m_a < \frac{R_\Omega}{R} \tag{2.11.2}$$

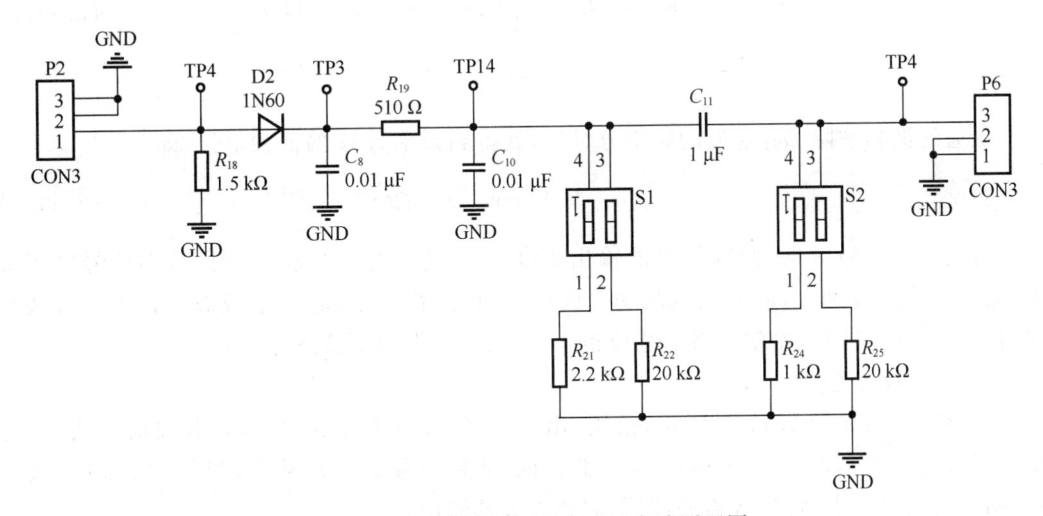

图 2.11.3　包络检波(465 kHz)实验原理图

(二) 同步检波

1. 同步检波原理。

同步检波器用于对载波被抑止的双边带或单边带信号进行解调。它的特点是必须外加一个频率和相位都与被抑止的载波相同的同步信号。同步检波器的名称由此而来。

外加载波信号电压加入同步检波器可以有两种方式：

一种是将它与接收信号在检波器中相乘，经低通滤波器后检出原调制信号，如图 2.11.4(a)所示；另一种是将它与接收信号相加，经包络检波器后取出原调制信号，如图 2.11.4(b)所示。

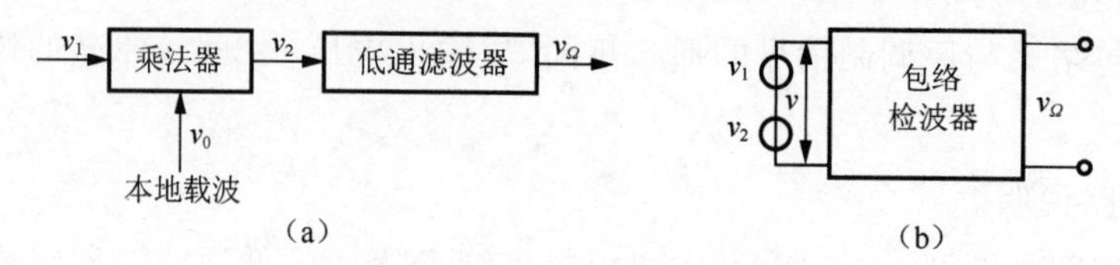

图 2.11.4　同步检波器方框图

本实验选用第一种方式，即乘积型检波器。设输入的已调波为载波分量被抑止的双边带信号 v_1，则

$$v_1 = V_1\cos\Omega t\cos\omega_1 t \tag{2.11.3}$$

本地载波电压为

$$v_0 = V_0\cos(\omega_0 t + \varphi) \tag{2.11.4}$$

本地载波的角频率 ω_0 准确地等于输入信号载波的角频率 ω_1，即 $\omega_1 = \omega_0$，但二者的相位可能不同。这里 φ 表示它们的相位差。

这时相乘输出(假定乘法器传输系数为 1)，则

$$\begin{aligned} v_2 &= V_1V_0(\cos\Omega t\cos\omega_1 t)\cos(\omega_0 t + \varphi) \\ &= \frac{1}{2}V_1V_0\cos\varphi\cos\Omega t + \frac{1}{4}V_1V_0\cos[(2\omega_1 + \Omega)t + \varphi] \\ &\quad + \frac{1}{4}V_1V_0\cos[(2\omega_1 - \Omega)t + \varphi] \end{aligned} \tag{2.11.5}$$

低通滤波器滤除 $2\omega_1$ 附近的频率分量后，就得到频率为 Ω 的低频信号，即

$$v_\Omega = \frac{1}{2}V_1V_0\cos\varphi\cos\Omega t \tag{2.11.6}$$

由式(2.11.6)可见，低频信号的输出幅度与 φ 成正比。当 $\varphi = 0$ 时，低频信号电压最大，随着相位差 φ 加大，输出电压减弱。因此，在理想情况下，除本地载波与输入信号载波的角频率必须相等外，希望二者的相位也相同。此时，乘积型检波称为同步检波。

2. 实验电路说明。

实验原理图如图 2.11.5 所示，采用 MC1496 集成电路构成解调器，载波信号从 P7 经相位调节网络 W3，C_{13}，U3A 加在 8，10 脚之间，调幅信号 $v_{AM}(t)$ 从 P8 经 C_{14} 加在 1，4 脚之间，相乘后信号由 12 脚经低通滤波器、同相放大器输出。

五、实验步骤

(一) 二极管包络检波

1. 连线框图如图 2.11.6 所示，用信号源产生实验所需的 AM 信号，然后经二极管包络检波后，用示波器观测 4 号模块 TP4 处的输出波形。

2. 用 4 号模块的调幅电路产生所需的调幅信号，然后解调。连线框图如图 2.11.7 所示。

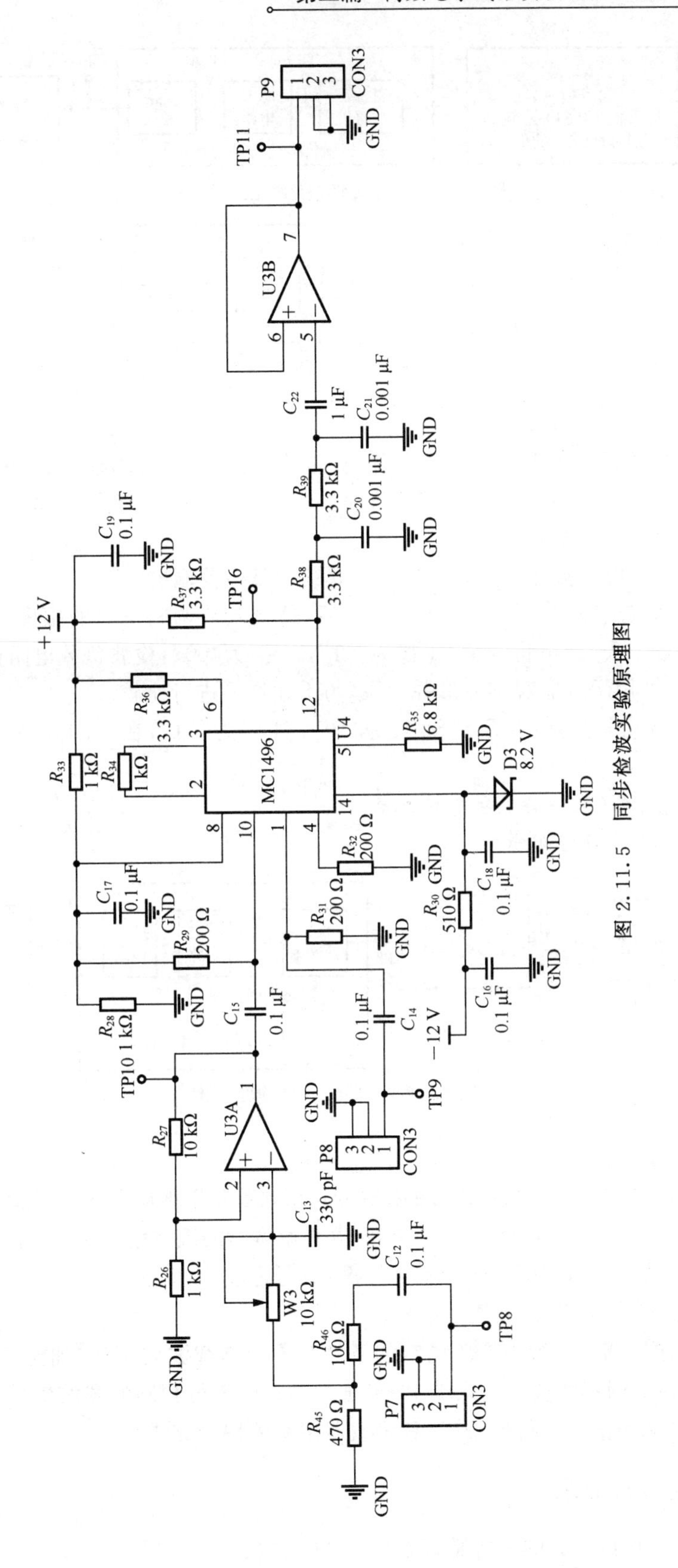

图 2. 11. 5　同步检波实验原理图

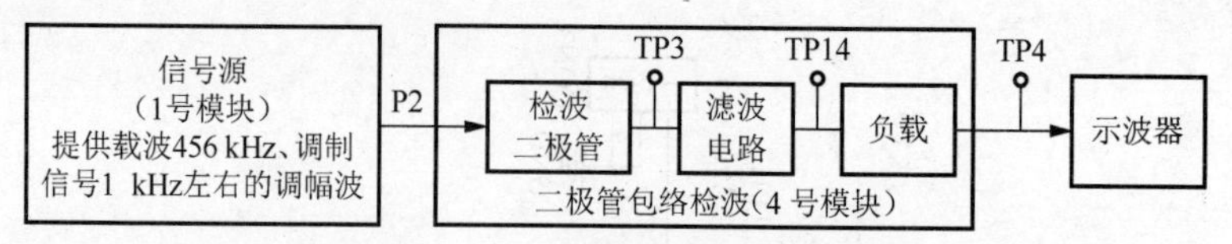

图 2.11.6　二极管包络检波连线框图

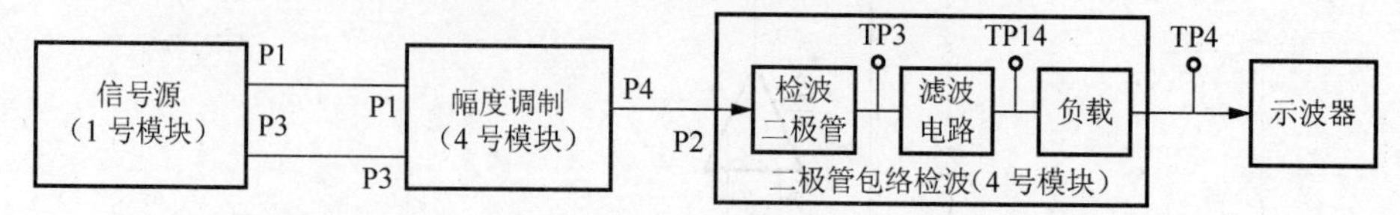

图 2.11.7　调幅输出进行二极管包络检波连线框图

(1) $m_a<30\%$的调幅波检波。

按照模拟乘法器调幅实验的操作步骤，获得峰峰值为 2 V、调幅系数 $m_a<30\%$的已调波(音频信号频率为 2 kHz 左右)。将 4 号模块的开关 S1 拨为“10”，S2 拨为“00”，将示波器接入 TP4 处，观察输出波形。

(2) 加大音频信号幅度，使 $m_a=100\%$，观察记录检波输出波形。

3. 观察对角切割失真：在上面步骤 2(2)后，适当调节调制信号的幅度，使 TP4 处的检波输出波形刚好不失真，再将开关 S1 拨为“01”，S2 拨为“00”，检波负载电阻由 2.2 kΩ 变为 20 kΩ，在 TP4 处用示波器观察波形并记录，与上述波形进行比较。

4. 观察底部切割失真：将开关 S2 拨为“10”，S1 仍为“01”，在 TP4 处观察波形，记录并与正常解调波形进行比较。

(二) 集成电路(乘法器)构成解调器

1. 按图 2.11.8 进行连线。

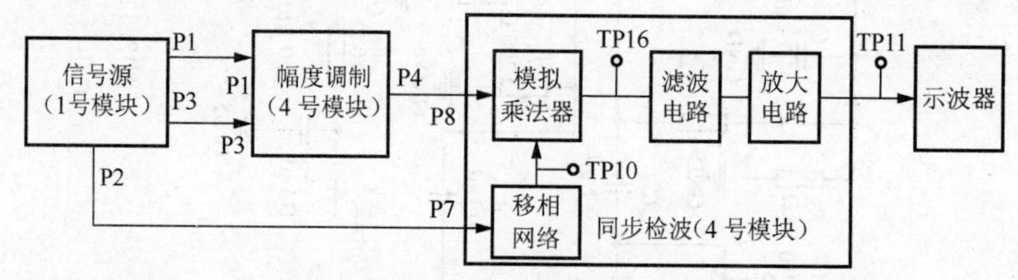

图 2.11.8　同步检波连线框图

2. 解调全载波信号。

按模拟乘法器调幅实验中实验内容的条件获得调幅系数分别为 30%，60%及 100%的调幅波，将它们依次加至解调器的调制信号输入端 P8，并在解调器的载波输入端 P7 处加入与调幅信号相同的载波信号，分别记录解调输出波形，并与调制信号进行对比(注意示波器用交流耦合方式)。

3. 解调抑制载波的双边带调幅信号。

按模拟乘法器调幅实验中实验内容的条件获得抑制载波调幅波，加至解调器调制信号输入端 P8，并在解调器的载波输入端 P7 处加入与调幅信号相同的载波信号，观察记录解调输出波形，并与调制信号进行比较(注意示波器用交流耦合方式)。

六、实验报告要求

1. 将一系列检波实验的内容整理在表 2.11.1 内。

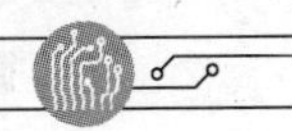

表 2.11.1 实验结果记载表

输入的调幅波波形	$m_a<30\%$	$m_a=100\%$	抑制载波调幅波
二极管包络检波输出波形			
同步检波输出波形			

2. 观察对角切割失真和底部切割失真现象,并分析产生的原因。
3. 从工作频率上限、检波线性以及电路复杂性三个方面比较二极管包络检波和同步检波。

实验十二 变容二极管调频实验

一、实验目的

1. 掌握变容二极管调频电路的原理。
2. 了解调频调制特性及测量方法。
3. 观察寄生调幅现象,了解其产生的原因及消除的方法。

二、实验内容

1. 测试变容二极管的静态调制特性。
2. 观察调频波波形。
3. 观察调制信号振幅对频偏的影响。
4. 观察寄生调幅现象。

三、实验器材

1. 信号发生器　　1 台
2. 3 号模块　　1 块
3. 双踪示波器　　1 台
4. 万用表　　1 块

四、实验原理及实验电路说明

(一) 变容二极管工作原理

调频是指载波的瞬时频率受调制信号的控制,其频率的变化量与调制信号呈线性关系,常用变容二极管实现调频。变容二极管调频实验原理图如图 2.12.1 所示。从 P2 处加入调制信号,使变容二极管的瞬时反向偏置电压在静态反向偏置电压的基础上按调制信号的规律变化,从而使振荡频率也随调制信号的规律变化,此时从 P1 处输出的为调频(FM)波。C_{12} 为变容二极管的高频通路,L_2 为音频信号提供低频通路,L_2 可阻止外部的高频信号进入振荡回路。

本电路中使用的是飞利浦公司的 BB149 型变容二极管,其电压-容值特性曲线见图 2.12.2,从图中可以看出,在 1～10 V 的区间内,变容二极管的容值在 35～8 pF 范围内变化。电压和容值成反比,也就是 TP6 处的电平越高,振荡频率越高。

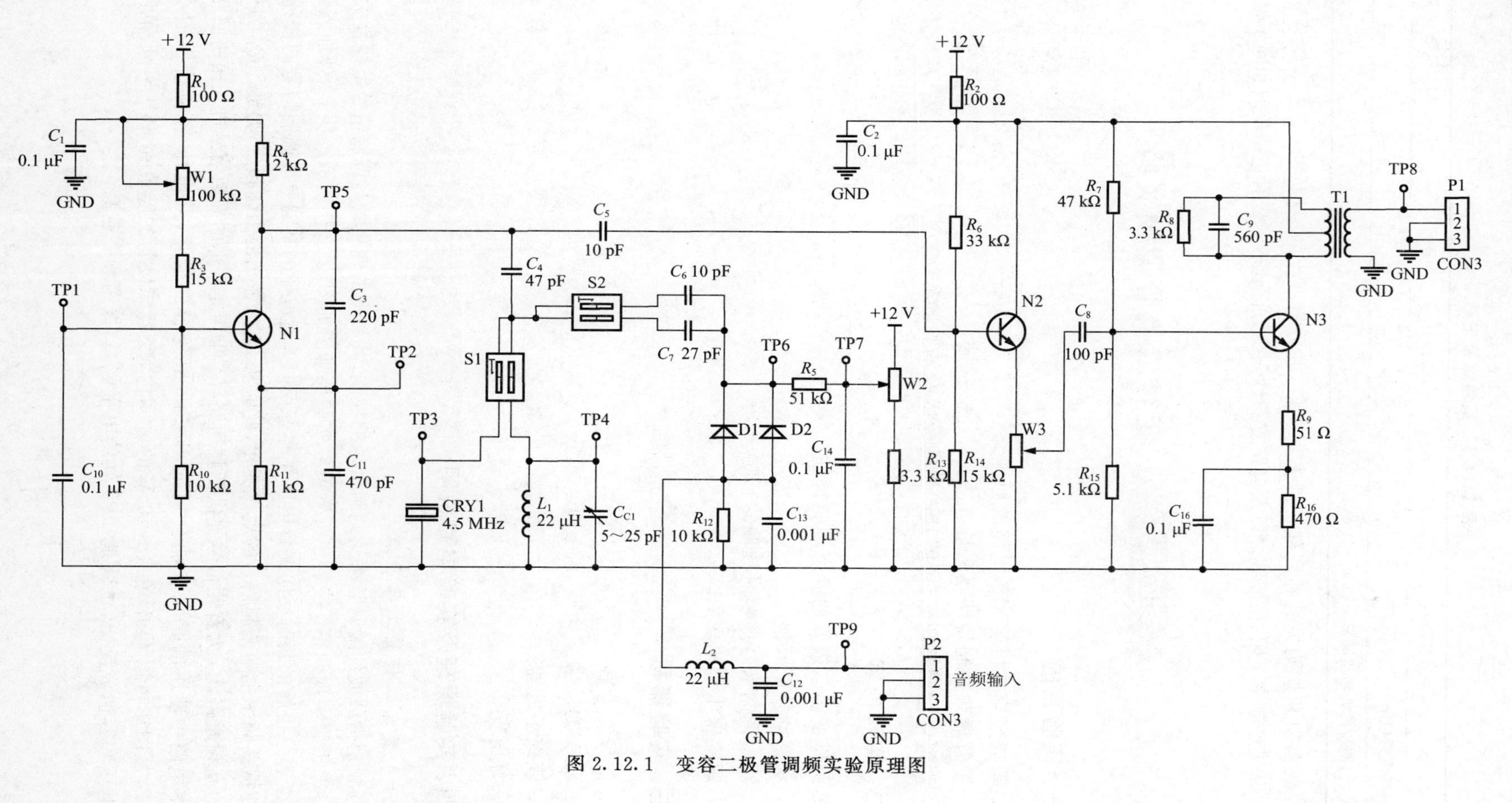

图 2.12.1　变容二极管调频实验原理图

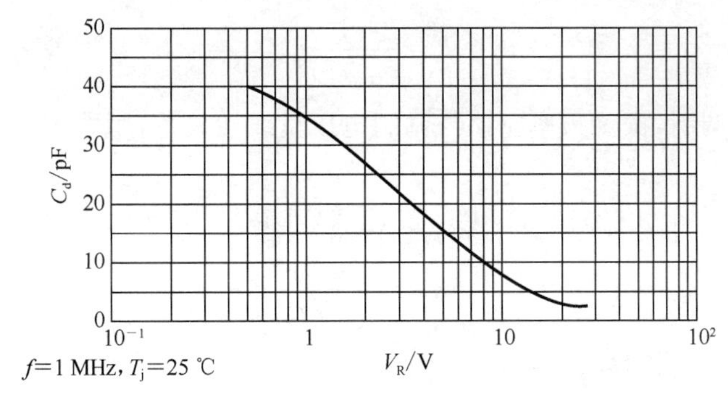

图 2.12.2　BB149 型变容二极管电压-容值特性曲线

图 2.12.3 显示出了变容二极管在低频调制信号作用下，电容和振荡频率的变化示意图。在图 2.12.3(a)中，U_0是加到二极管上的直流电压，当 $u=U_0$时，电容值为 C_0。u_Ω是调制电压，当 u_Ω为正半周时，变容二极管负极电位升高，即反向偏压增大，变容二极管的电容减小；当 u_Ω为负半周时，变容二极管负极电位降低，即反向偏压减小，变容二极管的电容增大。在图 2.12.3(b)中，对应于静止状态，变容二极管的电容为 C_0，此时振荡频率为 f_0。

因为 $f=\dfrac{1}{2\pi\sqrt{LC}}$，所以电容小时，振荡频率高，而电容大时，振荡频率低。从图 2.12.3(a)中可以看到，由于 C-u 曲线的非线性，虽然调制电压是一个简谐波，但电容随时间的变化是非简谐波，且由于 $f=\dfrac{1}{2\pi\sqrt{LC}}$，$f$ 和 C 的关系也是非线性的。不难看出，C-u 和 f-C 的非线性关系起着抵消作用，即得到 f-u 的关系趋于线性，见图 2.12.3(c)。

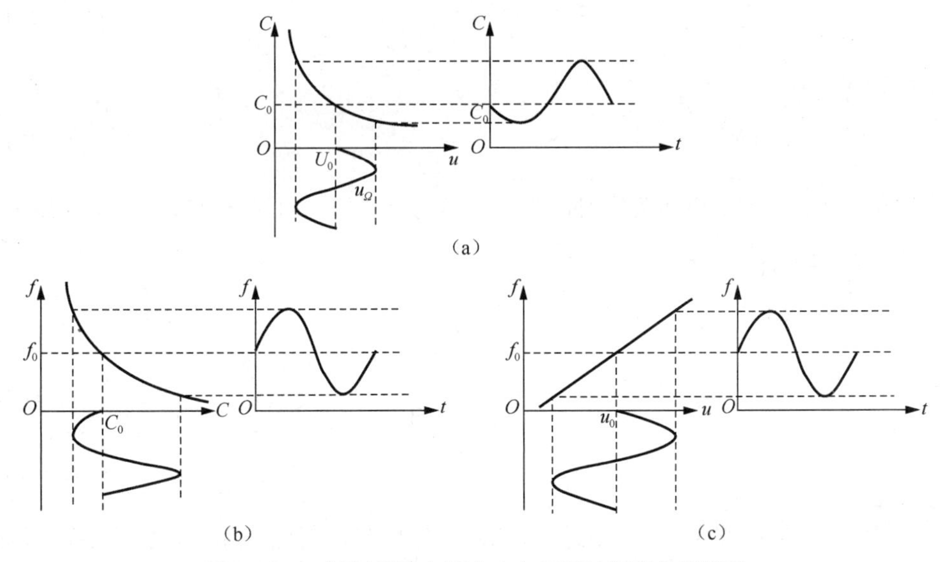

图 2.12.3　调制信号电压大小与调频波频率关系图解

(二) 变容二极管调频器获得线性调制的条件

设回路电感为 L，回路的电容是变容二极管的电容 C(暂时不考虑杂散电容及其他与变容二极管相串联或并联电容的影响)，则振荡频率为

$$f=\frac{1}{2\pi\sqrt{LC}} \tag{2.12.1}$$

为了获得线性调制，振荡频率应该与调制电压呈线性关系，用数学式表示为

$$f=Au \tag{2.12.2}$$

式中 A 是一个常数。由式(2.12.1)和式(2.12.2)可得

$$Au=\frac{1}{2\pi\sqrt{LC}} \tag{2.12.3}$$

将式(2.12.3)两边平方并移项可得

$$C=\frac{1}{(2\pi)^2LA^2u^2}=Bu^{-2} \tag{2.12.4}$$

这就是变容二极管调频器获得线性调制的条件。也就是说，当电容 C 与电压 u 的平方成反比时，振荡频率就与调制电压成正比。

（三）调频灵敏度

调频灵敏度 S_f 定义为每单位调制电压所产生的频偏。

设回路电容的 C-u 曲线可表示为 $C=Bu^{-n}$，其中 B 为与管子结构，即与电路串、并联固定电容有关的参数。将 $C=Bu^{-n}$ 代入振荡频率的表达式 $f=\frac{1}{2\pi\sqrt{LC}}$ 中，可得

$$f=\frac{u^{\frac{n}{2}}}{2\pi\sqrt{LB}} \tag{2.12.5}$$

调制灵敏度为

$$S_f=\frac{\partial f}{\partial u}=\frac{nu^{\frac{n}{2}-1}}{4\pi\sqrt{LB}} \tag{2.12.6}$$

当 $n=2$ 时，有

$$S_f=\frac{1}{2\pi\sqrt{LB}} \tag{2.12.7}$$

设变容二极管在调制电压为零时的直流电压为 U_0，相应的回路电容量为 C_0，振荡频率为 $f_0=\frac{1}{2\pi\sqrt{LC_0}}$，就有

$$C_0=BU_0^{-2} \tag{2.12.8}$$

$$f_0=\frac{U_0}{2\pi\sqrt{LB}} \tag{2.12.9}$$

则有

$$S_f=\frac{f_0}{U_0} \tag{2.12.10}$$

式(2.12.10)表明，在 $n=2$ 的条件下，调制灵敏度与调制电压无关(这就是线性调制的条件)，而与中心振荡频率成正比，与变容二极管的直流偏压成反比。为了提高调制灵敏度，在不影响线性的条件下，直流偏压应该尽可能低些。若某一变容二极管能使总电容 C-u 特性曲线的 $n=2$ 的线性段越靠近偏压小的区域，那么，采用该变容二极管所能得到的调制灵敏度就越高。当我们采用串联和并联固定电容以及控制高频振荡电压等方法来获得 C-u 特性曲线的 $n=2$ 的线性段时，如果能使该线性段尽可能移向电压低的区域，那么对提高调

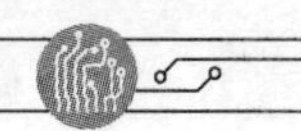

制灵敏度是有利的。

由式(2.12.6)可以看出,回路电容 C-u 特性曲线的 n 值(即斜率的绝对值)越大,调制灵敏度越高。因此,如果对调频器的调制线性没有要求,则不外接串联或并联固定电容,并选用 n 值大的变容二极管,这样就可以获得较高的调制灵敏度。

五、实验步骤

1. 按图 2.12.4 进行连线。

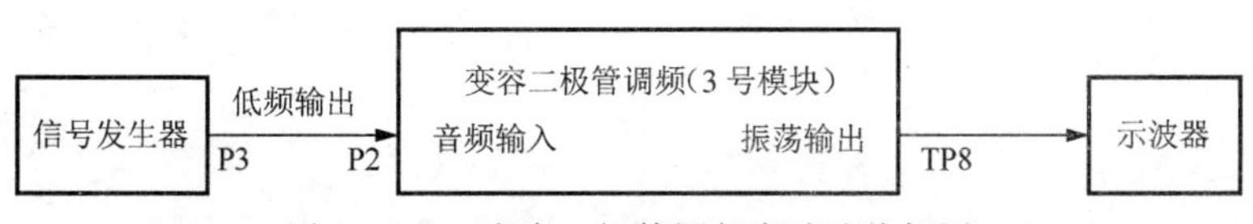

图 2.12.4　变容二极管调频实验连线框图

2. 静态调制特性测量。

(1) 将 3 号模块的 S1 拨至"LC",S2 拨至高灵敏度,P2 端先不接音频信号,将示波器接于 P1 处。

(2) 调节电位器 W2,记下变容二极管测试点 TP6 处的直流电压和 P1 处的频率,并记于表 2.12.1 中。

表 2.12.1　静态调制特性测量数据记载表

V_{TP6}/V									
f_0/MHz									

3. 动态测试。

(1) 将电位器 W2 置于某一中值位置,将峰峰值为 4 V、频率为 1 kHz 左右的音频信号(正弦波)从 P2 处输入。

(2) 在 TP8 处用示波器观察,可以看到调频信号特有的疏密波。将示波器时间轴靠拢,可以看到有寄生调幅现象。调频信号的频偏可用示波器频谱分析窗口观测。

六、实验报告要求

1. 在坐标纸上画出静态调制特性曲线,并求出其调制灵敏度。说明曲线斜率受哪些因素的影响。

2. 画出实际观察到的 FM 波形及频谱,并说明频偏变化与调制信号振幅的关系。

正交鉴频及锁相鉴频实验

一、实验目的

1. 熟悉正交鉴频器及锁相鉴频器的基本工作原理。

2. 了解鉴频特性曲线(S 曲线)的正确调整方法。

二、实验内容

1. 了解各种鉴频器的工作原理。
2. 了解并联回路对波形的影响。

三、实验器材

1. 信号发生器　　1台
2. 5号模块　　1块
3. 双踪示波器　　1台
4. 万用表　　1块

四、实验原理及实验电路说明

(一) 正交鉴频

1. 鉴频。

鉴频是调频的逆过程,广泛采用的鉴频电路是相位鉴频器。鉴频原理是:先将调频波经过一个线性移相网络变换成调频调相波,然后再与原调频波一起加到一个相位检波器中进行鉴频。因此,实现鉴频的核心部件是相位检波器。

相位检波又分为叠加型相位检波和乘积型相位检波,利用模拟乘法器的相乘原理可实现乘积型相位检波,其基本原理是:在乘法器的一个输入端输入调频波 $v_s(t)$,设其表达式为

$$v_s(t)=V_{sm}\cos(\omega_c+m_f\sin\Omega t) \tag{2.13.1}$$

式中,m_f 为调频系数,$m_f=\Delta\omega/\Omega$ 或 $m_f=\Delta f/f$,$\Delta\omega$ 为调制信号产生的频偏。另一输入端输入经线性移相网络移相后的调频调相波 $v'_s(t)$,设其表达式为

$$\begin{aligned}v'_s(t)&=V'_{sm}\cos\left\{\omega_c+m_f\sin\Omega t+\left[\frac{\pi}{2}+\varphi(\omega)\right]\right\}\\&=V'_{sm}\sin[\omega_c+m_f\sin\Omega t+\varphi(\omega)]\end{aligned} \tag{2.13.2}$$

式(2.13.2)中,第一项为高频分量,可以被滤波器滤掉,第二项是所需要的频率分量,只要线性移相网络的相频特性 $\varphi(\omega)$ 在调频波的频率变化范围内是线性的,那么当 $|\varphi(\omega)|\leqslant 0.4$ rad时,$\sin\varphi(\omega)\approx\varphi(\omega)$。因此鉴频器的输出电压 $v_o(t)$ 的变化规律与调频波瞬时频率的变化规律相同,从而实现了相位鉴频。所以相位鉴频器的线性鉴频范围受到移相网络相频特性的线性范围的限制。

2. 正交鉴频器(乘积型相位鉴频器)。

用MC1496构成的乘积型相位鉴频器实验原理图如图2.13.1所示。其中 C_6 与并联谐振回路T1,C_{30} 共同组成线性移相网络,将调频波的瞬时频率的变化转变成瞬时相位的变化。分析表明,该网络的传输函数的相频特性 $\varphi(\omega)$ 的表达式为

$$\varphi(\omega)=\frac{\pi}{2}-\arctan\left[Q\left(\frac{\omega^2}{\omega_0^2}-1\right)\right] \tag{2.13.3}$$

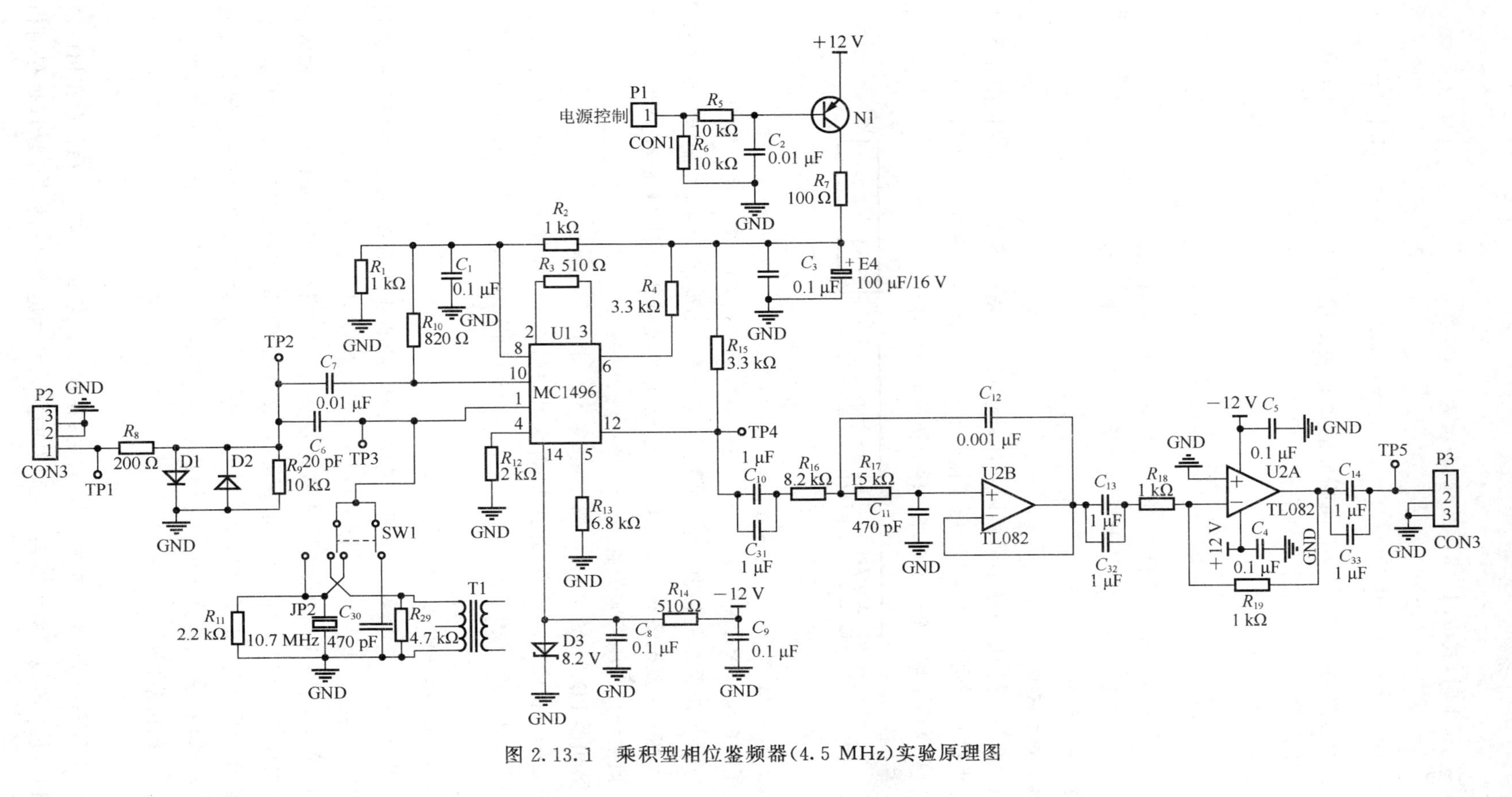

图 2.13.1　乘积型相位鉴频器(4.5 MHz)实验原理图

当 $\frac{\Delta\omega}{\omega_0} \ll 1$ 时，式(2.13.3)可近似表示为

$$\varphi(\Delta\omega)=\frac{\pi}{2}-\arctan\left[Q\left(\frac{2\Delta\omega}{\omega_0}\right)\right] \text{或} \varphi(\Delta f)=\frac{\pi}{2}-\arctan\left[Q\left(\frac{2\Delta f}{f_0}\right)\right] \quad (2.13.4)$$

式中：f_0 为回路的谐振频率，与调频波的中心频率相等；Q 为回路品质因数；Δf 为瞬时频率偏移。相移与频偏 Δf 的特性曲线如图 2.13.2 所示。

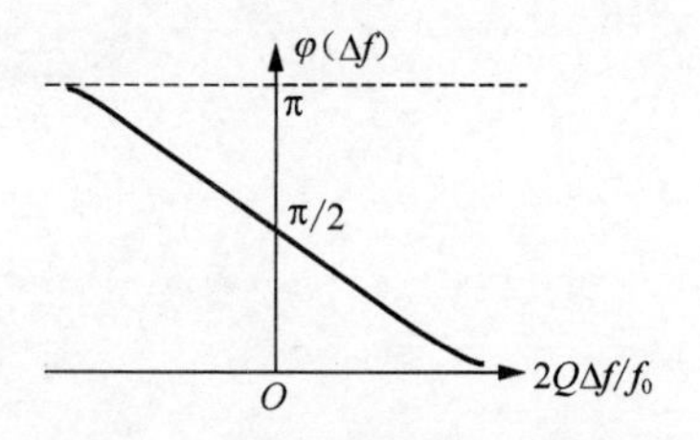

图 2.13.2　移相网络的相频特性

由图可见：在 $f=f_0$ 即 $\Delta f=0$ 时，相位等于 $\frac{\pi}{2}$，在 Δf 范围内，相位随频偏呈线性变化，从而实现线性移相。MC1496 的作用是将调频波与调频调相波相乘，其输出经 RC 滤波网络输出。

（二）锁相鉴频

锁相鉴频器是完成调频信号解调功能的锁相环。锁相环(PLL)组成框图如图 2.13.3 所示，由鉴相器 PD、环路滤波器 LF、压控振荡器 VCO 三个部分组成，输入信号为 $v_i(t)$，输出信号为 $v_o(t)$，反馈至输入端。下面逐一说明基本部件的作用。

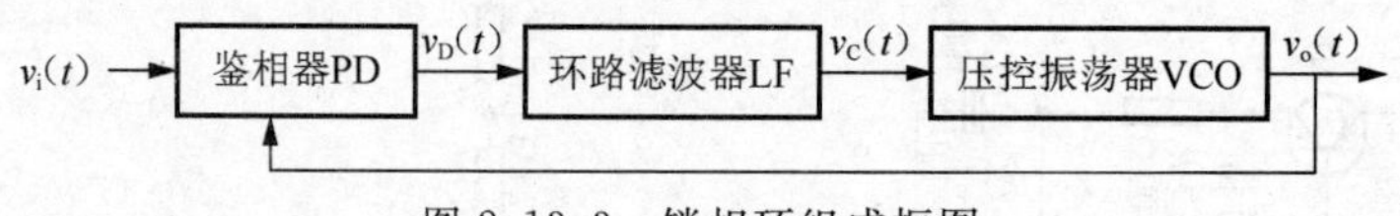

图 2.13.3　锁相环组成框图

1. 压控振荡器 VCO。

VCO 是控制系统的控制对象，被控参数通常是其振荡频率，控制信号为加在 VCO 上的电压，故称为压控振荡器，也就是一个电压-频率变换器，实际上还有一种电流-频率变换器，但习惯上仍称为压控振荡器。

2. 鉴相器 PD。

PD 是一个相位比较装置，用来检测输出信号 $v_o(t)$ 与输入信号 $v_i(t)$ 之间的相位差 $\theta_e(t)$，并把 $\theta_e(t)$ 转化为电压 $v_d(t)$ 输出，$v_d(t)$ 称为误差电压，通常 $v_d(t)$ 作为直流分量或低频交流量。

3. 环路滤波器 LF。

LF 作为低通滤波电路，其作用是滤除因 PD 的非线性而在 $v_d(t)$ 中产生的无用的组合频率分量及干扰，产生一个只反映 $\theta_e(t)$ 大小的控制信号 $v_e(t)$。

按照反馈控制原理，如果由于某种原因使 VCO 的频率发生变化使得与输入频率不相等，则必将使 $v_o(t)$ 与 $v_i(t)$ 的相位差 $\theta_e(t)$ 发生变化，该相位差经过 PD 转换成误差电压 $v_d(t)$，此误差电压经 LF 滤波后得到 $v_e(t)$，由 $v_e(t)$ 去改变 VCO 的振荡频率，使其趋近于输入信号的频率，最后达到相等。环路达到的这种最后状态就称为锁定状态，当然由于控制信号正比于相位差，即

$$v_e(t) \propto \theta_e(t)$$

因此在锁定状态，$\theta_e(t)$ 不可能为零，换言之，在锁定状态 $v_o(t)$ 与 $v_i(t)$ 仍存在相位差。

锁相环是一种以消除频率误差为目的的反馈控制电路，它的基本原理是利用相位误差

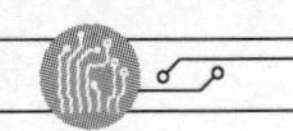

电压去消除频率误差，所以当电路达到平衡状态后，虽然有剩余相位误差存在，但频率误差可以降低到零，从而实现无频差的频率跟踪和相位跟踪。

当调频信号没有频偏时，若压控振荡器的频率与外来载波信号频率有差异，则通过鉴相器输出一个误差电压。这个误差电压的频率较低，经过环路滤波器滤去所含的高频成分，再去控制压控振荡器，使振荡频率趋近于外来载波信号频率，于是误差越来越小，直至压控振荡频率和外来信号频率一样，压控振荡器的频率被锁定在与外来信号相同的频率上，环路处于锁定状态。

当调频信号有频偏时，和原来稳定在载波中心频率上的压控振荡器相位比较的结果是，鉴相器输出一个误差电压，如图 2.13.4 所示，以使压控振荡器向外来信号的频率靠近。由于压控振荡器始终想要和外来信号的频率锁定，为达到锁定的条件，鉴相器和环路滤波器向压控振荡器输出的误差电压必须随外来信号的载波频率偏移的变化而变化。也就是说，这个误差控制信号就是一个随调制信号频率变化的解调信号，故环路的输出信号 $v_C(t)$ 就是解调信号。

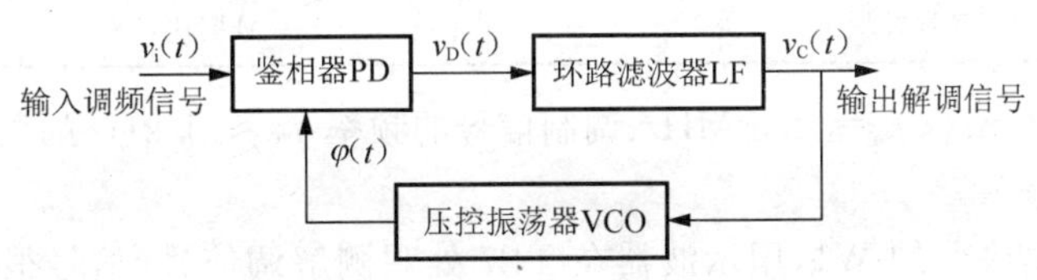

图 2.13.4　调频信号锁相解调电路

锁相鉴频器实验原理图如图 2.13.5 所示。

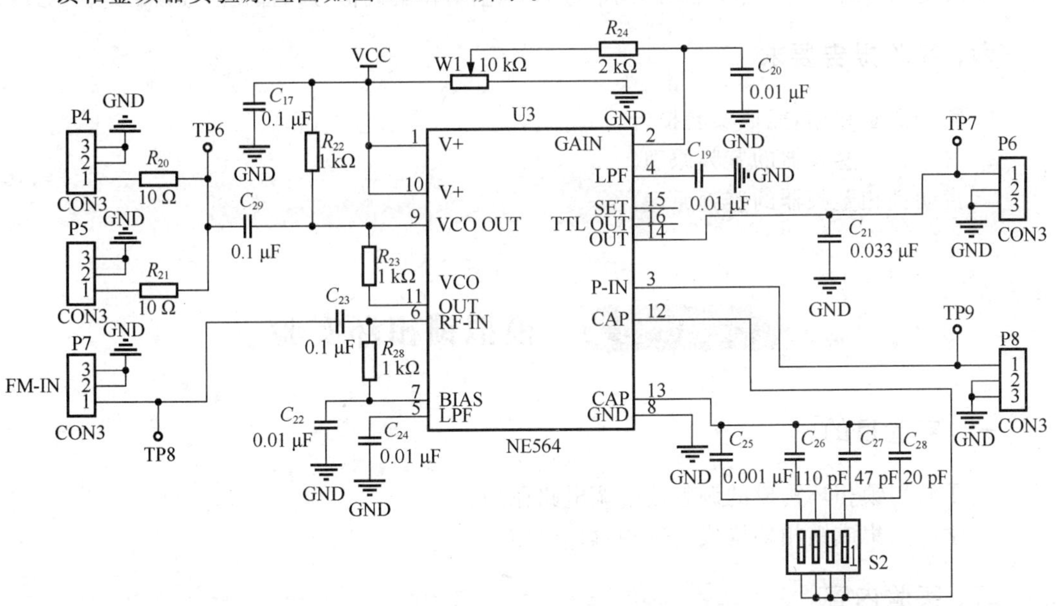

图 2.13.5　锁相鉴频器（4.5 MHz)实验原理图

五、实验步骤

(一) 正交鉴频

1. 按照表 2.13.1 完成连线。

表 2.13.1 实验连线表(一)

源端口	目的端口	连线说明
信号发生器:RF 输出	5 号模块:P2	引入调频信号

2. 将 $V_{p-p}\approx500$ mV、$f_c=4.5$ MHz、调制信号的频率 $f_\Omega\approx1$ kHz 的调频信号从 5 号模块的 P2 端输入,将 5 号模块上的 SW1 拨至 4.5 MHz。

3. 用示波器观测 TP5,适当调节谐振回路的 T1,使输出端获得的低频调制信号 $v_o(t)$ 的波形失真最小,幅度最大。

(二) 锁相鉴频

1. 将 S2 拨为“0010”,连线如表 2.13.2 所示。

表 2.13.2 实验连线表(二)

源端口	目的端口	连线说明
信号发生器:RF 输出($V_{p-p}=500$ mV,$f=4.5$ MHz)	5 号模块:P7	FM 信号输入
5 号模块:P5	5 号模块:P8	VCO 输出到鉴相器

2. 将 $V_{p-p}\approx500$ mV、$f_c=4.5$ MHz、调制信号的频率 $f_\Omega\approx1$ kHz 的调频信号从 P7 端输入。

3. 调节 5 号模块上的 W1,用示波器在 TP7 处观测解调信号(信号很小,调节示波器的时候注意),并与调制信号进行对比。

4. 改变调制信号的频率,观察解调信号的变化,对比解调信号和音频信号频率是否一致。

六、实验报告要求

1. 整理实验数据,完成实验报告。
2. 说明正交鉴频器的鉴频原理。
3. 说明锁相鉴频器的鉴频原理。

实验十四 模拟锁相环实验

一、实验目的

1. 了解用锁相环构成的调频波解调电路原理。
2. 学习用集成锁相环构成的锁相解调电路。

二、实验内容

1. 掌握锁相环的锁相原理。
2. 掌握同步带和捕捉带的测量。

三、实验器材

1. 1 号模块　　　　1 块

2. 6号模块 1块

3. 5号模块 1块

4. 双踪示波器 1台

四、实验原理及实验电路说明

实验原理图如图2.13.5所示。

(一)同步带与捕捉带

同步带是指从PLL锁定开始,改变输入信号的频率f_i(向高或低两个方向变化),直到PLL失锁,这段频率范围称为同步带。

捕捉带是指锁相环处于一定的固有振荡频率f_v,并当输入信号频率f_i偏离f_v上限值f_{imax}或下限值f_{imin}时,环路还能进入锁定,则称$f_{imax}-f_{imin}=\Delta f_v$为捕捉带。

测量的方法是从P7端输入一个频率接近于VCO自由振荡频率的高频调频信号,先增大载波频率直至环路刚刚失锁,记此时的输入频率为f_{H1},再减小f_i,直到环路刚刚锁定为止,记此时的输入频率为f_{H2},继续减小f_i,直到环路再一次刚刚失锁为止,记此时的频率为f_{L1},再一次增大f_i,直到环路再一次刚刚锁定为止,记此时的频率为f_{L2}。

由以上测试可计算得:

同步带为 $f_{H1}-f_{L1}$

捕捉带为 $f_{H2}-f_{L2}$

(二)集成锁相环NE564的介绍

在本实验中,所使用的锁相环为高频模拟锁相环NE564,其最高工作频率可达到50 MHz,采用+5 V单电源供电,特别适用于高速数字通信中FM调频信号及FSK移频键控信号的调制、解调,无须外接复杂的滤波器。图2.14.1为NE564内部组成框图。其中:限幅器由差分电路组成,可抑制FM信号的寄生调幅。PD的内部含有限幅放大器,以提高对AM信号的抗干扰能力,4,5脚外接电容组成环路滤波器,用来滤除比较器输出的直流误差电压中的纹波,2脚用来改变环路的增益,3脚为VCO的反馈输入端。VCO是改进型的射极耦合多谐振荡器,有两个电压输出端,9脚输出TTL电平,11脚输出ECL电平。VCO内部接有固定电阻,只需外接一个定时电容就可产生振荡。施密特触发器的回差电压可通过15脚外接直流电压进行调整,以消除16脚输出信号的相位抖动。

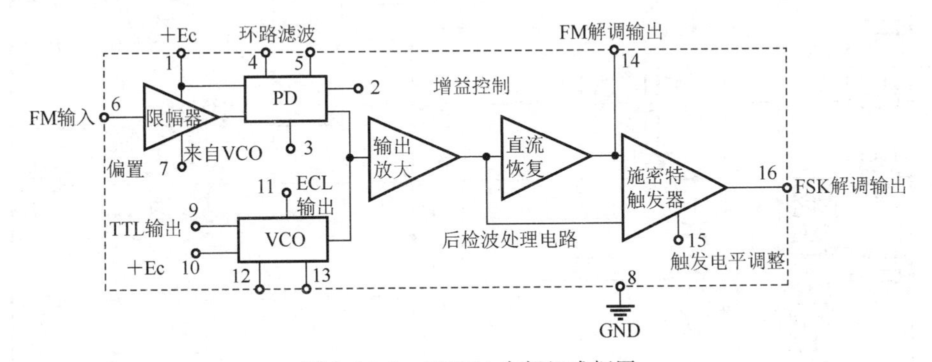

图2.14.1 NE564内部组成框图

NE564采用双极性工艺,其内部电路原理图如图2.14.2所示。

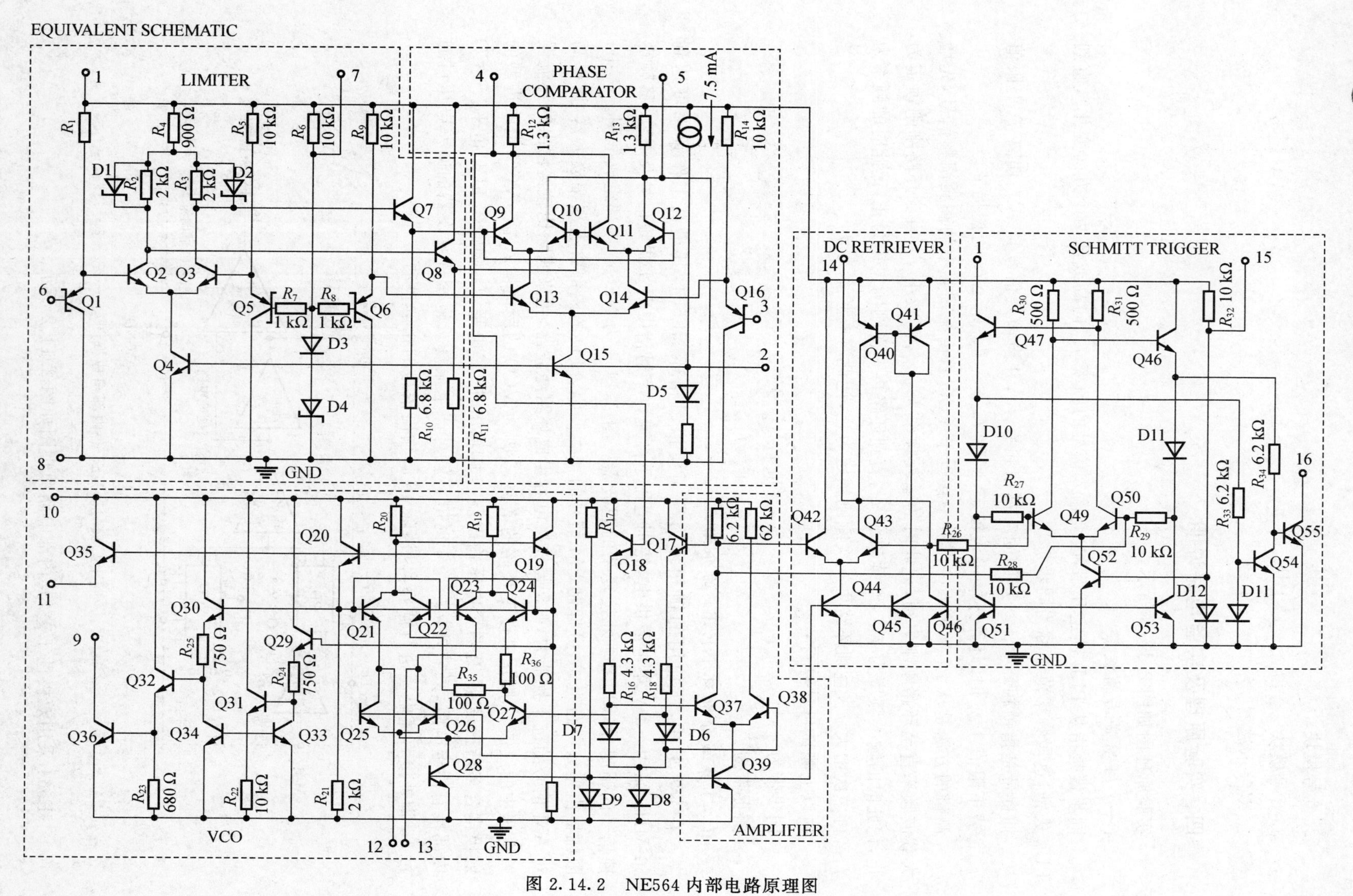

图 2.14.2　NE564 内部电路原理图

1. 限幅放大器 LIMITER。

限幅放大器主要由图 2.14.2 中的 Q1～Q5 及 Q7,Q8 组成 PNP,NPN 互补的共集-共射组合差分放大器,由于 Q2,Q3 负载并联有肖特基二极管 D1,D2,故其双端输出电压被限幅在 $2V_D=0.3\sim0.4$ V。因此可有效抑制 FM 调频信号输入时干扰所产生的寄生调幅。Q7,Q8 为射极输出差分放大器,以作缓冲,其输出信号送鉴相器。

2. 鉴相器(相位比较器)。

PD(图 2.14.2 中的 PHASE COMPARATOR)内部含有限幅放大器,以提高对 AM 调幅信号的抗干扰能力。外接电容 C 与内部两个对应电阻(阻值 $R=1.3$ kΩ)组成一阶 RC 低通滤波器,用来滤除比较器输出的直流误差电压中的纹波,其截止角频率为 $\omega_c=\dfrac{1}{RC}$。滤波器的性能对环路入锁时间的快慢有一定影响,可根据要求改变 C 的值。在本实验电路(图 2.13.5)中,改变 W1 可改变引脚 2 的输入电流,从而实现环路增益控制。

3. 压控振荡器 VCO。

压控振荡器是一种改进型的射极定时多谐振荡器。主电路由 Q21,Q22 与 Q23,Q24 组成。其中 Q21 和 Q23 的两个射极通过 12,13 脚外接定时电容 C,Q22 和 Q24 的两个射极分别经过电阻 R_{35},R_{36} 接电源 Q27,Q25。Q26 也作为电流源。Q17,Q18 为控制信号输入缓冲级。接通电源,Q21,Q22 与 Q23,Q24 双双轮流导通与截止,电容周期性充电与放电,于是 Q22,Q23 集电极输出极性相反的方形脉冲。根据特定设计,固有振荡频率 f 与定时电容 C 的关系可表示为

$$C\approx\frac{1}{2\,200f}$$

振荡频率 f 与 C 的关系曲线如图 2.14.3 所示。VCO 有两个电压输出端,其中,VCO_{01} 输出 TTL 电平,VCO_{02} 输出 ECL 电平。

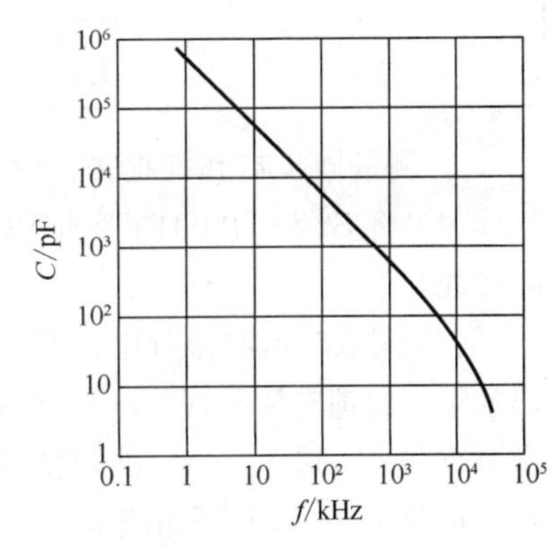

图 2.14.3　f 与 C 的关系

4. 输出放大器 AMPLIFIER 和直流恢复电路 DC RETRIEVER。

输出放大器与直流恢复电路是专为解调 FM 信号与 FSK 信号而设计的。AMPLIFIER 由 Q37,Q38,Q39 组成,显然这是一个恒流源差分放大电路,来自鉴相器的误差电压由 4,5 脚输入,经缓冲后,双端送入 AMPLIFIER 放大。DC RETRIEVER 由 Q42,Q43,Q44 等组成,Q40 作为 Q43 的有源负载。

若环路的输入为 FSK 信号,即频率在 f_1 与 f_2 之间周期性跳变的信号,则鉴相器的输出电压被 AMPLIFIER 放大后分为两路,一路直接送至 SCHMITT TRIGGER(施密特触发器)的输入,另一路送至 DC RETRIEVER 的 Q42 基极,由于 Q43 集电极通过 14 脚外接一个滤波电容,所以 DC RETRIEVER 的输出电压就是一个平均值——直流。这个直流电压 V_{REF} 再送至施密特触发器的另一个输入端,作为基极电压。

若环路的输入为 FM 信号,DC RETRIEVER 用作线性解调 FM 信号时的后置鉴相滤波器,那么在锁定状态,14 脚的电压就是 FM 解调信号。

5. 施密特触发器 SCHMITT TRIGGER。

施密特触发器是专为解调 FSK 信号而设计的，其作用就是将模拟信号转换成 TTL 数字信号。DC RETRIEVER 输出的直流基准电压 V_{REF}（经 R_{26} 到 Q49 基极）与被 AMPLIFIER 放大了的误差电压 V_{dm} 分别送入 Q49 和 Q50 的基极，V_{dm} 与 V_{REF} 进行比较。当 $V_{dm} > V_{REF}$ 时，则 Q50 导通，Q49 截止，从而迫使 Q54 截止，Q55 导通，于是 16 脚输出低电平。当 $V_{dm} < V_{REF}$ 时，Q49 导通，Q50 截止，从而迫使 Q54 导通，Q55 截止，16 脚输出高电平。通过 15 脚改变 Q52 的电流大小，可改变触发器上下翻转电平，上限电平与下限电平之差也称为滞后电压 V_H。调节 V_H 可消除因载波泄漏所造成的误触发而导致的 FSK 解调输出，特别是在数据传输速率比较高的场合，并且此时 14 脚滤波电容不能太大。

施密特触发器的回差电压可通过 10 脚外接直流电压进行调整，以消除输出信号 TTL_0 的相位抖动。

五、实验步骤

1. 测量锁相环自由振荡频率。

将 5 号模块的开关 S2 依次设为“1000”“0100”“0010”“0001”（即选择不同的定时电容），开启电源，用示波器从 TP6 处观察自由振荡波形，填入表 2.14.1。

表 2.14.1 实验结果记载表

开关状态	定时电容 C/pF	波形	频率/MHz	幅度 $V_{TP6\,(p\text{-}p)}$/mV
S2＝1000	20			
S2＝0100	47			
S2＝0010	110			
S2＝0001	1 100			

2. 测量同步带和捕捉带。

（1）将 S2 设为“0010”（即 VCO 的自由振荡频率为 4.5 MHz），并完成表 2.14.2 所示的连线。

（2）用双踪示波器对比观测 5 号模块信号输入端 TP8 和 VCO 输出信号端 TP6 的波形，观察频率的锁定情况（两波形相位重叠一致即锁定），完成表 2.14.3。先按下 1 号模块上的“频率调节”旋钮，选择“×10”挡，然后慢慢增大载波频率直至环路刚刚失锁，记此时的输入频率为 f_{H1}，再减小 f_i，直到环路刚刚锁定为止，记此时的输入频率为 f_{H2}，继续减小 f_i，直到环路再一次刚刚失锁为止，记此时的频率为 f_{L1}，再一次增大 f_i，直到环路再一次刚刚锁定为止，记此时的频率为 f_{L2}。由以上测试可计算得：同步带为 $f_{H1}-f_{L1}$，捕捉带为 $f_{H2}-f_{L2}$。

表 2.14.2 实验连线表

源端口	目的端口	连线说明
1 号模块：RF OUT1 （输出信号 f = 4.5 MHz，$V_{p\text{-}p}$＝500 mV）	5 号模块：P7	为 PD 送入参考信号
5 号模块：P5	5 号模块：P8	将 VCO 的输出送入 PD
5 号模块：P4	6 号模块：P3	测量 VCO 输出信号的频率

表 2.14.3　同步带和捕捉带数据记载表

开关状态	同步带			
		捕捉带		
	f_{L1}/MHz	f_{L2}/MHz	f_{H2}/MHz	f_{H1}/MHz
S1=0001				
S1=0010				
S1=0100				
S1=1000				

这里我们只是选取了 4.5 MHz 这个频段做实验,其他三个频段的实验操作步骤基本一样,只需要调整 5 号模块中 S1 的拨码方式及输入参考信号的频率即可。

3. 改变 W1 的阻值(顺时针旋转,阻值变大;逆时针旋转,阻值变小),重复步骤 2,在 TP6 处观察 VCO 输出波形的幅度、同步带和捕捉带的变化。

六、实验报告要求

1. 整理实验数据,按要求完成实验报告。
2. 完成同步带和捕捉带的测量。
3. 分析 W1 在电路中的作用。

实验十五　超外差式中波调幅收音机实验

一、实验目的

1. 在模块实验的基础上掌握调幅收音机的组成原理,建立调幅系统的概念。
2. 掌握调幅收音机系统联调的方法,培养解决实际问题的能力。

二、实验内容

测试调幅收音机各单元电路的波形。

三、实验器材

1. 耳机　　　　1 副
2. 10 号模块　　1 块
3. 9 号模块　　1 块
4. 2 号模块　　1 块
5. 4 号模块　　1 块
6. 1 号模块　　1 块
7. 双踪示波器　　1 台
8. 万用表　　1 块

四、实验原理及实验电路说明

中波调幅收音机主要由磁棒天线、调谐回路、本振级、混频级、中频放大级、检波级、音频功放级、耳机构成，实验原理图如图 2.15.1 所示。

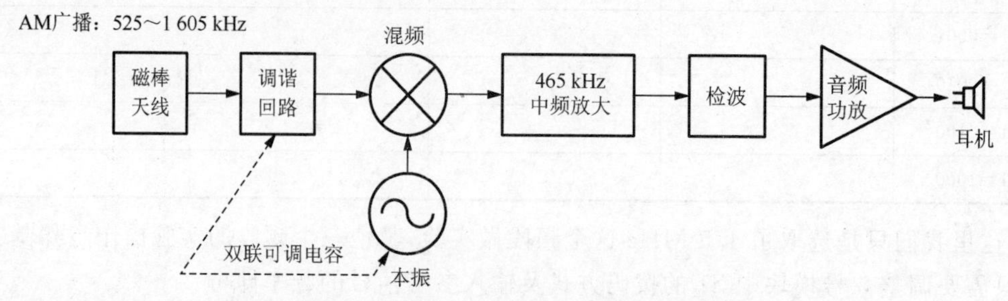

图 2.15.1　超外差式中波调幅收音机实验原理图

磁棒天线：磁棒天线是利用磁棒的高导磁率，有效地收集空间的磁力线，使磁棒线圈感应到信号电压。同时磁棒线圈就是输入回路线圈，它身兼两职，避免了天线的插入损耗，另外，磁棒线圈具有较高的 Q 值，故磁棒天线是很优良的接收天线，它不但接收灵敏度高，还具有较好的选择性，为此中波调幅收音机几乎全采用磁棒天线。

调谐回路：从磁棒天线接收进来的高频信号首先进入调谐回路。调谐回路的任务是选择信号。在众多的信号中，只有载波频率与输入调谐回路相同的信号才能进入收音机。

本振级和混频级：从调谐回路送来的调幅信号和本机振荡器产生的等幅信号一起送到混频级，经过混频级产生一个新的频率，这一新的频率恰好是输入信号频率和本振信号频率的差值，称为差频。例如，输入信号频率是 535 kHz，本振频率是 1 000 kHz ，那么它们的差频就是 1 000 kHz－535 kHz＝465 kHz；当输入信号是 1 605 kHz 时，本振频率也跟着升高，变成 2 070 kHz。也就是说，在超外差式收音机中，本振频率始终要比输入信号频率高 465 kHz。这个在变频过程中新产生的差频，比原来输入信号的频率要低，比音频却要高得多，因此我们把它叫作中频。不论原来输入信号的频率是多少，经过变频以后都变成一个固定的中频，然后再送到中频放大器继续放大，这是超外差式收音机的一个重要特点。以上三种频率之间的关系可以用下式表达：

本机振荡频率－输入信号频率＝中频

中频放大(简称中放)级：由于中频信号的频率固定不变而且比高频略低(我国规定调幅收音机的中频为 465 kHz)，所以它比高频信号更容易调谐和放大。通常，中放级包括 1～2 级放大及 2～3 级调谐回路，这使超外差式收音机的灵敏度和选择性比直放式收音机提高了许多。可以说，超外差式收音机的灵敏度和选择性在很大程度上就取决于中放级性能的好坏。

检波级：经过中放级后，中频信号进入检波级，检波级的主要任务是在尽可能减小失真的前提下把中频调幅信号还原成音频。收音机常用的检波电路有二极管包络检波电路和三极管检波电路。

音频功放级：检波级输出的音频信号是很微弱的，不能直接驱动扬声器或耳机，需要经过音频功放电路来获得一定的功率去驱动负载。

在本实验中，我们需要观察调幅收音机各个单元电路的波形，由于电台信号较微弱，不

便于仪器观测，所以在实验中我们用信号源产生一个调幅信号来模拟电台信号。

五、实验步骤

1. 在断电状态下连接各个模块。连线如表2.15.1所示。

表2.15.1　实验连线表

源端口	目的端口	连线说明
1号模块:P1	9号模块:P1	模拟调幅信号
9号模块:P2	2号模块:P5	465 kHz中频放大
2号模块:P6	4号模块:P10	三极管检波输入
4号模块:P11	10号模块:P5	音频功放
10号模块:EAR1	耳机	电声转换

2. 打开电源，将信号源的RF输出调成1 000 kHz的调幅波，调节“AM调幅度”旋钮(顺时针旋到底是调幅度最大)，使调幅系数大约为30%。调整RF输出幅度，使9号模块TP6处的幅度为峰峰值700 mV。

3. 调节9号模块的调谐盘，使TP4(本振测试点)处的频率为1 465 kHz(用示波器观察的时候用交流耦合方式，注意触发电平的大小，即示波器“LEVEL”的位置)。

4. 调节2号模块的W2来改变中放增益，一般可顺时针旋到底。调节2号模块的T2和T3来改变中放谐振频率，直到耳机中的单音频声最清晰。

5. 调节4号模块的W4来改变三极管检波的直流偏置，使耳机中声音最清晰。

6. 调整好后，用示波器测量各点波形。9号模块的TP6为接收的电台信号(模拟)，TP5为调谐回路输出，TP4为本振，TP1为三极管混频输出，TP2为中频输出。TP1与TP2的区别在于TP2经过了一级*LC*选频网络，谐振频率约为465 kHz。2号模块的P6为中放输出，4号模块的P11为检波输出，10号模块的TP8为音频功放输出。

7. 记录各点波形。

8. 关闭信号源，拔掉9号模块的P1的连线，接收实际电台，再次观测各点波形。

六、实验报告要求

1. 说明调幅收音机的组成原理。

2. 根据调幅收音机的组成框图测出对应点的实测波形并标出测量值大小。

实验十六　超外差式FM收音机实验

一、实验目的

1. 在模块实验的基础上掌握超外差式FM收音机的组成原理，建立调频系统的概念。

2. 掌握FM收音机系统联调的方法，培养解决实际问题的能力。

二、实验内容

完成 FM 收音机整机联调。

三、实验器材

1. 天线　　　　　　1 根
2. 10 号模块　　　　1 块
3. 9 号模块　　　　1 块
4. 5 号模块　　　　1 块
5. 6 号模块　　　　1 块
6. 2 号模块　　　　1 块
7. 双踪示波器　　　1 台
8. 耳机　　　　　　1 副

四、实验原理及实验电路说明

调频广播与中波或短波广播相比，主要有以下优点：

1. 调频广播的调制信号频带宽，信道间隔为 200 kHz，单声道调频收音机的通频带为 180 kHz，调频立体声收音机的通频带为 198 kHz，高音特别丰富，音质好。

2. 调频广播发射距离较近，各电台之间干扰小，电波传输稳定，抗干扰能力强，信噪比高，失真小，能获得高保真的放音。

3. 调频广播能够有效地解决电台拥挤问题。调频广播的信道间隔为 200 kHz，在调频广播波段范围内，可设立 100 个电台。又由于调频广播传播距离近，发射半径有限，在辽阔的国土上，采用交叉布台的方法，一个载波可重复多次使用而不会产生干扰。这样，有效地解决了频道不够分配的问题（调幅广播无法解决）。

超外差式 FM 收音机实验原理图如图 2.16.1 所示。

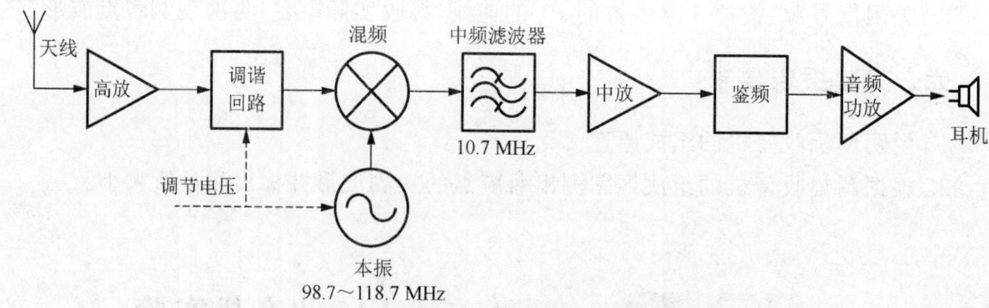

图 2.16.1　超外差式 FM 收音机实验原理图

下面简单说明一下工作原理。我们身边的无线电波是摸不着、看不到的，但它们的确存在，从空间的角度去看略显复杂，因为无线电波是重叠在一起的，那么收音机又是怎么从这么复杂的环境中把我们想要的信号分离出来的呢？从频率的角度去看，实际上这些无线电波并不是重叠的，在坐标轴中以横轴为频率轴，靠近原点也就是频率较低的一般是工频干扰，比如

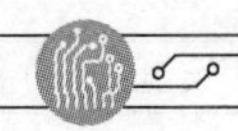

我们使用的交流电有 50 Hz 的干扰，包括其谐波，家用电器工作时也会产生干扰。我国 AM 广播频段为 525～1 605 kHz，FM 广播频段相对较高，为 88～108 MHz。远离原点的频率可能会有手机信号、卫星信号等。在这里我们只讨论 FM 频段，以武汉地区为例，共有 10 多个调频电台，这 10 多个电台信号都会进入收音机天线，并同时经过高频放大。调谐回路实际上是一个中心频率可调的 *LC* 带通滤波器，其作用是用来选择我们想要接收的电台频率，滤除其他电台频率。例如，我们想要收听 105.8 MHz 这个台，那么我们就应该调节调谐旋钮，使调谐回路的中心频率为 105.8 MHz，其他不需要的电台就会被滤除，这样可以提高信噪比。经过调谐回路选出来的 105.8 MHz 信号被送入混频器，与收音机内部的本机振荡器产生的频率进行混频(频率线性搬移)，得到一个固定频率的中频信号。我国规定的 FM 广播中频频率为 10.7 MHz。本振频率也是可调的，这里我们要接收的是 105.8 MHz，中频 10.7 MHz，那么本振频率 =105.8+10.7=116.5 MHz。当然理论上使用 105.8−10.7=95.1 MHz 的本振频率也可以，但一般情况下都使用高本振，这是由于振荡电路在频率更高的情况下可以得到更大的频率变化范围。根据上面的讲解，我们可以算出 FM 收音机本振的频率范围为 98.7～118.7 MHz。频率的调节是通过 9 号模块上的电位器 W1 来完成的，W2 是频率微调，实际的收音机也有用可调电容的，原理都差不多。在这里我们要注意的是，本振频率的调节与调谐回路的调节是通过同一个电位器来完成的，那么在设计收音机时就有一个要求，即要保证在调节的过程中，本振频率始终要比调谐回路中心频率高 10.7 MHz，这一过程被形象地称作跟踪。从混频器出来的中频并不是单一的频率，我们学过，两个频率相乘可以得到它们的和频及差频。105.8 MHz 与本振 116.5 MHz 混频后可以产生 10.7 MHz 和 222.3 MHz 的频率，除了这两个频率外还会有其他频率，怎么理解呢？这是因为前面的调谐回路滤波器并不是理想的矩形，存在一定的“斜坡”，假设 105.8 MHz 附近的 105.6 MHz 也是一个电台，那么这个 105.6 MHz 的信号也是能通过调谐回路的，只不过被衰减了，离 105.8 MHz 越远，衰减就越厉害。既然有一定量的 105.6 MHz 信号进入混频器，混频后就会产生 10.9 MHz 与 222.1 MHz 的频率，另外，混频器自身的非线性也会产生一些其他的频率分量。由此看来，我们有必要在混频级后面加一个 10.7 MHz 的带通滤波器，滤除其他不需要的频率。经过滤波器的中频信号相对而言较为单一之后，对其进行一定增益的放大，再送入鉴频器解调，就可以还原出音频信号。此时的音频信号是很微弱的，需要经过功率放大才能驱动耳机或者扬声器。

五、实验步骤

1. 本实验需要用到 2 号模块、5 号模块、6 号模块、9 号模块、10 号模块。
2. 断电状态下连线，连线如表 2.16.1 所示。

表 2.16.1　实验连线表

源端口	目的端口	连线说明
9 号模块:P4	2 号模块:P2	中频放大
9 号模块:P3	6 号模块:P2	本振频率观测
2 号模块:P4	5 号模块:P2	鉴频
5 号模块:P3	10 号模块:P5	音频功放
10 号模块:EAR1	耳机	电声转换

3. 将2号模块的SW1拨至“10.7 MHz”,SW2拨至“OFF”。将5号模块的SW1拨至“10.7 MHz”。

4. 在9号模块的Q1接口接上拉杆天线,打开电源。

5. 按下6号模块的“输入选择”键,选择通道B。

6. 计算接收电台需要的本振频率,然后调节9号模块的W1,再微调W2,观察频率计读数,判断是否调准。例如,想要接收105.8 MHz的电台,那么本振频率应该为116.5 MHz,然后调节W1和W2,使频率计读数为116.5 MHz。

7. 调节2号模块的W3,改变中放增益。

8. 调节10号模块的W1,改变音量。

9. 在耳机中听到电台声后,适当调整天线方向,微调W1和W2,改变本振频率,使声音最清晰。

10. 用示波器观察各点波形,并记录下来。

六、实验报告要求

1. 阐述调频收音机的组成原理。

2. 根据调频收音机的组成框图测出对应点的实测波形并标出测量值大小。

第三篇

EDA技术及应用实验

EDA(Electronic Design Automation)是电子设计自动化的缩写,是指设计者在EDA软件平台上,以计算机为工具,用硬件描述语言完成设计文件,然后由计算机自动地完成逻辑编译、化简、分割、综合、优化、布局、布线和仿真,以及对于特定目标芯片的适配编译、逻辑映射和编程下载等工作。EDA技术及应用实验的目的是通过实验使学生进一步增强对EDA理论知识的理解,并在此基础上熟悉可编程逻辑器件FPGA的开发,掌握VHDL语言。EDA技术及应用实验不仅可以帮助学生巩固和补充课堂讲授的理论知识,提高计算机编程能力,还可以进一步加强学生独立思考分析问题的能力和综合设计解决问题的能力。

本篇包括八个实验,以VHDL语言为例,在ALTERA公司的FPGA——Cyclone Ⅳ E EP4CE40F23I7处理器上实现了加法器、分频电路、数码管控制、矩阵键盘控制、交通灯控制等功能。实验注重实践操作和应用能力的培养,指导老师可根据每个实验提出系统设计要求,帮助学生提出系统设计方案,编写VHDL源程序。EDA技术及应用实验旨在培养学生以下能力:紧跟世界先进电子技术,运用先进的EDA工具实现EDA综合设计;掌握EDA的基本方法,理解计算机在电子设计中的重要作用;掌握FPGA的使用;熟练使用VHDL语言输入法进行数字系统设计,并能在实验开发板上进行硬件实现。

第一章　EDA 技术概况

一、EDA 电子设计自动化

EDA 技术作为现代电子设计技术的核心，依赖于强大的计算机，在 EDA 工具软件平台上，对以硬件描述语言 HDL(Hardware Description Language)为系统逻辑描述手段完成的设计文件，自动实现逻辑化简、逻辑分割、逻辑综合、结构综合(布局布线)以及逻辑优化和仿真测试等项功能，直至实现既定性能的电子线路系统功能。EDA 技术使得设计者的工作几乎仅借助于软件，即利用硬件描述语言 HDL 和 EDA 软件，即可完成对系统硬件功能的实现。

近十几年来，集成电路设计工艺步入了超深亚微米阶段，千万门级的大规模可编程逻辑器件陆续问世，与此同时，基于计算机技术的面向用户的低成本大规模 ASIC 设计技术广泛应用，这些都促进了 EDA 技术的形成和发展。更为重要的是，各 EDA 公司致力于兼容各种硬件实现方案和支持标准硬件描述语言的 EDA 工具软件的研究和应用，有效地将 EDA 技术推向了成熟。

二、HDL 硬件描述语言

硬件描述语言 HDL 是 EDA 技术的重要组成部分，目前常用的 HDL 主要有 VHDL，Verilog HDL，SystemVerilog 和 System C。其中 VHDL，Verilog HDL 在目前 EDA 设计中使用得最多。

VHDL 是在 VHSIC(Very High Speed Integrated Circuit)项目指导下开发的，于 1983 年由美国国防部发起创建，由 IEEE(Institute of Electrical and Electronics Engineers)进一步发展，并在 1987 年作为“IEEE 标准 1076”(IEEE STD1076)发布。从此，VHDL 成为硬件描述语言的业界标准之一。1993 年和 2002 年 IEEE 分别公布了两个新版本，即 IEEE 1076-1993 和 IEEE 1076-2002。1995 年，VHDL 成为我国标准。

VHDL 具有很强的电路描述和建模能力，能从多个层次对数字系统进行建模和描述，从而大大简化了硬件设计任务，提高了设计效率和可靠性。

VHDL 具有与具体硬件电路和设计平台无关的特性，并且具有良好的电路行为描述和系统描述的能力，在语言易读性和层次化、结构化设计方面表现出了强大的生命力和应用潜力。因此，VHDL 支持各种模式的设计方法，如自顶向下、自底向上及混合方法，在面对当今许多电子产品生命周期缩短，需要多次重新设计以融入最新技术、改变工艺等方面时，VHDL 具有良好的适应性。用 VHDL 进行电子系统设计的一个很大的优点是，设计者可以专心致力于其功能的实现，而不需要在不影响功能的与工艺有关的因素上花费过多的时间和精力。

三、EDA 软件——Quartus Ⅱ软件

Quartus Ⅱ是在 21 世纪初由美国 ALTERA 公司推出的 FPGA 结构化 ASIC 开发设计

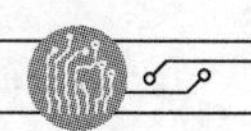

软件，其界面友好，使用便捷，具有完全集成且与电路结构无关的 PLD 开发平台，集编程环境、逻辑综合工具、电路功能仿真与时序逻辑仿真工具于一身，能进行时序分析与延时分析等多种工作，还可利用第三方仿真工具 ModelSim 进行仿真，利用综合工具 Synplify 进行综合，完成数字电路系统设计，其内部嵌有 SignalTap Ⅱ逻辑分析工具，可用来进行系统的逻辑测试和分析等。Quartus Ⅱ可进行中小规模的数字电路的设计，还可以进行数字 ASIC 芯片的设计与验证，是当今数字系统设计中先进的 EDA 集成设计软件之一。

Quartus Ⅱ提供了单芯片编程系统设计的多平台、综合设计环境，能满足各种特定设计的需要。Quartus Ⅱ不仅支持电子电路原理图的输入，其内部嵌有的 VHDL，Verilog 综合器，使其还支持 VHDL，Verilog HDL 等硬件描述语言。Quartus Ⅱ中有模块化的编译器，编译器中的模块包括分析/综合器（Analysis & Synthesis）、适配器（Fitter）、装配器（Assembler）、时序分析器（Timing Analyzer）、设计辅助模块（Design Assistant）、EDA 网表文件生成器（EDA Netlist Writer）、编辑数据接口（Compiler Database Interface）等。此外，Quartus Ⅱ还包含许多十分有用的宏功能模块（LPM，Library of Parameterized Modules），它们是复杂或高级系统构建的重要组成部分。在许多实际情况中，必须利用宏功能模块才可以实现一些 ALTERA 特定器件的硬件功能，例如各类芯片上的存储器、DSP 模块、LVDS 驱动器、锁相环 PLL 以及 SERDES 和 DDIO 电路模块等。

Quartus Ⅱ设计流程（如图 3.1.1 所示）为：电路原理图或 HDL 编程文本语言输入→分析与综合→适配、布局、布线→验证、仿真编程下载→电路功能测试。如果电路测试结果不符合设计要求，则修改部分原理图或 HDL 文本，再重复上述过程，直至满足要求。

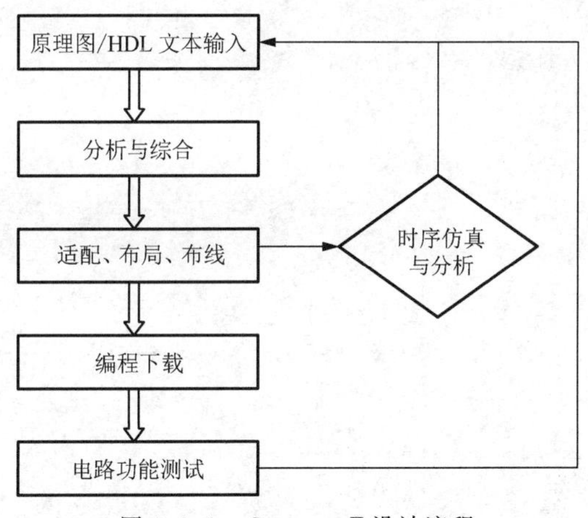

图 3.1.1 Quartus Ⅱ设计流程

第二章 EDA 实验箱

EDA 实验箱采用 ALTERA Cyclone Ⅳ E EP4CE40F23I7 处理器，集众多功能于一体，采用全新的“主控制板＋……＋核心板＋平台主板”自由组合式结构，根据实验研发需求，可实现基于 ALTERA，Xilinx，Actel，Lattice 等厂家的软核/硬核处理器相结合的嵌入式系统设计。

主控制板自成嵌入式系统，提供了丰富的硬件资源，其标准工业级多层板设计可脱离实验箱硬件平台独立开发使用。

核心板与主控制板实验箱平台配套开发使用，除了提供更为丰富的硬件平台接口资源以外，还提供可扩展的自由定制的特色模块，灵活性强，可实现更多、更强、更有创意的综合系统功能。

主控制芯片与主控制板上下叠加结合使用，国内独创，能够根据国际嵌入式技术的发展随时更换主流的控制芯片，完美实现各种电子系统板级创新设计构想，拓宽嵌入式软硬件设计视野，训练出一流的高科技人才。

本章介绍的 EDA 实验箱可进行电子系统级产品设计、嵌入式软硬件设计、EDA 基础教学、IP Core 开发与验证、DSP 图像/通信创新开发设计等，适用于计算机科学、微电子、现代计算机组成原理、通信、信息技术与仪器仪表、电子工程、机电一体化、自动化等计算机和电子类及各相关专业本科生、研究生、博士生，还适用于全国各相关科研院所、企业单位。

EDA 实验箱（如图 3.2.1 所示）中间为核心板和主控制板，各个模块分布在四周。实验箱左上部的电源控制板中的三个电源开关控制实验箱的直流＋5 V，＋12 V，－12 V 电源，右上部是 8 位动态扫描的数码管，中下部偏右位置为 4×4 开关。

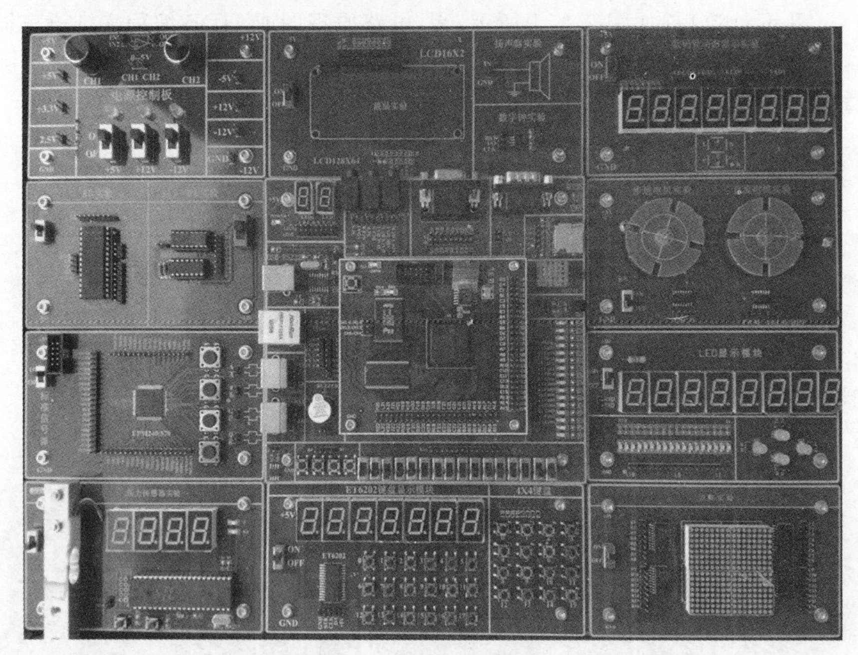

图 3.2.1　EDA 实验箱

图 3.2.2 为核心板和主控制板。中间为核心板，处在中间位置的是 FPGA——Cyclone Ⅳ E EP4CE40F23I7 处理器，上部为 FPGA 仿真器接口。核心板右侧和下方是 FPGA 可用的 I/O 引脚，通过杜邦线与各模块相连接。主控制板右侧为 LED 灯，下方为 16 个开关。

ALTERA 公司 USB Blaster 仿真器如图 3.2.3 所示，一端接实验箱，另一端通过 USB 接头连入计算机，用计算机进行程序设计、综合、仿真、下载及调试。

图 3.2.2 核心板和主控制板

图 3.2.3 ALTERA 公司 USB Blaster 仿真器

各模块电路说明如下：

1. 数码管显示模块(如图 3.2.4 所示)。

数码管的段信号由 FPGA 直接驱动，JP9，JP10 代表两个共阴极数码管的 a，b，c，d，e，f，g，dp 段；数据 0，1，2，3，4，5，6，7，8，9 对应的断码分别为 0x3F，0x06，0x5B，0x4F，0x66，0x6D，0x7D，0x07，0x7F，0x6F。

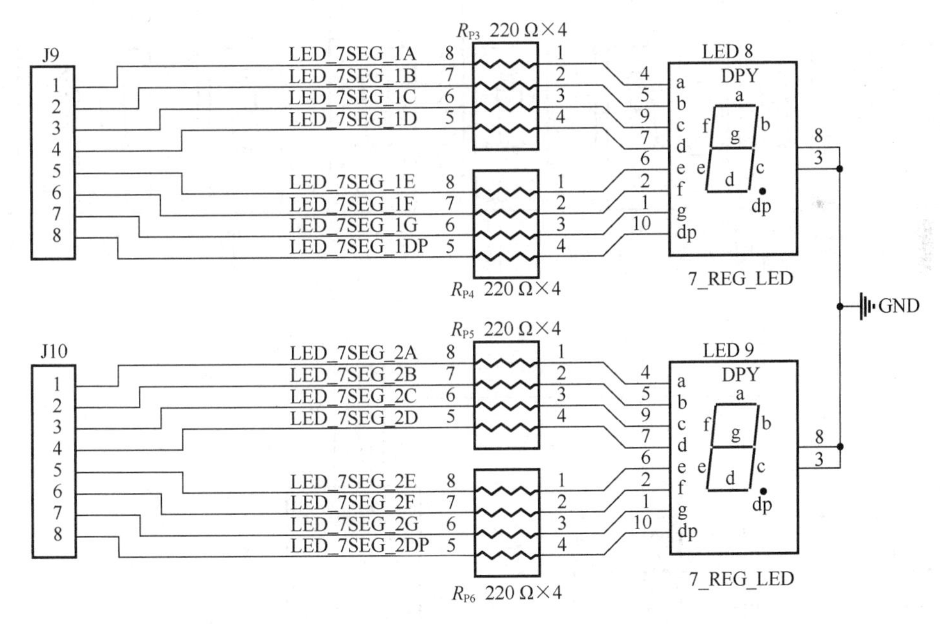

图 3.2.4 数码管显示模块电路图

2. LED 灯指示模块(如图 3.2.5 所示)。

该模块有 8 个 LED 指示灯，在使用时只需要用排线连接 JP5 和 FPGA，FPGA 输出低电平时指示灯亮。

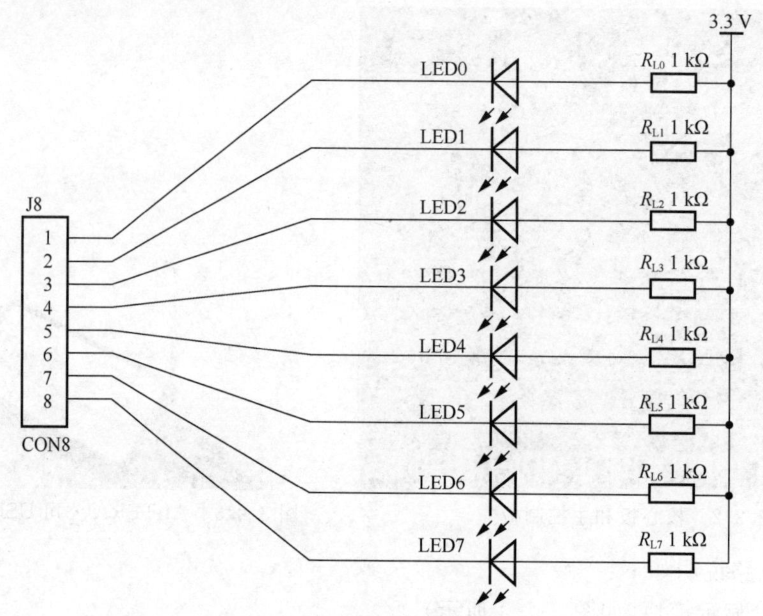

图 3.2.5　LED 灯指示模块电路图

3. 8 位数码管动态显示模块(如图 3.2.6 所示)。

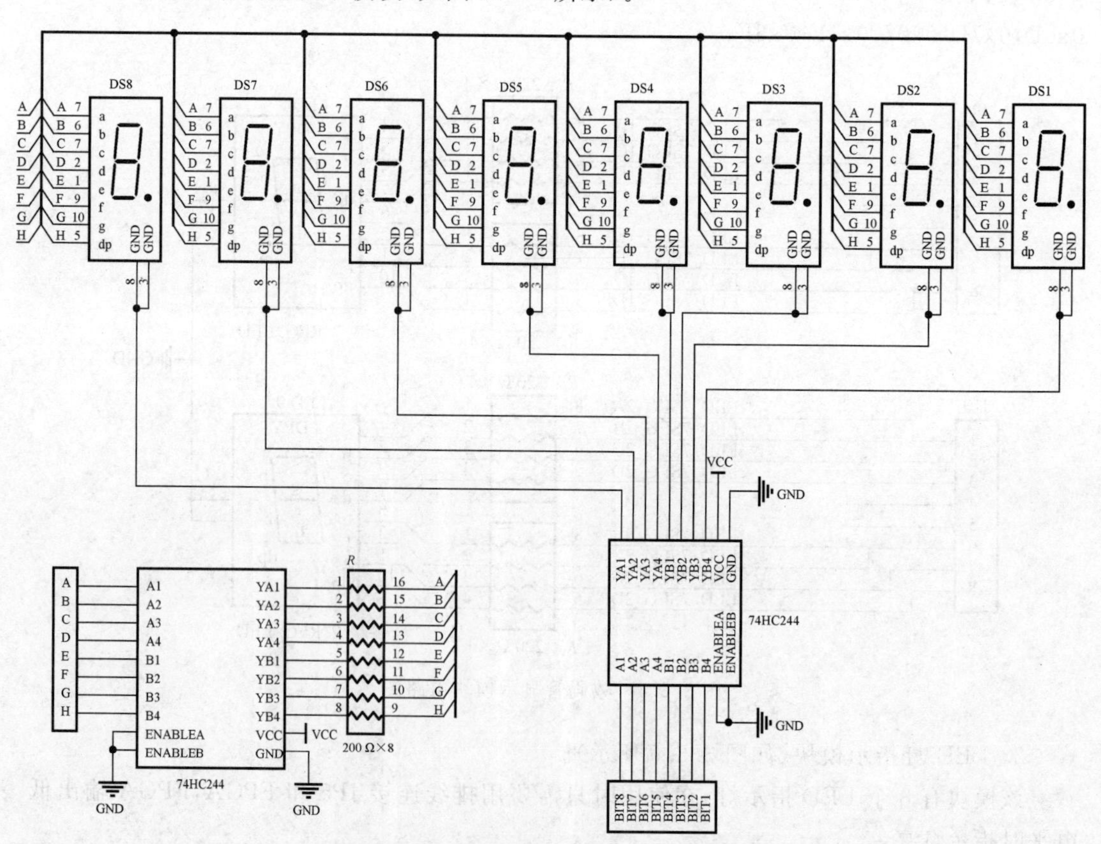

图 3.2.6　8 位数码管动态显示模块电路图

4. 4×4 标准键盘模块(如图 3.2.7 所示)。

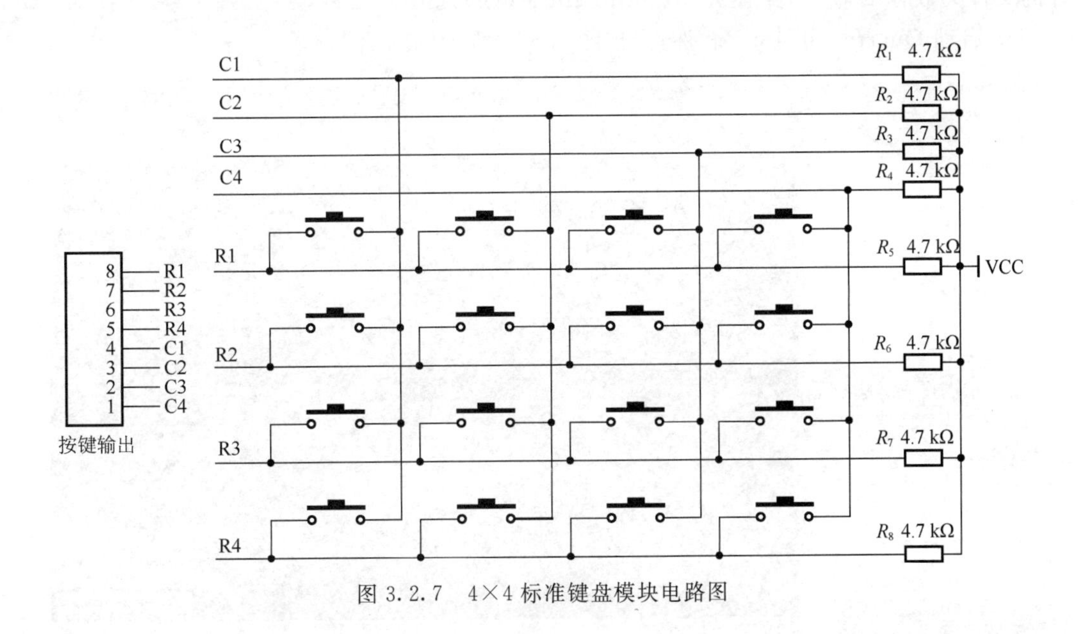

图 3.2.7　4×4 标准键盘模块电路图

第三章　Quartus Ⅱ软件使用方法

本章使用 VHDL 语言,通过实例——十进制计数器的设计,详细介绍 Quartus Ⅱ的使用方法和数字系统的设计流程,使用户能够迅速掌握利用 Quartus Ⅱ完成数字系统自动化设计的基本方法。

Quartus Ⅱ的详细使用步骤如下:

1. 创建工程项目。
2. 电路设计输入。
3. 综合、适配设置。
4. 全程编译。
5. 管脚锁定。
6. 编程下载。

一、创建工程项目

在进行电路设计输入前,首先需要建立工作库(Work Library)文件夹,以便存储工程项目中的所有文件。任何一项设计都是一项工程(Project),都必须首先为此工程建立一个放置与此工程有关的所有设计文件的文件夹,此文件夹将被 Quartus Ⅱ默认为工作库。一般地,不同的设计项目最好放在不同的文件夹中,而同一工程项目的所有文件都必须放在同一文件夹中。

1. 新建一个文件夹：利用 Windows 资源管理器新建一个文件夹。假设本工程项目设计的文件夹放在 D 盘中，路径为“d:\different\FPGA”。

2. 启动 Quartus Ⅱ 13.0 软件，出现图 3.3.1 所示的画面。

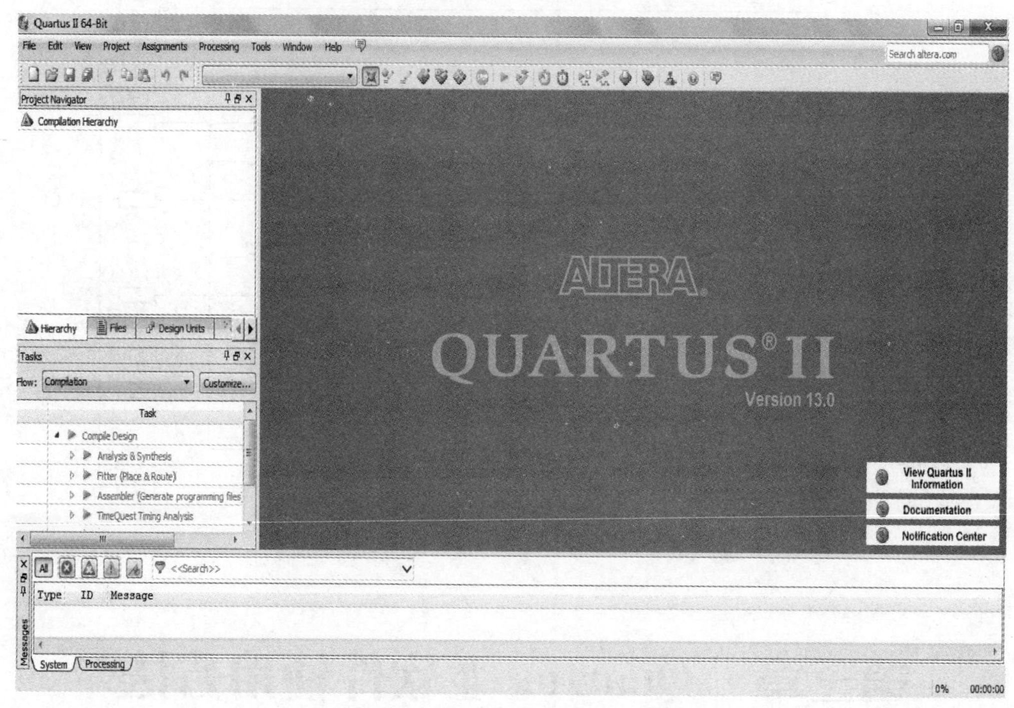

图 3.3.1　Quartus Ⅱ 13.0 界面

3. 创建一个新的工程项目：选择“File”→“New Project Wizard”，弹出工程向导界面，如图 3.3.2 所示，单击“Next”按钮。

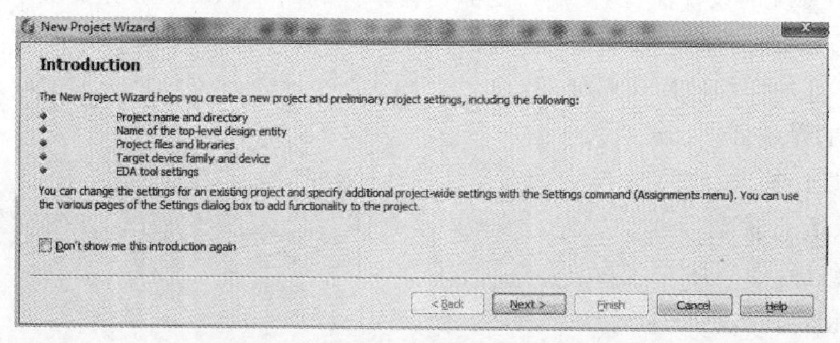

图 3.3.2　Quartus Ⅱ 工程向导界面

4. 弹出工程项目设置对话框，如图 3.3.3 所示。单击此对话框最上面一栏右侧的“…”按钮，找到文件夹“d:\different\FPGA”，在第二栏输入工程项目的工程名“cout10”，第三栏会跟着一起变化为当前工程顶层文件的实体名（对 HDL 输入而言）或者设计名（对原理图输入而言）。

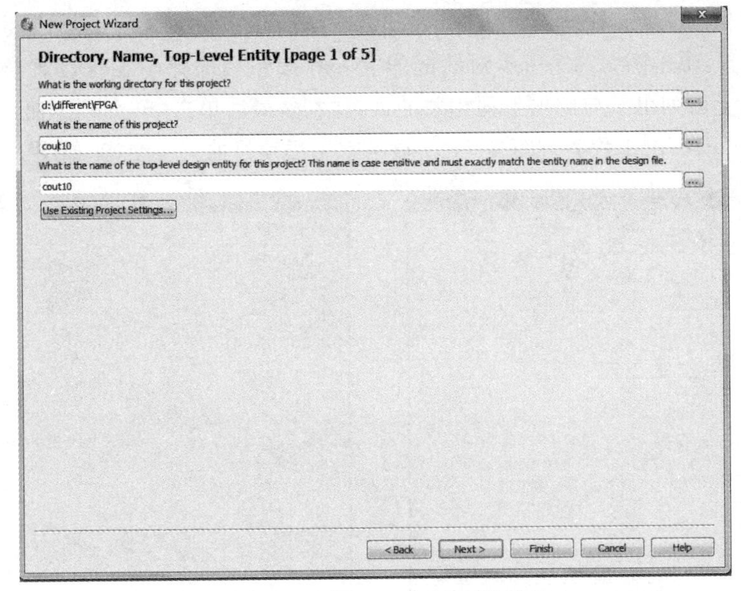

图 3.3.3 工程项目设置对话框

5. 将设计工程文件加入工程中：单击图 3.3.3 所示对话框下方的“Next”按钮(若已建好文件夹，则不会出现此对话框)，弹出对话框，如图 3.3.4 所示，直接单击“Yes”按钮。

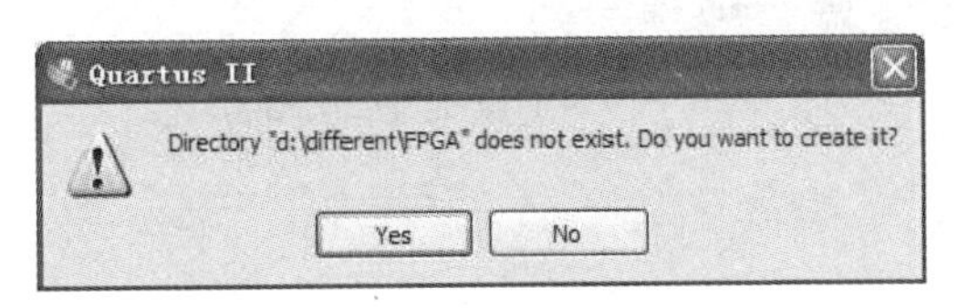

图 3.3.4 文件路径核实对话框

6. 出现添加工程文件对话框，如图 3.3.5 所示，这里先不管它，直接按“Next”按钮进行下一步。

7. 进入选择 FPGA 器件类型对话框，如图 3.3.6 所示，在“Family”下拉列表框中，选择“Cyclone Ⅳ E”系列 FPGA，选择此系列的具体芯片“EP4CE40F23I7”，单击“Next”按钮。

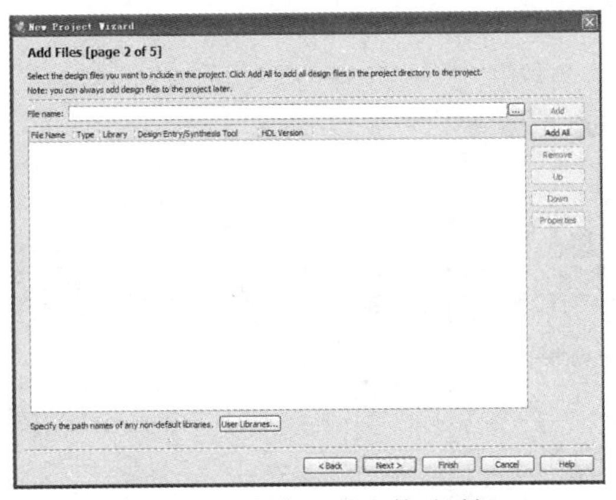

图 3.3.5 添加工程文件对话框

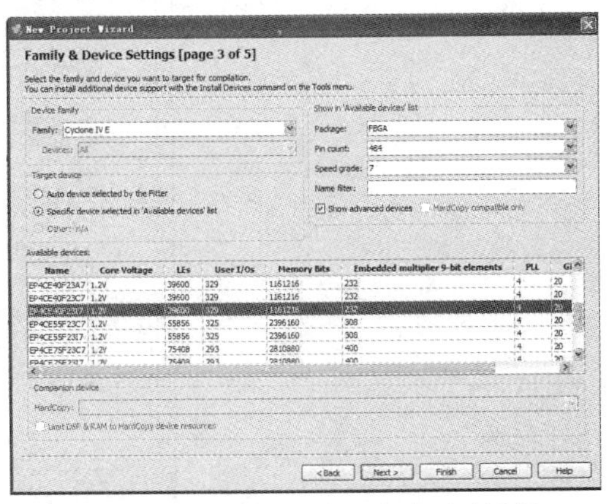

图 3.3.6 选择 FPGA 器件类型对话框

8. 出现其他 EDA 工具设置对话框，如图 3.3.7 所示。一般情况下不需要设置。

9. 结束设置：单击图 3.3.7 所示对话框的“Next”按钮后即弹出工程设置统计对话框，如图 3.3.8 所示，上面列出了与此项工程相关的设置情况，最后单击“Finish”按钮，完成此工程的设定，并出现“cout10”的工程管理窗口，主要显示本工程项目的层次结构，如图 3.3.9 所示。

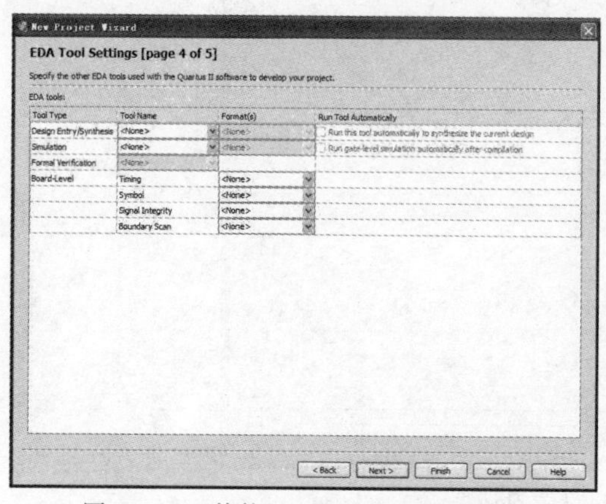

图 3.3.7 其他 EDA 工具设置对话框

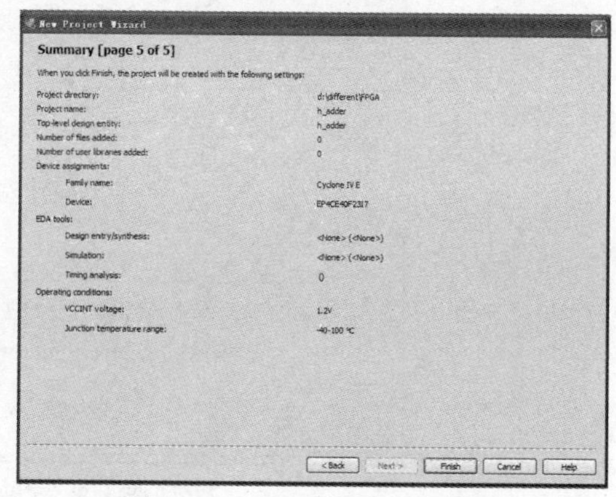

图 3.3.8 工程设置统计对话框

图 3.3.9 工程项目层次结构

二、电路设计输入

利用 VHDL 语言设计一个 4 位十进制加法计数器。

1. 打开原理图编辑窗口：选择菜单项“File”→“New”，在“New”对话框中选择“VHDL File”文件类型，如图 3.3.10 所示，然后单击“OK”按钮。

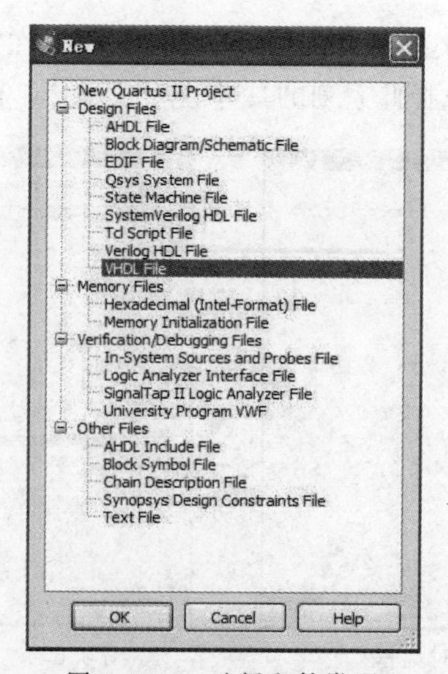

图 3.3.10 选择文件类型

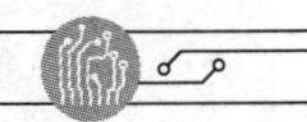

2. 将源程序输入编辑框中，保存文件为“cout10.vhd”，显示图 3.3.11 所示的窗口界面。

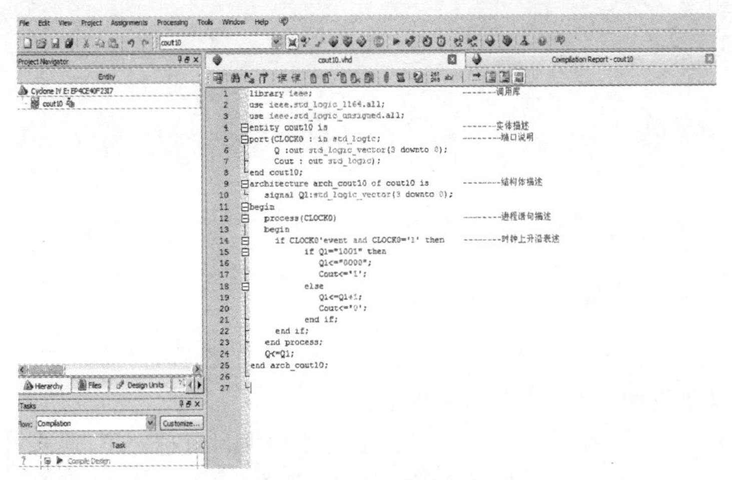

图 3.3.11 文本编辑窗口

源程序为：

```
library ieee;                                        --------调用库
use ieee.std_logic_1164.all;
use ieee.std_logic_unsigned.all;
entity cout10 is                                     --------实体描述
port(CLOCK0:in std_logic;                            --------端口说明
     Q:out std_logic_vector(3 downto 0);
     Cout:out std_logic);
end cout10;
architecture arch_cout10 of cout10 is                --------结构体描述
   signal Q1:std_logic_vector(3 downto 0);
begin
   process(CLOCK0)                                   --------进程语句描述
   begin
     if CLOCK0'event and CLOCK0='1' then             --------时钟上升沿表述
          if Q1="1001" then
            Q1<="0000";
            Cout<='1';
          else
            Q1<=Q1+1;
            Cout<='0';
          end if;
```

```
        end if;
      end process;
      Q<=Q1;
end arch_cout10;
```

源程序输入设计完成。建立一个名为“cout10.vhd”的 4 位十进制加法计数器设计。

三、综合、适配设置

在对当前工程项目进行编译处理前，必须做好必要的设置，对编译加入一些约束，使编译结果更好地满足设计要求。具体步骤如下：

1. 选择 FPGA 目标芯片（目标芯片已在创建工程项目时选定了，此步可跳过）：选择菜单项“Assignments” →“Settings”，弹出对话框，如图 3.3.12 所示，在“Available devices”栏中选择目标芯片为“EP4CE40F23I7”。

2. 选择配置器件的工作方式：单击图 3.3.12 中的“Device and Pin Options”按钮，进入“Device and Pin Options”对话框，在此首先选择“General”页，如图 3.3.13 所示，在“Options”栏内选中“Auto-restart configuration after error”，使对 FPGA 的配置失败后能自动重新配置。

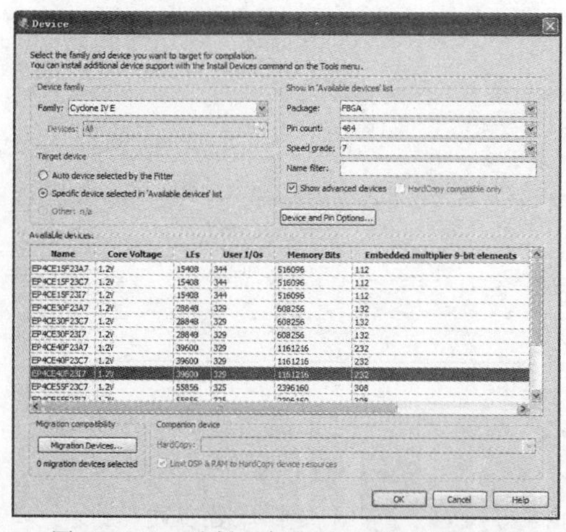

图 3.3.12　选择目标芯片 EP4CE40F23I7

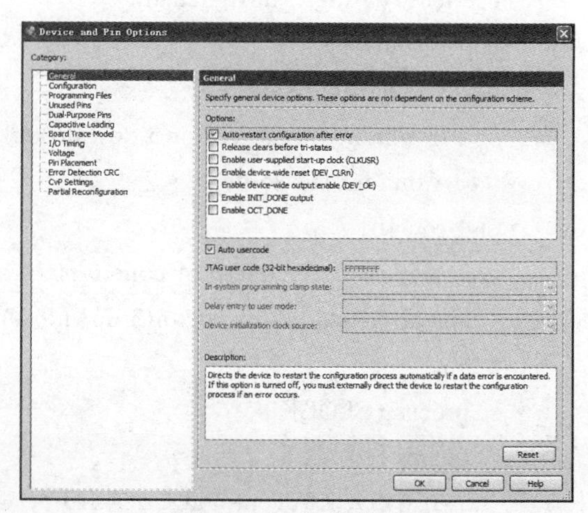

图 3.3.13　器件的配置

3. 选择配置器件和编程方式：如果希望将编程配置文件压缩后下载进配置器件中（Cyclone器件能识别压缩过的配置文件，并能对其进行实时解压），可在编译前做好设置，即选中图 3.3.13 中的“Configuration”页，出现图 3.3.14 所示的对话框，在“Configuration scheme”栏中选择“Active Serial”，在下方的“Generate compressed bitstreams”处打钩，产生用于 EPCS 的“.pof”压缩配置文件。

4. 选择目标器件闲置管脚的状态：选择“Device and Pin Options”对话框的“Unused Pins”页，在此页（如图 3.3.15 所示）中可根据实际需要选择目标器件闲置管脚的状态，可选择输入状态呈高阻态、输出状态呈低电平或输出不定状态或不做任何选择。

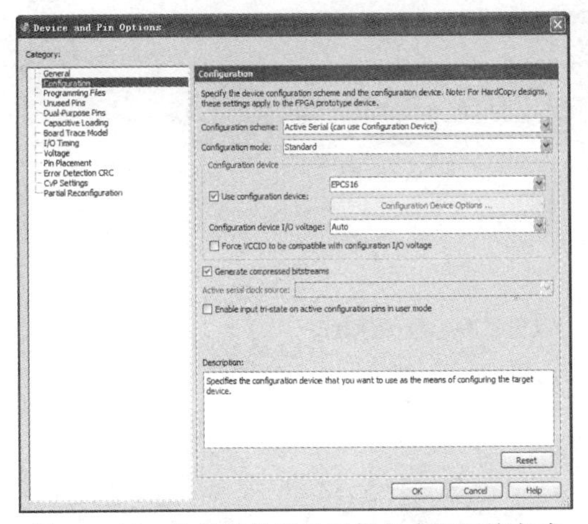

图 3.3.14　选择配置器件工作方式和压缩方式

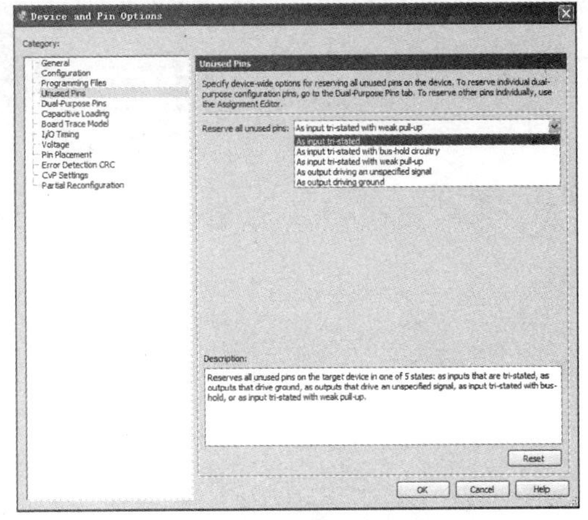

图 3.3.15　闲置管脚设置界面

其他页的各选项功能可参考对话框下方的说明进行选择。

四、全程编译

Quartus Ⅱ编译器是由一系列处理模块构成的，这些模块负责进行设计项目的检错、逻辑综合、适配、输出结果的编辑配置以及时序分析等。在这一过程中，为了把设计项目适配到 FPGA 目标器件中，将同时产生功能和时序文件、器件编程的目标文件等多种用途的输出文件。

编译开始后，Quartus Ⅱ将对设计输入的多项处理进行操作，其中包括排错、数据网表文件提取、逻辑综合、适配、装配文件的生成以及基于目标器件硬件性能的工程时序分析等，然后产生以网表文件表达的电路原理图文件。

选择“Processing”→“Start Compilation”项，启动全程编译。在编译过程中要及时注意工程管理窗口下方“Processing”栏中的编译信息。如果工程中的文件有错误，在下方的“Processing”栏中会以红色文字显示出错说明，并告知编译不成功。对于“Processing”栏的出错说明，可双击最上面报出错误的条文(许多情况下是由于某一种错误导致多条错误信息)，即弹出对应的顶层文件，并用深色标记指出错误所在，设计者改错后可再次进行编译，直至排除所有错误。

“Processing”栏的警告(Warning)信息是以蓝色文字出现的，也要充分注意，查看是由何原因造成的，尽量消除。

如果编译成功，可以看到图 3.3.16 所示的全程编译成功信息“Full Compilation was successful”。在工程管理窗口的左上角显示出工程的层次结构和结构模块中耗用的逻辑宏单元数。在此栏下是编译处理流程，包括数据网表建立、逻辑分析与综合(Analysis & Synthesis)、适配(Fitter)、装配(Assembler)和时序分析(TimeQuest Timing Analysis)等。中间栏是编译报告项目选择菜单，单击其中各项可以详细了解编译与分析结果。最右边一栏是所设计的电路占用芯片资源的统计信息(Flow Summary)。最下面一栏是编译处理信息。

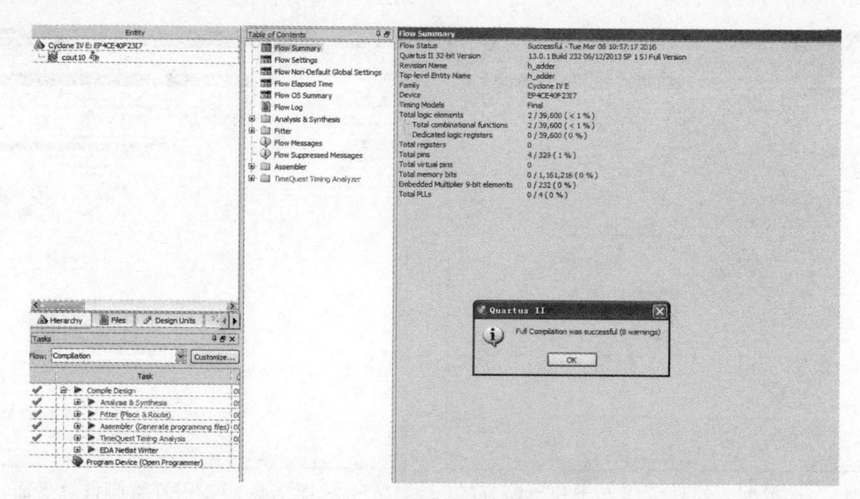

图 3.3.16　全程编译成功后的界面

五、管脚锁定

1. 在此我们选择 SOPC/EDA 实验开发系统，根据实验系统的结构和实验要求确定十进制计数器电路的管脚安排。将输入端 CLK 锁定在 A11 管脚的 CLOCK0 上，选择 1 Hz 或 4 Hz；Q[0]，Q[1]，Q[2]，Q[3]分别锁定于 A13，A14，A15，A16 管脚上；进位输出端 Cout 锁定在 A17 管脚的发光二极管上，有进位输出，发光二极管就被点亮。确定了管脚编号后就可以完成管脚的锁定了。

2. 打开“cout10”工程，选择“Assignments”菜单中的“pin planner”项，即进入 pin planner 编辑窗口。

3. 双击对应管脚的“Location”栏，在出现的下拉列表中选择对应端口信号名的器件管脚号，或直接键入管脚编号，如图 3.3.17 所示。

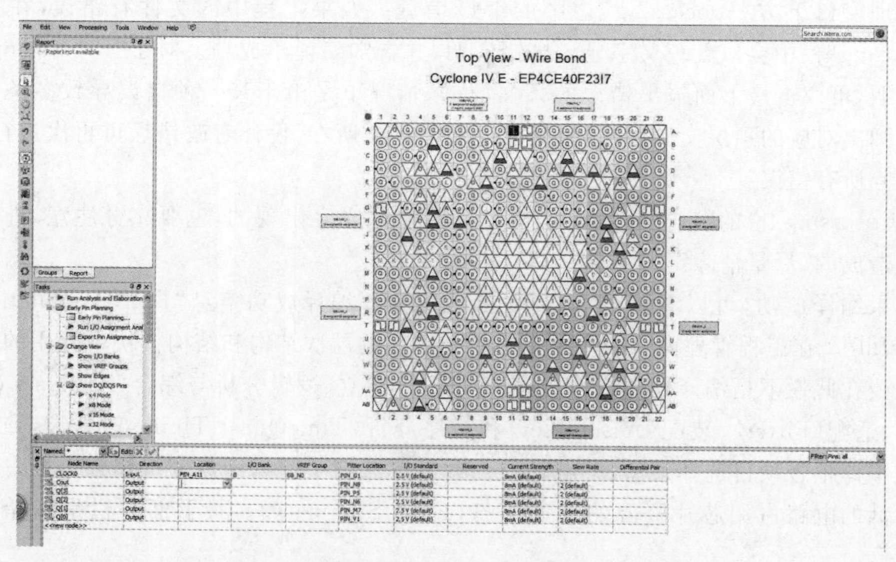

图 3.3.17　管脚锁定窗口

4. 存储这些管脚锁定信息，再全程编译一次，即启动“Start Compilation”，才能将管脚锁定信息编译进编程下载文件中。此后就可以准备将编译好的“.sof”文件下载到实验系统的FPGA中去了。

六、编程下载

下载是指将生成的配置文件通过EDA软件输入到具体的可编程逻辑器件中的过程。对于CPLD来说是下载“.jed”文件，对于FPGA来说是下载位流数据文件。在Quartus Ⅱ软件中，下载是通过“Programmer”命令来完成的。

管脚锁定并编译完成后，Quartus Ⅱ将生成多种形式的针对所选目标FPGA的编程文件，其中最主要的是“.sof”文件。“.sof”文件是静态SRAM目标文件，用于对FPGA进行直接配置，在系统测试中使用。这里首先将“.sof”格式配置文件通过JTAG口载入FPGA中，进行硬件测试。步骤如下：

1. 打开编程窗口和配置文件：首先将实验系统和USB-Blaster仿真器接口连接好，打开SOPC/EDA实验开发系统电源。在菜单“Tool”中选择“Programmer”，弹出图3.3.18所示的编程窗口，在“Mode”栏中有四种编程模式可以选择，为了直接对FPGA进行配置，在“Mode”中默认选择“JTAG”。

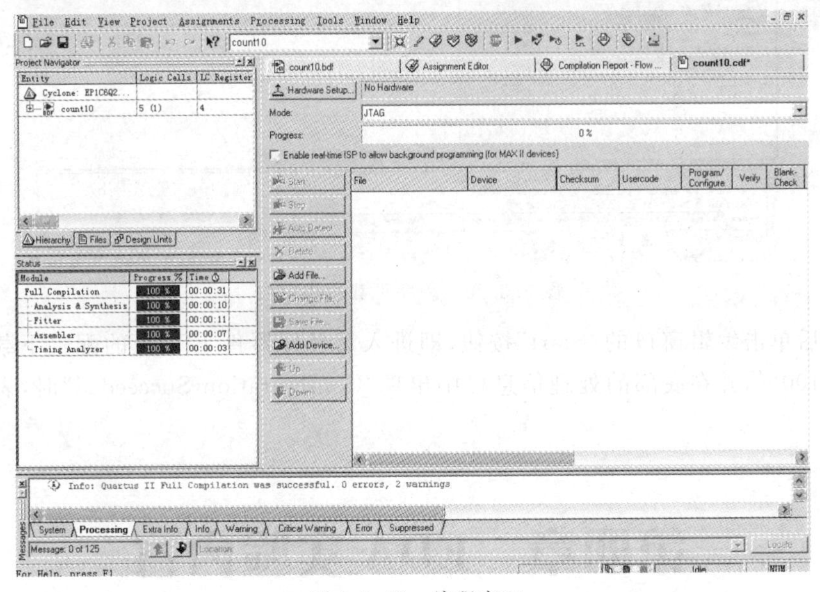

图3.3.18 编程窗口

2. 设置仿真器：若是初次安装的Quartus Ⅱ，在编程前必须进行仿真器选择操作。单击编程窗口中的“Hardware Setup”按钮可设置下载接口方式，在弹出的“Hardware Setup”对话框中，选择“Hardware Settings”页，再双击此页中的选项“USB-Blaster”，如图3.3.19所示，单击“Close”按钮，关闭对话框即可。

3. 在编辑窗口中单击“Add File”按钮，装载配置文件“cout10.sof”，并在下载文件右侧的第一个小方框中打钩，如图3.3.20所示。

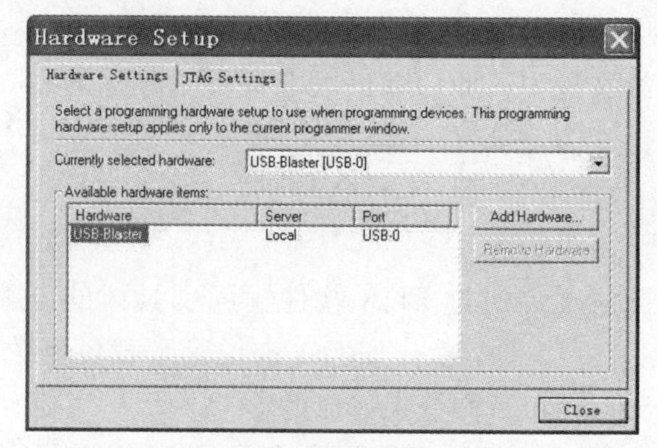

图 3.3.19　下载编程的硬件设置对话框

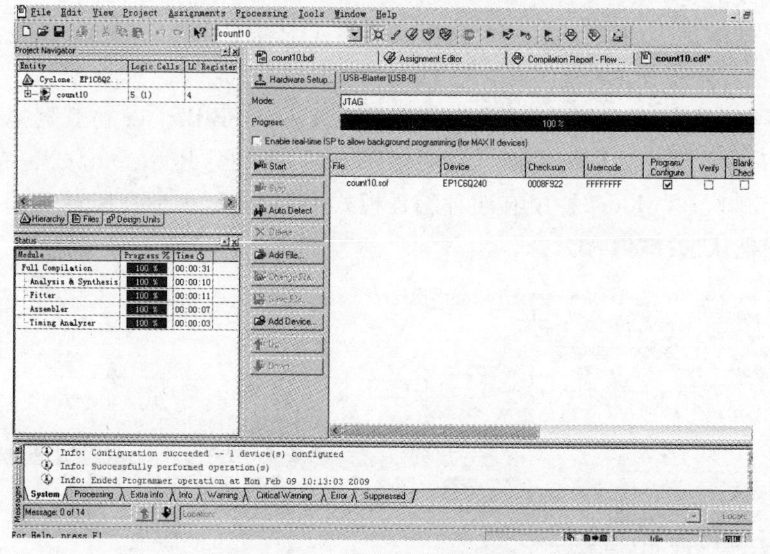

图 3.3.20　程序下载过程窗口

4. 最后单击编辑窗口的“Start”按钮，即进入对目标器件 FPGA 的配置下载操作。当进度显示 100%，并在底部的处理信息栏中出现“Configuration Succeeded”时，表示下载成功。

第四章　EDA 实验内容

 实验一　4 位二进制加法器设计

一、实验目的

1. 学习硬件描述语言描述电路的原理。
2. 学习分频电路的设计算法。
3. 学会使用 VHDL 进行简单的电路设计。

二、实验器材

1. PC机　　　　　　　　　　　　一台
2. FPGA实验开发系统　　　　　　一套

三、实验要求

1. 复习教材中有关硬件描述语言的章节。
2. 预习实验内容。
3. 下载并用发光二极管显示结果。

四、实验内容与步骤

1. 创建一个新的项目，输入项目名称。
2. 打开文本编辑窗口，输入如下VHDL参考程序。

```
library ieee;                                        --------调用库
use ieee.std_logic_1164.all;
use ieee.std_logic_unsigned.all;
entity cnt16 is                                      --------实体说明
port(inclk:in std_logic;                             --------端口说明
      output:out std_logic_vector(3 downto 0));
end cnt16;
architecture arch_cnt16 of cnt16 is                  --------构造体说明
   signal fp:std_logic_vector(24 downto 0);          --------信号定义
   signal f:std_logic;
   signal q:std_logic_vector(3 downto 0);
begin
   process(inclk)                                    --------进程语句描述
   begin
      if (inclk'event and inclk='1') then            --------将时钟分频至1 Hz
         if fp=12499999 then
            fp<="0000000000000000000000000";
            f<=not f;
         else fp<=fp+1;
         end if;
      end if;
   end process;
   process(f)
   begin
```

```
        if (f'event and f='1') then
            q<=q+1;
        end if;
    end process;
    output<=q;
end arch_cnt16;                                    --------构造体结束
```

3. 保存并综合。
4. 选择器件管脚分配。
5. 再综合。
6. 下载测试，观察输出端口发光二极管的频率。

自行设计：自己独立设计8位二进制加法器，时钟周期为2 s，综合并下载。

五、实验报告

1. 完成实验中的要求，通过实验现象分析电路功能。
2. 总结用VHDL语言进行电路设计的方法。

实验二　十二归一功能设计

一、实验目的

1. 学习硬件描述语言描述电路的原理。
2. 学习静态数码管显示控制的设计。
3. 学会使用VHDL进行简单的电路设计。

二、实验器材

1. PC机　　　　　　　　　　　一台
2. FPGA实验开发系统　　　　　一套

三、实验要求

1. 复习教材中有关硬件描述语言的章节。
2. 预习实验内容。
3. 下载并用静态数码管显示结果。

四、实验内容与步骤

(一) 分频电路设计

已知FPGA信号源脉冲频率为25 MHz，试编写一个分频程序，得到一个周期为1 s(频率为1 Hz)的脉冲频率。

1. 用 VHDL 设计输入如下参考程序。

```
library ieee;                                   --------调用库
use ieee.std_logic_1164.all;
use ieee.std_logic_unsigned.all;
entity fp is                                    --------实体说明
port(inclk:in std_logic;                        --------端口说明
     outputa:out std_logic);
end fp;
architecture arch_fp of fp is                   --------构造体说明
  signal fp:std_logic_vector(24 downto 0);      --------信号定义
  signal f:std_logic;
begin
  process(inclk)                                --------进程语句描述
  begin
    if (inclk'event and inclk='1') then         --------将时钟分频至 1 Hz
      if fp=12499999 then
        fp<="0000000000000000000000000";
        f<=not f;
      else fp<=fp+1;
      end if;
    end if;
  end process;
  outputa<=f;
end arch_fp;                                    --------构造体结束
```

2. 综合。

自行设计：试用 VHDL 编写一个周期为 4 s 的分频程序。

(二) 十二归一电路设计

1. 创建一个新的项目，输入项目名称。
2. 打开文本编辑窗口。
3. 时钟源采用上面的分频电路所分得的 1 s 的时钟源。
4. 用 VHDL 编写输入参考程序。

```
library ieee;                                   --------调用库
use ieee.std_logic_1164.all;
use ieee.std_logic_unsigned.all;
```

```
entity tw is                                          --------实体描述
port(finclk:in std_logic;                             --------端口说明
      outputa:out std_logic_vector(7 downto 0);
      outputb:out std_logic_vector(7 downto 0));
end tw;
architecture arch_tw of tw is                         --------结构体描述
  signal sa,sb:std_logic_vector(3 downto 0);
  signal f:std_logic;
  component fp                                        --------调用分频模块
  port(inclk:in std_logic;
       outputa:out std_logic);
  end component;
begin
  u1:fp port map(inclk=>finclk,outputa=>f);
  process(f)                                          --------进程语句描述
  begin
    if (rising_edge(f)) then                          --------十二归一条件语句模块
      if (sa=2 and sb=1) then
        sa<="0001";
        sb<="0000";
      else
        if sa=9 then
          sa<="0000";
          sb<=sb+1;
        else
          sa<=sa+1;
        end if;
      end if;
    end if;
  end process;
  with sa select                                      --------段码转换模块
  outputa<="01100000" when "0001",                    --------1
           "11011010" when "0010",                    --------2
           "11110010" when "0011",                    --------3
           "01100110" when "0100",                    --------4
           "10110110" when "0101",                    --------5
           "10111110" when "0110",                    --------6
```

```
            "11100000" when "0111",           --------7
            "11111110" when "1000",           --------8
            "11110110" when "1001",           --------9
            "11101110" when "1010",           --------A
            "00111110" when "1011",           --------b
            "10011100" when "1100",           --------C
            "01111010" when "1101",           --------d
            "10011110" when "1110",           --------E
            "10001110" when "1111",           --------F
            "11111100" when others;           --------0
  with sb select                              --------段码转换模块
  outputb<="01100000" when "0001",            --------1
            "11011010" when "0010",           --------2
            "11110010" when "0011",           --------3
            "01100110" when "0100",           --------4
            "10110110" when "0101",           --------5
            "10111110" when "0110",           --------6
            "11100000" when "0111",           --------7
            "11111110" when "1000",           --------8
            "11110110" when "1001",           --------9
            "11101110" when "1010",           --------A
            "00111110" when "1011",           --------b
            "10011100" when "1100",           --------C
            "01111010" when "1101",           --------d
            "10011110" when "1110",           --------E
            "10001110" when "1111",           --------F
            "11111100" when others;           --------0
end arch_tw;
```

5. 进行保存并综合。
6. 选择器件管脚分配并综合。
7. 下载测试。

自行设计：自己独立设计一个五十九归零程序，综合并下载。

五、实验报告

1. 完成实验中的要求，通过实验现象分析电路功能。
2. 总结用 VHDL 语言进行电路设计的方法。

实验三 串行扫描显示设计

一、实验目的

1. 通过用 VHDL 语言设计串行扫描显示电路，进一步掌握 VHDL 的使用方法。
2. 熟悉 FPGA 实验开发系统的数码管显示。

二、实验器材

1. PC 机　　一台
2. FPGA 实验开发系统　　一套

三、实验要求

1. 预习串行扫描显示的原理。
2. 复习教材中的相关内容。
3. 下载并用动态数码管显示结果。

四、实验内容与步骤

1. 用 VHDL 设计，示例如下：

```
library ieee;                                          --------调用库
use ieee.std_logic_1164.all;
use ieee.std_logic_unsigned.all;
entity tcx is                                          --------实体说明
port(inclk:in std_logic;                               --------输入/输出定义
     outa:out std_logic_vector(7 downto 0);
     outb:out std_logic_vector(3 downto 0));
end tcx;
architecture arth_tcx of tcx is                        --------结构体定义
  signal ma:std_logic_vector(1 downto 0);
  signal mb:std_logic_vector(3 downto 0);
  signal fp:std_logic_vector(23 downto 0);
  signal f:std_logic;
begin
  process(inclk)                                       --------进程说明
  begin
```

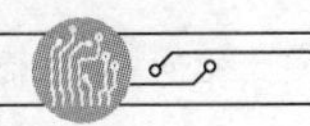

```
    if (inclk'event and inclk='1') then                    --------分频模块
        if fp=4999999 then
            fp<="00000000000000000000000";
            f<=not f;
        else
            fp<=fp+1;
        end if;
    end if;
end process;
process(f)                                                 --------扫描输出模块
begin
    if (f'event and f='1') then
        ma<=ma+1;
        mb<=mb+1;
    end if;
end process;
with ma select
outb<="1110" when "00",
      "1101" when "01",
      "1011" when "10",
      "0111" when others;
with mb select                                             --------段码转换模块
outa<="01100000" when "0001",                              --------1
      "11011010" when "0010",                              --------2
      "11110010" when "0011",                              --------3
      "01100110" when "0100",                              --------4
      "10110110" when "0101",                              --------5
      "10111110" when "0110",                              --------6
      "11100000" when "0111",                              --------7
      "11111110" when "1000",                              --------8
      "11110110" when "1001",                              --------9
      "11101110" when "1010",                              --------A
      "00111110" when "1011",                              --------b
      "10011100" when "1100",                              --------C
      "01111010" when "1101",                              --------d
```

```
            "10011110" when "1110",                 --------E
            "10001110" when "1111",                 --------F
            "11111100" when others;                 ---------0
end arth_tcx;
```

2. 保存并综合。
3. 分配管脚。
4. 再综合。
5. 下载测试。

思考:怎样改变扫描顺序？怎样实现8个动态数码管的扫描控制？

五、实验报告

1. 完成实验中的要求,通过实验现象分析电路功能。
2. 总结串行扫描显示方式进行显示的方法。
3. 写出实验总结报告。

实验四　复杂数字钟设计

一、实验目的

1. 熟练掌握用VHDL语言设计分频、计数、串形扫描显示电路的方法。
2. 熟悉FPGA实验开发系统的数码管显示。

二、实验器材

1. PC机　　　　　　　　　一台
2. FPGA实验开发系统　　　一套

三、实验要求

1. 复习串行扫描显示的原理。
2. 复习教材中的相关内容。
3. 用硬件描述语言进行数字钟设计:显示时、分、秒。

四、实验内容与步骤

1. 用VHDL语言设计输入如下参考程序。

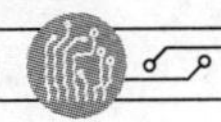

```
library ieee;                                          --------调用库
use ieee.std_logic_1164.all;
use ieee.std_logic_unsigned.all;
entity counter is                                      --------实体说明
port(inclk:in std_logic;                               --------定义输入/输出
      outseg:out std_logic_vector(7 downto 0);
      outbit:out std_logic_vector(3 downto 0));
end counter;
architecture a_counter of counteris                    --------结构体说明
   signal ma,mb,mc,md,mseg:std_logic_vector(3 downto 0);
   signal lm,hm:std_logic_vector(12 downto 0);
   signal fpa,fpb:std_logic;
   signal st:std_logic_vector(1 downto 0);             --------定义信号
begin
   process(inclk)                                      --------进程说明
   begin
      if (inclk'event and inclk='1') then              --------25 MHz 分频得 5 000 Hz
         if lm=2499 then
            lm<="0000000000000";fpa<=not fpa;
         else
            lm<=lm+1;
         end if;
      end if;
   end process;
   process(fpa)
   begin
      if (fpa'event and fpa='1') then                  --------5 000 Hz 分频得 1 Hz
         if hm=2499 then
            hm<="0000000000000";fpb<=not fpb;
         else
            hm<=hm+1;
         end if;
      end if;
   end process;
   process(fpb)
   begin
```

```
    if (fpb'event and fpb='1') then            --------同步六十进制，十二归一描述
      if ma=9 then
        ma<="0000";
        if mb=5 then
          mb<="0000";
          if (mc=2 and md=1) then
            mc<="0001";md<="0000";
          else
            if mc=9 then
              md<=md+1;mc<="0000";
            else
              mc<=mc+1;
            end if;
          end if;
        else
          mb<=mb+1;
        end if;
      else
        ma<=ma+1;
      end if;
    end if;
  end process;
  process(fpa)
  begin
    if (fpa'event and fpa='1') then            --------隐含状态机的使用
      st<=st+1;
    end if;
  end process;
  process(st)
  begin
    case st is
      when "00"=>
        mseg<=ma;
        outbit<="1110";
      when "01"=>
        mseg<=mb;
        outbit<="1101";
```

```
            when "10"=>
                mseg<=mc;
                outbit<="1011";
            when "11"=>
                mseg<=md;
                outbit<="0111";
            when others=>
                outbit<="1111";
        end case;
    end process;
    process(mseg)
    begin
        case mseg is                                                    --------段码转换模块
            when "0001"=>  outseg<="01100000";                         --------1
            when "0010"=>  outseg<="11011010";                         --------2
            when "0011"=>  outseg<="11110010";                         --------3
            when "0100"=>  outseg<="01100110";                         --------4
            when "0101"=>  outseg<="10110110";                         --------5
            when "0110"=>  outseg<="10111110";                         --------6
            when "0111"=>  outseg<="11100000";                         --------7
            when "1000"=>  outseg<="11111110";                         --------8
            when "1001"=>  outseg<="11110110";                         --------9
            when "1010"=>  outseg<="11101110";                         --------A
            when "1011"=>  outseg<="00111110";                         --------b
            when "1100"=>  outseg<="10011100";                         --------C
            when "1101"=>  outseg<="01111010";                         --------d
            when "1110"=>  outseg<="10011110";                         --------E
            when "1111"=>  outseg<="10001110";                         --------F
            when others=>  outseg<="11111100";                         --------0
        end case;
    end process;
end a_counter;
```

2. 保存并综合。

3. 分配管脚。

4. 再综合。

5. 下载测试。

自行设计:具有时、分、秒的数字钟电路。

五、实验报告

1. 整理实验数据,对测试结果进行分析。
2. 总结串行扫描显示方式进行显示的方法。
3. 写出实验总结报告。

实验五 二-十进制转换设计

一、实验目的

1. 用硬件描述语言设计较复杂的电路。
2. 掌握综合性电路的设计方法。

二、实验器材

1. PC 机　　　　　　　　　一台
2. FPGA 实验开发系统　　　一套

三、实验要求

1. 复习二进制码到十进制数的转换原理。
2. 复习教材中的相关内容。
3. 下载并用动态数码管显示结果。

四、实验内容与步骤

1. 用 VHDL 语言设计输入如下参考程序。

```
library ieee;                                   ---------调用库
use ieee.std_logic_1164.all;
use ieee.std_logic_unsigned.all;
entity bcdconvert is                            ---------实体说明
port(ina:in std_logic_vector(7 downto 0);       --------输入/输出定义
     inclk:in std_logic;
     outseg:out std_logic_vector(7 downto 0);
     outbit:out std_logic_vector(2 downto 0));
end bcdconvert;
```

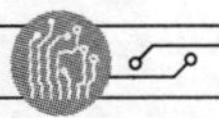

```
architecture arch_bcdconvert of bcdconvert is          --------结构体说明
  signal sina:std_logic_vector(7 downto 0);            --------信号定义
  signal souta,soutb,soutc:std_logic_vector(3 downto 0);
  signal ssouta,ssoutb,ssoutc:std_logic_vector(3 downto 0);
  signal outa,outc,outb:std_logic_vector(7 downto 0);
  signal lm:std_logic_vector(12 downto 0);
  signal fpa:std_logic;
  signal st:std_logic_vector(1 downto 0);
begin
  process(inclk)                                       --------进程说明
  begin
    if (inclk'event and inclk='1') then                --------25 MHz 分频得 5 000 Hz
      if lm=2499 then
        lm<="0000000000000";fpa<=not fpa;
      else
        lm<=lm+1;
      end if;
    end if;
  end process;
  process(inclk)                                       --------隐含状态机的使用
  begin
    if (inclk'event and inclk='1')then
      if sina="00000000" then
        ssouta<=souta; souta<="0000";
        ssoutb<=soutb; soutb<="0000";
        ssoutc<=soutc; soutc<="0000";
        sina<=ina;
      else
        sina<=sina-1;
        if souta=9 then
          souta<="0000";
          if soutb=9 then
            soutb<="0000";
            soutc<=soutc+1;
          else
            soutb<=soutb+1;
          end if;
        else
```

```
                souta<=souta+1;
            end if;
        end if;
    end if;
end process;
process(fpa)
begin
    if (fpa'event and fpa='1') then                    --------隐含状态机的使用
        if st=2 then
            st<=(others=>'0');
        else
            st<=st+1;
        end if;
    end if;
end process;
process(st)
begin
    case st is
        when "00"=>
            outseg<=outa;
            outbit<="110";
        when "01"=>
            outseg<=outb;
            outbit<="101";
        when "10"=>
            outseg<=outc;
            outbit<="011";
        when others=>
            outbit<="111";
    end case;
end process;
with ssouta select                                     --------段码转换模块
outa<=
        "01100000" when "0001",                        --------1
        "11011010" when "0010",                        --------2
        "11110010" when "0011",                        --------3
```

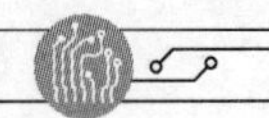

```
        "01100110" when "0100",              --------4
        "10110110" when "0101",              --------5
        "10111110" when "0110",              --------6
        "11100000" when "0111",              --------7
        "11111110" when "1000",              --------8
        "11110110" when "1001",              --------9
        "11101110" when "1010",              --------A
        "00111110" when "1011",              --------b
        "10011100" when "1100",              --------C
        "01111010" when "1101",              --------d
        "10011110" when "1110",              --------E
        "10001110" when "1111",              --------F
        "11111100" when others;              --------0
with ssoutb select                           --------段码转换模块
outb<=
        "01100000" when "0001",              --------1
        "11011010" when "0010",              --------2
        "11110010" when "0011",              --------3
        "01100110" when "0100",              --------4
        "10110110" when "0101",              --------5
        "10111110" when "0110",              --------6
        "11100000" when "0111",              --------7
        "11111110" when "1000",              --------8
        "11110110" when "1001",              --------9
        "11101110" when "1010",              --------A
        "00111110" when "1011",              --------b
        "10011100" when "1100",              --------C
        "01111010" when "1101",              --------d
        "10011110" when "1110",              --------E
        "10001110" when "1111",              --------F
        "11111100" when others;              --------0
with ssoutc select                           --------段码转换模块
outc<=
        "01100000" when "0001",              --------1
```

```
            "11011010" when "0010",                 --------2
            "11110010" when "0011",                 --------3
            "01100110" when "0100",                 --------4
            "10110110" when "0101",                 --------5
            "10111110" when "0110",                 --------6
            "11100000" when "0111",                 --------7
            "11111110" when "1000",                 --------8
            "11110110" when "1001",                 --------9
            "11101110" when "1010",                 --------A
            "00111110" when "1011",                 --------b
            "10011100" when "1100",                 --------C
            "01111010" when "1101",                 --------d
            "10011110" when "1110",                 --------E
            "10001110" when "1111",                 --------F
            "11111100" when others;                 --------0
end arch_bcdconvert;
```

2. 保存并综合。
3. 管脚分配。
4. 再综合。
5. 下载测试。

思考:输入改为 4 位应怎样设计?

五、实验报告

1. 完成实验中的要求,整理实验数据,对测试结果进行分析。
2. 总结设计复杂程序的方法及程序设计中的算法。
3. 写出实验总结报告。

阵列式键盘扫描显示设计

一、实验目的

1. 学习 4×4 阵列式键盘的结构。
2. 学会使用硬件描述语言设计 4×4 阵列式键盘进行扫描显示。

二、实验器材

1. PC机　　　　　　　　　　　　一台
2. FPGA实验开发系统　　　　　　一套

三、实验要求

1. 预习实验内容。
2. 了解阵列式键盘的硬件结构。
3. 掌握阵列式键盘扫描显示的设计思想。

四、实验内容与步骤

1. 设计输入。

用VHDL语言编写的参考程序如下：

```
library ieee;
use ieee.std_logic_1164.all;
entity tinglmove is
port(a,clk:in std_logic;
     b:out std_logic);
end;
architecture art of tinglmove is
begin
   process(clk)
   begin
      if (clk'event and clk='1') then
          b<=a;
      end if;
   end process;
end;
library ieee;
use ieee.std_logic_1164.all;
use ieee.std_logic_unsigned.all;
use ieee.std_logic_arith.all;
entity key2 is
port(inclk:in std_logic;
     inkey:in std_logic_vector(3 downto 0);
     outkey:out std_logic_vector(3 downto 0);
     led:out std_logic;
```

```
        outled:out std_logic_vector(7 downto 0));
end key2;
architecture art of key2 is
    component tinglmove
        port(a,clk:in std_logic;
                b:out std_logic);
    end component;
    signal keyclk:std_logic_vector(16 downto 0);
    signal chuclk:std_logic_vector(2 downto 0);
    signal keyclkout,chuclkout:std_logic;
    signal chuout:std_logic_vector(3 downto 0);
    signal inkeymap:std_logic_vector(3 downto 0);
    signal keyout:std_logic_vector(7 downto 0);
begin
    led<='0';
    roll:for i in 0 to 3 generate
        movskipx:tinglmove port map (inkey(i),keyclkout,inkeymap(i));
    end generate;
    clk_key:process(inclk)
    begin
        if (inclk'event and inclk='1') then
            if keyclk=54999 then
                keyclk<="00000000000000000";
                keyclkout<=not keyclkout;
            else
                keyclk<=keyclk+1;
            end if;
        end if;
    end process clk_key;
    clk_chu:process(keyclkout)
    begin
        if (keyclkout'event and keyclkout='1') then
            if chuclk=4 then
                chuclk<="000";
                chuclkout<=not chuclkout;
            else
                chuclk<=chuclk+1;
```

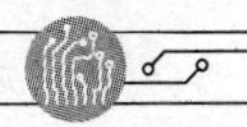

```
        end if;
      end if;
  end process clk_chu;
  clk_chu_out:process(chuclkout)
  begin
    if (chuclkout'event and chuclkout='1') then
      if chuout="1110" then
        if inkeymap/="1111" then
          keyout<=chuout & inkeymap;
        end if;
        chuout<="1101";
      elsif chuout="1101" then
        if inkeymap/="1111" then
          keyout<=chuout & inkeymap;
        end if;
        chuout<="1011";
      elsif chuout="1011" then
        if inkeymap/="1111" then
          keyout<=chuout & inkeymap;
        end if;
        chuout<="0111";
      elsif chuout="0111" then
        if inkeymap/="1111" then
          keyout<=chuout & inkeymap;
        end if;
        chuout<="1110";
      else
        chuout<="1110";
      end if;
    end if;
  end process clk_chu_out;
  outkey<=chuout;
  out_led:process(keyout)
  begin
    case keyout(3 downto 0) is
      when "0111"=>
```

```
                case keyout(7 downto 4) is
                  when "0111"=>  outled<=x"3f";
                  when "1011"=>  outled<=x"06";
                  when "1101"=>  outled<=x"5b";
                  when "1110"=>  outled<=x"4f";
                  when others=>  outled<=x"00";
                end case;
              when "1011"=>
                case keyout(7 downto 4) is
                  when "0111"=>  outled<=x"66";
                  when "1011"=>  outled<=x"6d";
                  when "1101"=>  outled<=x"7d";
                  when "1110"=>  outled<=x"07";
                  when others=>  outled<=x"00";
                end case;
              when "1101"=>
                case keyout(7 downto 4) is
                  when "0111"=>  outled<=x"7f";
                  when "1011"=>  outled<=x"67";
                  when "1101"=>  outled<=x"77";
                  when "1110"=>  outled<=x"7c";
                  when others=>  outled<=x"00";
                end case;
              when "1110"=>
                case keyout(7 downto 4) is
                  when "0111"=>  outled<=x"39";
                  when "1011"=>  outled<=x"5e";
                  when "1101"=>  outled<=x"79";
                  when "1110"=>  outled<=x"71";
                  when others=>  outled<=x"00";
                end case;
              when others=>  outled<=x"00";
            end case;
        end process out_led;
      end art;
```

2. 保存并综合。
3. 管脚分配后综合。
4. 下载测试。

自行设计:实现不同的扫描键盘顺序。

思考:有哪些控制扫描键盘顺序的方式?

五、实验报告

1. 完成实验中的要求,对测试结果进行分析。
2. 总结4×4阵列式键盘设计的方法。
3. 总结本次实验的学习心得,写出书面材料。

实验七 序列检测器设计

一、实验目的

1. 学习有限状态机的设计方法。
2. 学会使用硬件描述语言VHDL设计Moore型有限状态机。

二、实验器材

1. PC机 一台
2. FPGA实验开发系统 一套

三、实验要求

1. 预习实验内容。
2. 了解数据检测原理。
3. 掌握有限状态机的设计思想。
4. 下载并用16个开关作为输入,用LED灯作为输出显示结果。

四、实验内容与步骤

1. 设计输入。

VHDL语言编写的参考程序如下:

```
library ieee;
use ieee.std_logic_1164.all;
entity schk is
port(din,clk,clr: in std_logic;                  --------串行输入数据位/工作时钟/复
                                                          位信号
     ab:out std_logic_vector(3 downto 0));       --------检测结果输出
```

```
end schk;
architecture behav of schk is
   signal q:integer range 0 to 8;
   signal d:std_logic_vector(7 downto 0);               --------8 位待检测预置数
begin
   d<="11100101";                                        --------8 位待检测预置数
   process(clk,clr)
   begin
      if clr='1' then q<=0;
      elsif clk'event and clk='1' then                  --------时钟到来时,判断并处理当前
                                                                输入的位
         case q is
            when 0=>  if din=d(7) then q<=1; else q<=0; end if;
            when 1=>  if din=d(6) then q<=2; else q<=0; end if;
            when 2=>  if din=d(5) then q<=3; else q<=0; end if;
            when 3=>  if din=d(4) then q<=4; else q<=0; end if;
            when 4=>  if din=d(3) then q<=5; else q<=0; end if;
            when 5=>  if din=d(2) then q<=6; else q<=0; end if;
            when 6=>  if din=d(1) then q<=7; else q<=0; end if;
            when 7=>  if din=d(0) then q<=8; else q<=0; end if;
            when others=>  q<=0;
         end case;
      end if;
   end process;
   process(q)                                            --------检测结果判断输出
   begin
      if q=8 then ab<="1010";                            --------序列数检测正确,输出“a”
      else ab<="1011";                                   --------序列数检测错误,输出“b”
      end if;
   end process;
end behav;
```

2. 综合。

3. 管脚分配后综合。

4. 下载测试。

思考:怎样改变序列检测器中的比较数据?怎样随时改变序列检测器中的比较数据?

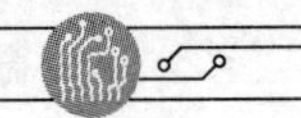

五、实验报告

1. 说明参考程序中代码表达的状态机的优点是什么，详述其功能和对序列数检测的逻辑过程。

2. 写出由两个主控进程构成的相同功能的符号化 Moore 型有限状态机，画出状态图。

3. 写出可以随时改变序列检测比较数据的符号化单进程有限状态机。

提示：对于“d<="11100101"”，电路需分别不间断记忆初始状态、1、11、111、1110、11100、111001、1110010、11100101 共 9 种状态。

实验八 十字路口交通灯设计

一、实验目的

1. 学习有限状态机的设计方法。
2. 学会使用硬件描述语言 VHDL 设计有限状态机。

二、实验器材

1. PC 机　　　　一台
2. FPGA 实验开发系统　　　　一套

三、实验要求

1. 预习实验内容。
2. 掌握有限状态机的设计思想。

四、实验内容与步骤

1. 设计输入。

VHDL 语言编写的参考程序如下：

```
library ieee;                                    --------调用库
use ieee.std_logic_1164.all;
use ieee.std_logic_unsigned.all;
library ieee;                                    --------调用库
use ieee.std_logic_1164.all;
use ieee.std_logic_unsigned.all;
entity cross is port                             --------实体说明
port(inclk:in std_logic;                         --------定义输入/输出
      led_r_z:out std_logic;
```

```
        led_g_z:out std_logic;
        led_r_f:out std_logic;
        led_g_f:out std_logic);
end cross;
architecture a_cross of cross is                          --------结构体说明
    signal fp:std_logic_vector(24 downto 0);
    signal fpa:std_logic;
    signal cnt:std_logic_vector(7 downto 0);
    type led_state is (s0,s1,s2,s3);
    signal cs:led_state;
begin
    process(inclk)                                        --------进程语句描述
    begin
        if (inclk'event and inclk='1') then               -------将时钟分频至 1 Hz
            if fp=12499999 then
                fp<="0000000000000000000000000";
                fpa<=not fpa;
            else fp<=fp+1;
            end if;
        end if;
    end process;
    process(fpa)
    begin
        if rising_edge(fpa) then
            case CS is
                when s=>
                    if cnt=0 then cnt<=x"05"; CS<=s1;
                    else cnt<=cnt-1; CS<=s0;
                    end if;
                when s1=>
                    if cnt=0 then cnt<=x"3B"; CS<=s2;
                    else cnt<=cnt-1; CS<=s1;
                    end if;
                when s2=>
                    if cnt=0 then cnt<=x"05"; CS<=s3;
                    else cnt<=cnt-1; CS<=s2;
                    end if;
```

```
            when s3=>
              if cnt=0 then cnt<=x"3B"; CS<=s0;
              else cnt<=cnt-1; CS<=s3;
              end if;
            when others=>
              cnt<=(others=>'0'); CS<=s0;
          end case;
        end if;
    end process;
    led_r_z<='0' when CS=s0 else
              '0' when (CS=s1 or CS=s3) and fpb='1' else
              '1';
    led_g_z<='0' when CS=s2 else
              '0' when (CS=s1 or CS=s3) and fpb='1' else
              '1';
    led_r_f<='0' when CS=s2 else
              '0' when (CS=s1 or CS=s3) and fpb='1' else
              '1';
    led_g_f<='0' when CS=s0 else
              '0' when (CS=s1 or CS=s3) and fpb='1' else
              '1';
end a_cross;
```

2. 保存并综合。

3. 管脚分配后综合。

4. 下载测试。

思考：根据实验五，如何将倒计时用数码管显示出来？

五、实验报告

1. 说明参考程序中代码表达的状态机的优点是什么，详述其功能和对交通灯的控制过程。

2. 写出由主控进程构成的相同功能的符号化有限状态机，画出状态图。

第四篇

DSP原理与应用实验

DSP 原理与应用是一门理论和实际密切结合的课程，使学生在学习单片机原理、微型计算机原理等课程的基础上，运用数字信号处理等专业知识，进一步扩充信号分析处理、滤波器设计及实现以及硬件电路开发等方面的知识面。DSP 原理与应用实验是不可缺少的环节，通过实验，学生可以进一步增强对理论知识的理解，并在此基础上进一步掌握 DSP 芯片的基本结构和基于 DSP 芯片的软硬件开发设计方法。DSP 原理与应用实验不仅可以帮助学生巩固和补充课堂讲授的理论知识，掌握最基本的数字信号处理的实现方法，提高综合运用所学知识的能力及计算机编程的能力，而且能进一步加强独立分析问题、解决问题的能力，培养综合设计及创新的能力，同时培养实事求是、严肃认真的科学作风和良好的实验习惯，为今后的工作打下良好的基础。

本篇共编写了十八个实验，其中包括基于 TMS320C54x DSP 的基本指令实验、数字信号处理常见算法实验以及接口控制实验等。实验内容由基本指令入手，直至综合设计性及工程应用性实验，内容充实，任课教师可以根据教学要求和教学进度适当安排进行，以达到训练学生实验技能和积累工程实际应用经验之目的，为学生将来在工作中能够熟练地使用各种 DSP 器件实现复杂的数字信号处理算法打下坚实的基础。

实验平台说明

DSP-Ⅲ型实验箱以TI公司的TMS320C5416(以下简称5416) DSP芯片为中心,附加开发了多个功能模块,可以使实验者方便有效地完成各种常用的DSP开发实验。

5416是TI公司TMS320C5000系列下TMS320C54x型DSP芯片中相当优秀的一种,除了有强大的运算能力外,还集成了丰富的片内资源。基于该芯片的出色性能,它在各种DSP应用场合中发挥着重要作用。本实验箱就提供了这样一个平台,使实验者能在最短的时间内了解并掌握该DSP芯片的基本开发技术。

实验者可以在5416主控板上进行各种指令实验和算法实验。把5416主控板插接在实验箱主电路板的接口中,实验者就可以借助已设计好的外部电路进行USB接口、A/D与D/A转换等实验。本实验箱的USB模块主芯片采用功能强大的Philips ISP1362芯片,它支持USB 2.0和最新的OTG(On The Go)协议,因此实验者可以充分学习到最先进的USB技术。A/D与D/A转换是传统的实验内容,本实验箱配置了两个不同的A/D与D/A转换模块,它们有不同的性能和特点,适合不同的应用场合。把5416与高精度A/D和D/A转换模块配合起来,实验者可以进行MP3声音文件解码实验。配合实验箱主电路板上的各个模块,实验者还可以进行通用异步串行接口(UART)的实验、以太网卡实验、液晶显示屏实验和键盘扫描实验等。另外实验箱上还有两个信号发生模块和一个加法器可供使用。

除了已设计好的实验之外,实验者还可以发挥创造性,充分利用实验箱的资源进行其他实验。

一、系统总览

DSP-Ⅲ型实验箱采用模块化设计,直接与实验相关的一共有14个模块,另有负责总线控制的CPLD模块和负责为各个部分供电的电源模块,如图4.0.1所示。实验系统中主控制模块(DSP)是采用外插形式的,在实验箱主电路板上预留了插槽,而其余各模块都设计在主电路板上。

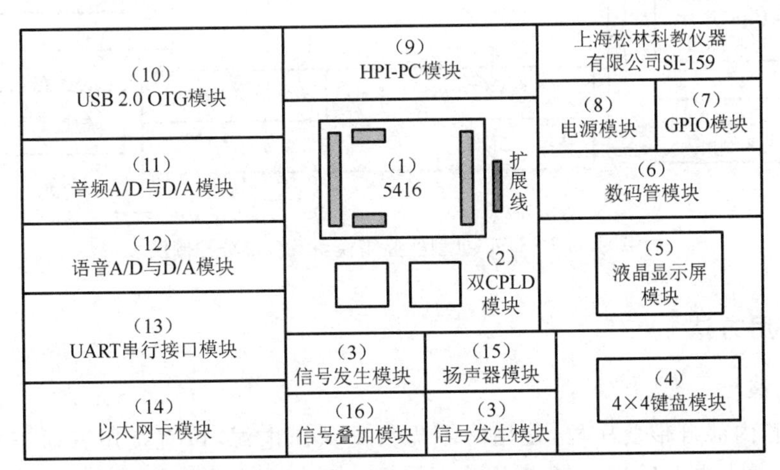

图4.0.1 DSP-Ⅲ型实验箱

1. 5416 主控板(外插)。
2. CPLD 模块(2 个,复杂可编程逻辑器件)。
3. 信号发生模块(2 个)。
4. 4×4 键盘模块。
5. 液晶显示屏(LCD)模块。
6. 数码管(LED)模块。
7. GPIO 模块(普通可编程 I/O)。
8. 电源模块。
9. HPI-PC 模块。
10. USB 2.0 OTG 模块(USB 2.0 点对点接口通信模块)。
11. A/D 与 D/A 转换模块一(高精度音频)。
12. A/D 与 D/A 转换模块二(普通语音)。
13. UART 串行接口模块(通用异步收发报机接口模块)。
14. 以太网卡模块。
15. 双声道扬声器模块。
16. 信号叠加模块。

模块及各部分控制图如图 4.0.2 所示。

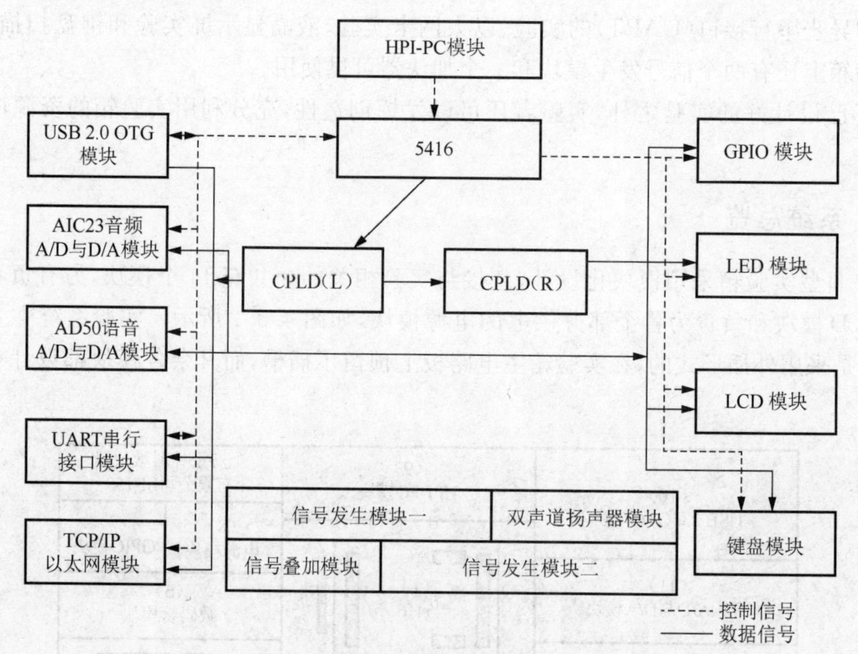

图 4.0.2 DSP-Ⅲ型实验箱模块及各部分控制图

二、使用方法

(一) 电源

本实验箱内部自带变压器,使用时不需另配低压电源,可直接用普通三相插头接入 220 V电源。接上电源后,由电源模块输出 ±12 V,5 V,3.3 V 和 2.5 V,分别送至实验箱

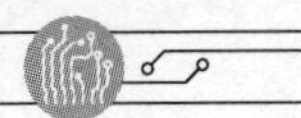

的各个模块。另外为方便单独使用，两个主控板上都设有独立的电源输入端口，可以接入5 V直流电源。

（二）仿真器接口

在做实验时，需要一个 DSP 仿真器，把在计算机上编译并生成的执行代码下载到 5416 芯片中。仿真器有两端接口，其中一端与计算机的 USB 口相连，另一端与 DSP 芯片的 JTAG 接口相连，JTAG 是一个 14 针的接口，在两块主控板上都可以找到。仿真器连接好后才能对主控板上的 DSP 芯片进行读写控制。

（三）外插模块的使用

本实验箱 DSP 主控板模块单独成板，以外插形式与主电路板连接，在主电路板上留有专门的位置（见图 4.0.1），使用时把主控板上的接口对准主电路板上的相应插槽插牢即可。

（四）计算机的配置

DSP 实验中的代码编写、下载仿真和程序调试都必须在计算机上完成。计算机上需要安装 DSP 集成开发环境软件 CCS5000（推荐使用 2.2 版本）。计算机应具备最少 128 MB 内存、500 MB硬盘空间和 PⅢ 奔腾处理器，显示器分辨率不能低于 800×600。另外，部分模块的实验还要求计算机配有标准的 USB 接口、DB9 串行接口以及 RJ-45 网卡接口。

（五）其他配件

其他配件包括 USB 连接线、串行接口连接线、网线、并行接口连接线、音频线。

三、模块说明

（一）5416 主控板

该板实现了一个最小系统，可以单独运行。板上主要资源包括一个 TMS320C5416 型号的 DSP 芯片、一个 CY7C1021 型号的 64 kb×16 位的 SRAM 芯片以及一个 TE39LV800 型号的 8 MB 容量 FLASH 芯片。

板上有一个 14 针的 JTAG 接口，是与 DSP 仿真器连接的。还有一个 6 位拨码开关，分别对应 HPIENA（高性能并行接口使能）、BIO（I/O 输出）、MP/MC（工作模式）、CLKMD3（时钟配置 3）、CLKMD2（时钟配置 2）、CLKMD1（时钟配置 1），拨到“ON”位置为“1”，拨到“OFF”位置为“0”，另外该主控板通过三排接口与实验箱的主电路板相连，在主电路板上设有相应的插槽。主控板接口说明如图 4.0.3 所示。

（二）CPLD 模块

该模块主要包含一个 Xilinx 公司的 XC9572 可编程芯片。本模块主要负责实验系统中的总线控制工作，其特点是 CPLD 由完全可编程的与/或门阵列以及宏单元构成。与/或门阵列是可重新编程的，可以实现多种逻辑功能。宏单元则是可实现组合或时序逻辑的功能模块，同时还提供了真值或补码输出和以不同的路径反馈等额外的灵活性。传统的 CPLD 采用模拟感应放大器来提高结构性能，这种性能提高的代价是需要较高的电流。XC9572 采用了一种全新的全数字内核，能够以极低的功耗达到同样的性能水平。这使得设计人员可同时在高性能和低功耗设计中使用同一种 CPLD 结构。避免采用模拟感应放大器还使其结构具有可扩展能力，随着工艺技术一代一代的进步，成本可快速降低且功能可不断增强。

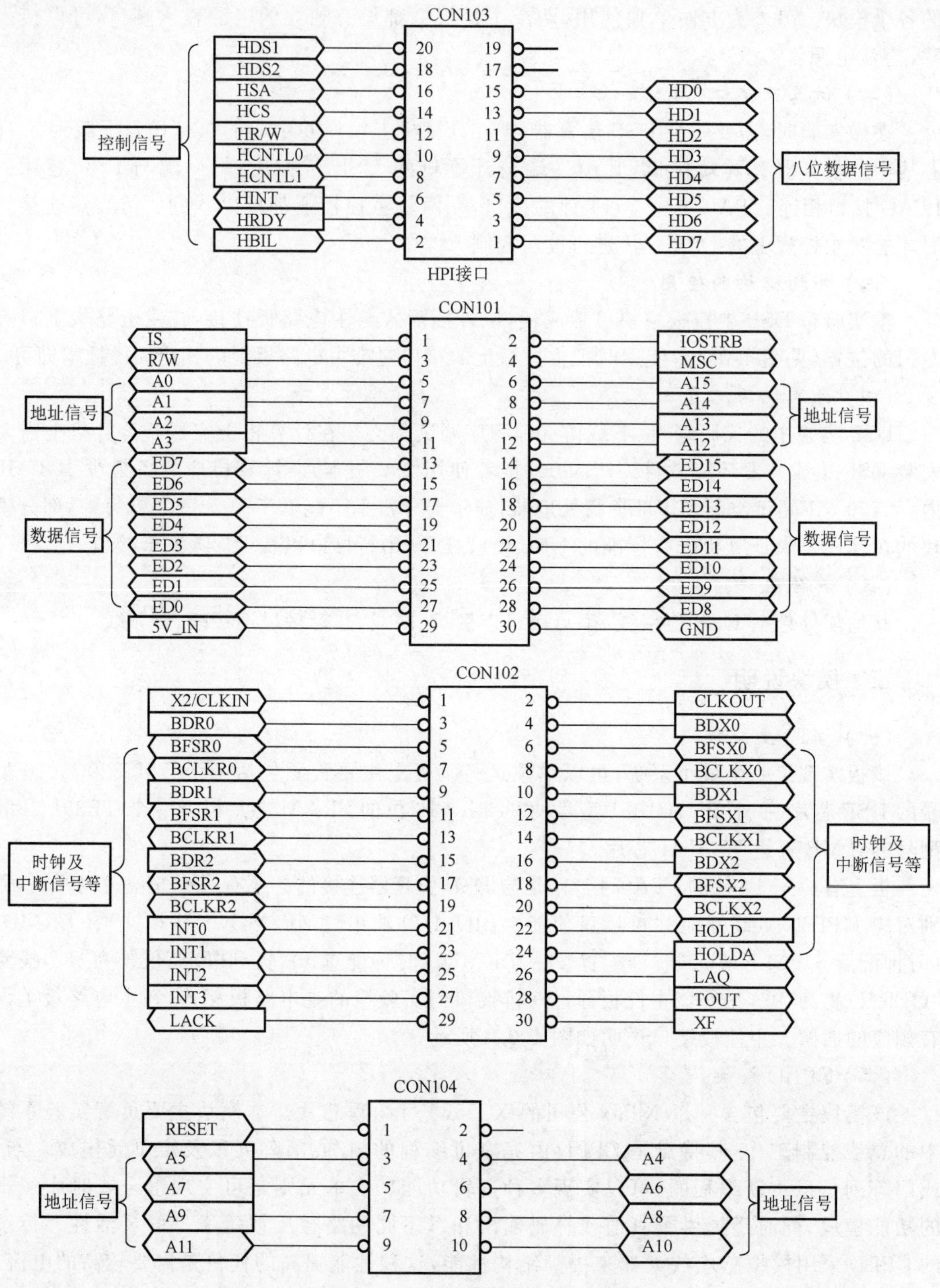

图 4.0.3　5416 主控板接口说明

（三）USB 2.0 OTG（点对点通信）接口模块

该模块主要包含一个 USB 主控芯片（IPS1362）、一个 USB 通用端口（H-A）、两个为实现 OTG 协议而设置的 OTG 端口，其中两个 OTG 端口分别是作 Host（主机）时的 OTG-B

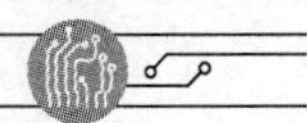

和作 Device(驱动)时的 OTG-A。

模块中设置了一排接口,包含了该模块对外的所有数据和控制信号线,其接口定义如图 4.0.4 所示。

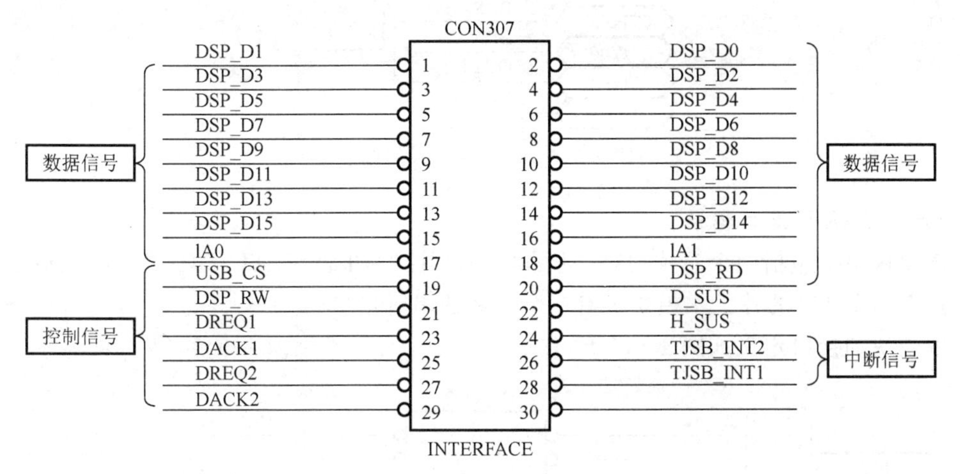

图 4.0.4　USB 2.0 OTG 接口模块接口定义

模块接口也可以为调试时观察所用。

(四) 高精度音频 A/D 与 D/A 转换模块

该模块上的主要芯片是 AIC23,这是一个双通道的 A/D 与 D/A 转换芯片。因此,在该模块上设有 4 个接口,一组是 Line-in(线入)和 Line-out(线出),另一组是 Mic-in(麦克风入)和 Phone-out(话音出)。

模块接口的定义如图 4.0.5 所示。

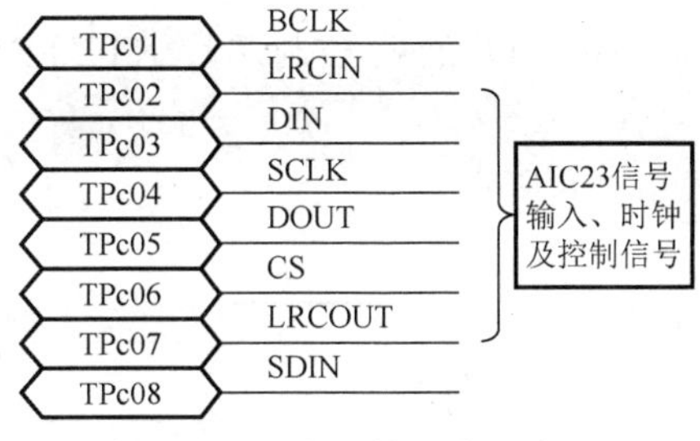

图 4.0.5　音频模块接口定义

除接口外,还有若干探测点,定义如下:

TPb01:Signal Power(信号源);　　TPb02:VDD(芯片电源);

TPb11:CLKOUT(时钟输出);　　TPb12:Line-out right(线出右声);

TPb13:Line-out left(线出左声);　　TPb14:Phone right(话音右声);

TPb15:Phone left(话音左声);　　TPb16:Line-in right(线入右声);

TPb17:Line-in left(线入左声)。

(五) 普通语音 A/D 与 D/A 转换模块

该模块所使用的主要芯片是 AD50。该模块只提供一对信号输入/输出插口。

该模块的探测点设置如图 4.0.6 所示。

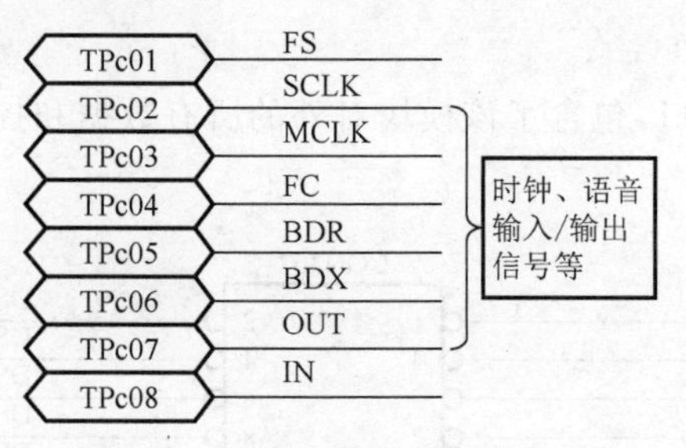

图 4.0.6　语音模块探测点定义

（六）UART 接口模块

该模块主要包括两个芯片，其中进行 UART 控制的是 SC16C550 芯片，而完成电平转换的是 MAX3232 芯片。本模块带有一个 9 针的串行接口。

本模块的接口定义如图 4.0.7 所示。

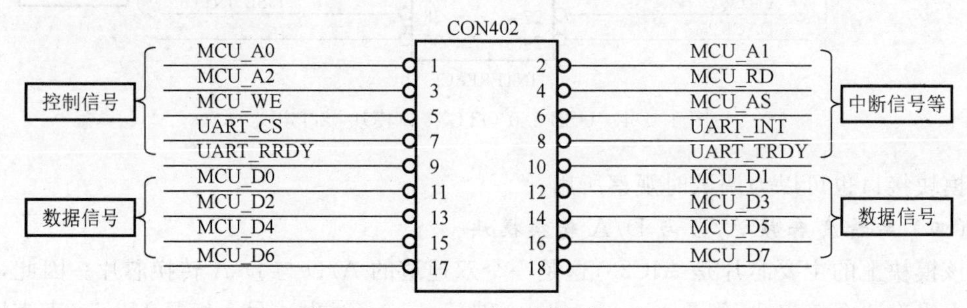

图 4.0.7　UART 接口模块接口定义

本模块还有一个探测点是 TP401：CLK。

（七）以太网卡模块

本模块主要包括一个 Ethernet（以太网）控制芯片 RTL8019AS。模块上设有一个 RJ-45（交叉路 45）的网线插口。

该模块的接口定义如图 4.0.8 所示。

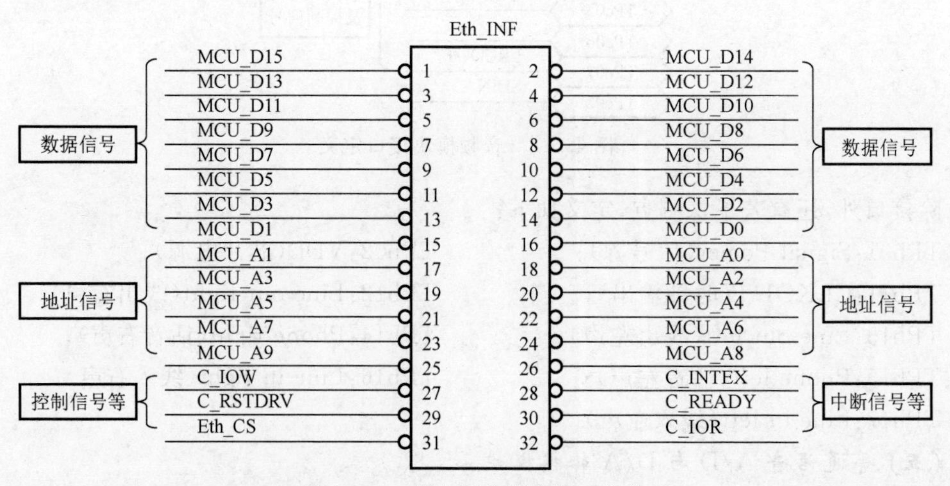

图 4.0.8　以太网卡模块接口定义

模块上还有 7 个探测点，其定义如图 4.0.9 所示。

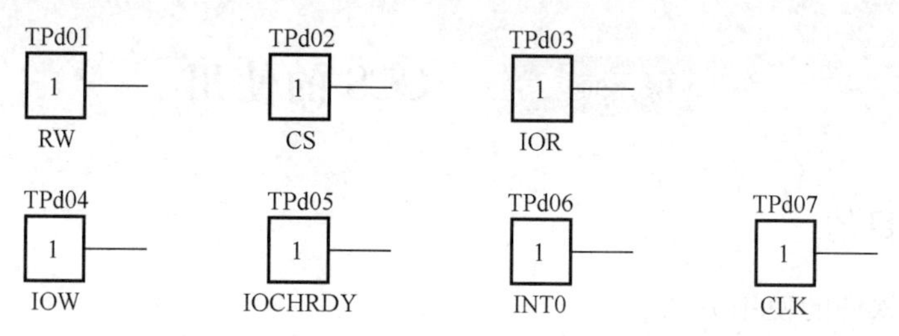

图 4.0.9　以太网卡模块探测点定义

（八）信号发生模块

本模块可以产生两路三种不同波形的音频信号，包括方波、三角波和正弦波。欲产生的信号类型可用模块上的跳线进行选择，幅度和频率可以通过旋钮调节。模块还含有加法电路，可以将两路音频信号进行相加。

该模块独立工作，不需与 DSP 连接。

（九）4×4 键盘模块

本模块上的键盘电路采用交叉扫描方式，即共有 8 个接口。

（十）液晶显示屏模块

本模块的主要器件是一个液晶显示屏，该液晶显示屏各接口的定义如图 4.0.10 所示。

（十一）数码管模块

本模块共有 8 个七段数码管。

（十二）GPIO 模块

本模块共有 5 个发光二极管，对应到 DSP McBSP 口的 5 个引脚，该模块中用到一个锁存芯片，而且引出其片选引脚(CS)作为探测点。

（十三）McBSP5000 模块

该模块主要是把 5416 主控板的部分接口引出来，方便用户进行二次开发使用，其接口定义如图 4.0.11 所示。

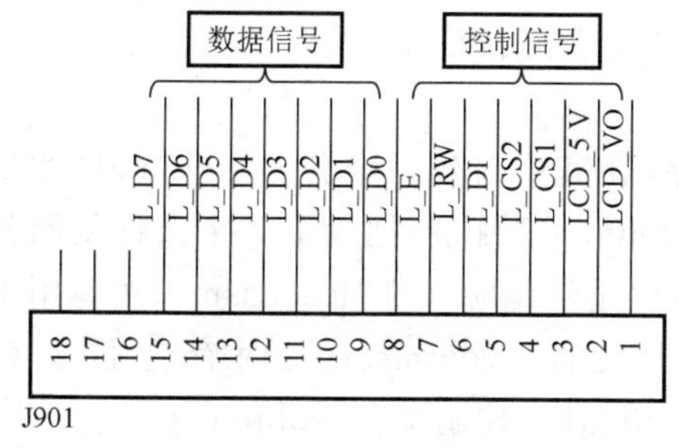

图 4.0.10　液晶显示屏模块接口定义

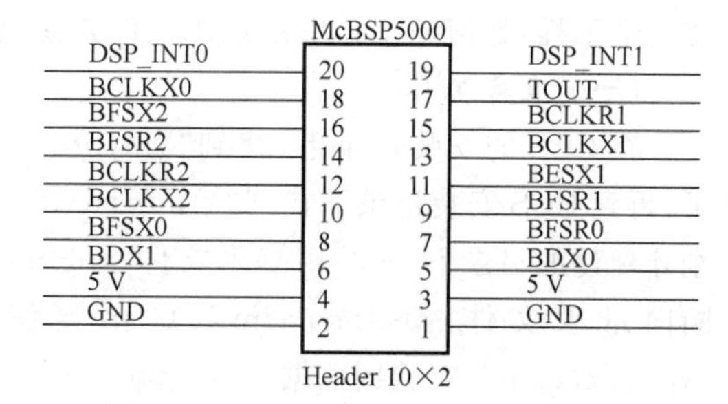

图 4.0.11　McBSP5000 模块接口定义

实验一　CCS 的使用

一、实验目的

学习 CCS 软件的使用方法。

二、实验器材

1. 装有 CCS 软件的计算机　　一台
2. 装有 5416 主控板的 DSP-Ⅲ型　　一个
3. DSP 硬件仿真器　　一个

三、实验步骤

打开 CCS 主程序，主界面如图 4. 1. 1 所示。

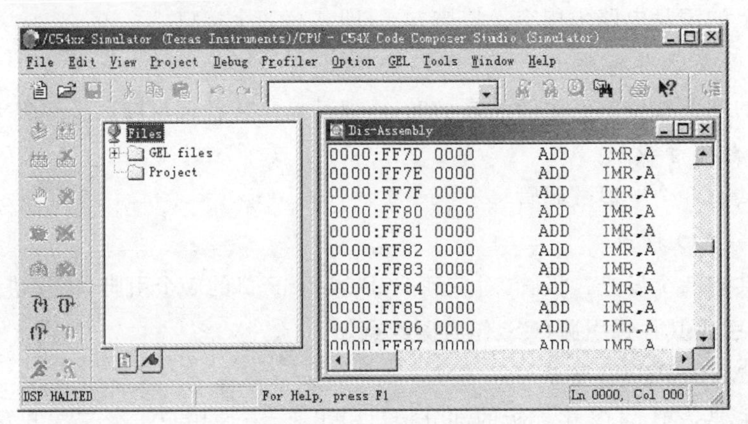

图 4. 1. 1　CCS 主界面

本节以工程“Volume1”为例做一个实验，开发并运行一个简单的程序，指导读者如何新建一个工程，如何向工程中添加源文件并修改代码、编译及运行程序。

（一）准备工作

在 CCS 的安装目录下，找到“\myprojects”目录，在其中新建一个名为“volume1”的目录，再到 CCS 安装目录下找到“\tutorial\sim54xx\volume1”目录，把以下 7 个文件复制到刚才新建的目录下：实验用 C 源文件“volume. c”、实验用汇编源文件“load. asm”、实验用中断向量表文件“vectors. asm”、C 函数使用的头文件“volume. h”、内存定位文件“volume. cmd”、实验用数据文件“sine. dat”以及实验用 GEL 控制文件“volume. gel”。

（二）新建工程文件

文件复制完成以后，启动 CCS，在主菜单中单击“Project”，会有“New”和“Open”选项，创建新工程使用“New”选项，打开新建工程对话框，在对话框中指定新建工程的名字以及保存位置，单击“完成”按钮即可，如图 4. 1. 2 所示。

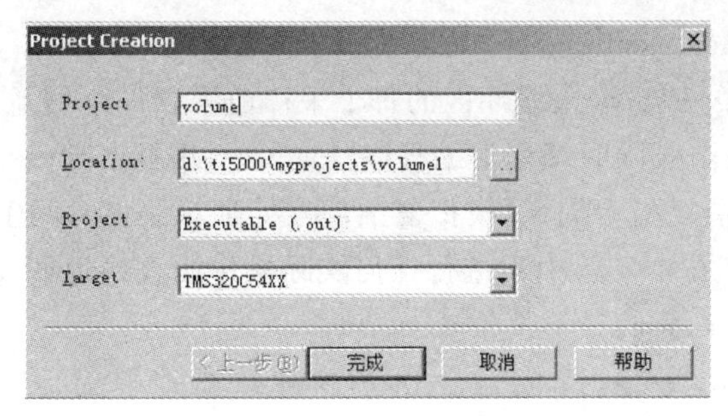

图 4.1.2 新建工程路径

(三) 向工程中添加各类型文件

可以使用两种方式向工程中添加源文件、内存定位(链接命令)文件和库文件。

1. 添加源文件。在主菜单中单击“Project”,选择“Add Files to Project”命令,如图 4.1.3(a)所示,在弹出的添加文件对话框中找到目录“volume1”,选择文件“volume. c”,单击“打开”按钮。另一个方法是在工程名“volume. pjt”上单击鼠标右键,选择“Add Files to Project”命令,如图 4.1.3(b)所示,在弹出的添加文件对话框中找到目录“volume1”,再在添加文件对话框中单击“文件类型”,选择“Asm Source Files(*.a*;*.s*)”,这样在添加文件对话框里就只显示指定类型的文件,同时选择“load. asm”和“vectors. asm”,单击“打开”按钮(通过这种方法也可添加 C 代码文件“volume. c”)。

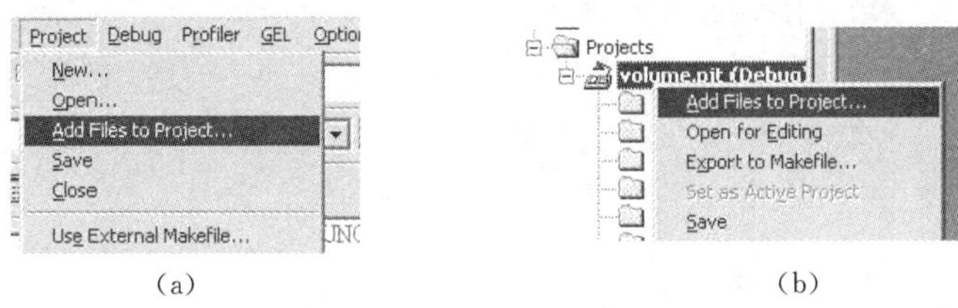

(a) (b)

图 4.1.3 向工程中添加文件

2. 接着添加必需的内存定位文件“*.cmd”。使用上述任何一种方式,向工程里添加“volume. cmd”,注意在添加文件对话框的“文件类型”下拉列表中要选择“Link Command File(*.cmd)”,该文件定义了各代码段和数据段在存储器中的位置。

3. 因为本实验工程是基于 C 语言编写的,因此还需要添加运行时支持库(Run-Time-Support Library,如果基于汇编语言编写的就不需要)。使用上述任何一种方式,向工程中添加“rts. lib”文件,该文件存放在 CCS 的安装目录“\c5400\cgtools\lib”下。注意在添加文件对话框的“文件类型”下拉列表中要选择“Object Library Files(*.o*;*.l*)”。

4. 添加头文件。在工程名“volume. pjt”上单击鼠标右键,选择“Scan All Dependencies”,这样“volume. c”文件所包含的头文件“volume. h”将出现在工程浏览窗口中的“Include”文件夹中。头文件实际不用人工添加,在建造(Build)工程时,CCS 本身就会自动完成扫描。

(四) 查阅代码

在继续完成实验之前,先阅读一下源代码,明白各文件的内容:在工程浏览窗口里的“volume. c”文件名上双击鼠标,即可在 CCS 的编辑窗口中看到源代码,注意该文件的以下三个部分:

1. 在主函数输出消息“volume example started ”后,主函数进入一个无限循环,在循环内部调用了两个函数“processing()”与“dataIO()”。

2. 函数“processing()”对输入缓冲区的每个采样值乘以一个增益值“gain”,并将结果存放到输出缓冲区中。该函数同时调用汇编程序“load()”,根据“processing()”传递过来的参数“processingLoad”来消耗指令周期,模拟复杂信号处理算法在时间上的消耗。

3. 函数“dataIO()”在本实验中不进行任何实际操作而直接返回。

(五)建造和运行程序

建造在这里指编译、汇编、链接三个独立步骤按顺序联合运行。在主菜单中单击“Project”,选择“Rebuild All”,或者单击工具条图标,CCS将重新对工程中的所有文件进行编译、汇编、链接,并在底部窗口中同步显示编译连接信息。链接完毕,CCS生成一个“.out”文件,默认存放在目录“volume1”下的“debug”(除错)目录中。

建造完毕后,再完成装载程序的步骤:在主菜单中单击“File”,选择“Load Program”,在弹出的对话框中,找到目录“volume1”下的“debug”目录,选择“volume.out”,并打开。

CCS装载该文件到目标DSP以后,会自动弹出“Dissassembly”窗口,显示构成源代码的反汇编指令,如图4.1.4所示。同时,CCS还会在底部弹出“Stdout”栏,用于显示程序在运行时的输出信息。

```
0000:1452 FC00        RET
0000:1453          dataIO
0000:1453 FC00        RET
0000:1454          _c_int00
0000:1454 7718        STM    0a20h,18h
0000:1456 6BF8        ADDM   3ffh,*(18h)
0000:1459 68F8        ANDM   0fffeh,*(18h)
0000:145C F7B8        SSBX   SXM
0000:145D F7BE        SSBX   CPL
0000:145E F6B9        RSBX   OVM
0000:145F F4A0        LD     #0h,ARP
0000:1460 F6B7        RSBX   C16
0000:1461 F6B5        RSBX   CMPT
0000:1462 F6B6        RSBX   FRCT
0000:1463 F020        LD     #22a3h,0,A
0000:1465 F100        ADD    #1h,0,A,B
0000:1467 F84D        BC     1480h,BEQ
0000:1469 F6B8        RSBX   SXM
0000:146A F495        NOP
0000:146B F020        LD     #22a3h,0,A
0000:146D F073        B      147ah
0000:146F 7EF8        READA  *(12h)
0000:1471 F000        ADD    #1h,0,A,A
0000:1473 47F8        RPT    *(11h)
0000:1475 7E92        READA  *AR2+
0000:1476 00F8        ADD    *(11h),A
```

图4.1.4　构成源代码的反汇编指令

接着运行程序:在主菜单中单击“Debug”,选择“Go Main”,让程序从主函数开始运行。程序会停在“main()”处,并会有一个黄色的箭头标记当前要执行的C语言代码。如果希望同时看到C语言代码和对应编译生成的汇编代码,在主菜单中单击“View”,选择“Mixed Source/ASM”,此时会有一个绿色箭头标记当前要执行的汇编代码,如图4.1.5所示。

```
/*
 * ======== main ========
 */
void main()
{
0000:1412 EEFB        FRAME -5
0000:1413 F495        NOP
    int *input = &inp_buffer[0];
    0000:1414 7602        ST     #80h,2h
    int *output = &out_buffer[0];
    0000:1416 7603        ST     #0e4h,3h

    puts("volume example started\n");
    0000:1418 F274        CALLD _puts
    0000:141A F020        LD     #470h,0,A

    /* loop forever */
    while(TRUE)
    {
        /*
         *  Read input data using a probe-point connected to a host file.
         *  Write output data to a graph connected through a probe-point.
         */
        dataIO();
        0000:141C F074        CALL  dataIO
```

图4.1.5　主程序窗口

在主菜单中单击"Debug",选择"Run",或单击工具条图标,让程序运行。如果能在底部的"Stdout"栏中看到程序运行的输出信息"Volume Example Started",证明程序能够正常运行。在主菜单中单击"Debug",选择"Halt",或单击工具条图标,让程序停止运行。

常用的按钮如下:

——单步执行; ——不进入子程序中;

——从子程序中执行出; ——执行到子程序开始处;

——运行程序; ——停止运行;

——全速运行程序。

(六)多种观察窗口帮助调试

1. 查看寄存器:在 CCS 中选择"View"菜单中的"CPU Registers"命令。

2. 查看数据:选择"View"菜单中的"Memory"命令,弹出设置窗口,按实际需要指定其中的参数,如起始地址等,就可以观察到数据单元中的值,该值可以以多种格式表示。

3. 查看程序中变量的当前值:在程序中用光标选中变量名,在鼠标右键菜单中选择"Add to Watch Window"命令就可以把该变量添加到"Watch Window"观察窗口。随着程序的运行,可以在"Watch Window"观察窗口看到该变量的值的变化。

4. 显示图形:如果要观察的变量太多,例如要观察一个数组的值,那么可以用一种更直观的方法,就是把数据用图形的方式表现出来。选择"View"菜单中的"Graph"命令,会有不同类型的图形可供选择,常用的是时域/频域波形,即"Time/Frequency"项,在弹出的"Graph Property"对话框中,可以设定图形的标题、数据的起始地址、采集缓冲区的大小、显示数据的大小、数据类型等属性。

实验二 循环操作

一、实验目的

1. 掌握循环操作指令的运用。
2. 掌握用汇编语言编写 DSP 程序的方法。

二、实验器材

1. 装有 CCS 软件的计算机	一台
2. 装有 5416 主控板的 DSP-Ⅲ型实验箱	一个
3. DSP 硬件仿真器	一个

三、实验原理

TMS320C54x 系列芯片具有丰富的程序控制与转移指令,利用这些指令可以执行分支转移、循环控制以及子程序操作。本实验要求编写一个程序完成 $y=\sum_{i=1}^{5}x_i$ 的计算。这个求和运算可以通过一个循环操作指令 BANZ 来完成。BANZ 指令的功能是当辅助寄存器的值不为 0 时转移到指定标号执行。

例如：

```
STM #4,AR2
loop:ADD *AR3+,A
     BANZ loop,*AR2-;           /*当 AR2 不为零时转移到 loop 行执行*/
```

假设 AR3 中存有 $x_1 \sim x_5$ 5 个变量的地址，则上述简单的代码就完成了这 5 个数的求和。

四、实验要求

1. 用汇编语言编写实现 $y=\sum_{i=1}^{5}x_i$ 的计算程序（".asm"文件）。
2. 编写链接命令文件（".cmd"文件）。
3. 在 CCS 环境中调试程序，记录运行结果，撰写实验报告。

五、实验步骤

1. 学习有关指令的使用方法。

2. 把 5416 模块小板插到大板上，利用 DSP 硬件仿真器将计算机串口与 DSP 实验箱连接，打开 DSP 实验箱电源。

3. 打开软件，在 CCS 环境中建立本实验的工程，编写并保存源程序及".cmd"文件，将上述文件添加到新建的工程中。

4. 建造生成".out" 输出文件（使用"Rebuild All"命令或工具条图标），然后通过仿真器把执行代码（".out"文件）下载到 DSP 芯片中（使用"Load Program"命令），如图 4.2.1 所示。

5. 在"end:B end"代码行设置断点（当光标置于该行时，单击工具条上的"Toggle Breakpoint"图标，此时该行代码左端会出现一个小红点，或双击此行），单击运行程序图标。

6. 选择"View"→"Memory"，起始地址与".cmd"文件中的配置一致，观察内存数值的变化，应能看到 5 个加数的值及其和值，如图 4.2.2 所示。

图 4.2.1 向 DSP 芯片下载输出文件

图 4.2.2 内存窗口

注意查看内存单元中计算值显示的十六进制结果。

7. 停止程序的运行(单击)。

8. 尝试改变对变量的初始赋值,或者改变变量数目,重复上述3～6步过程,观察并记录程序运行结果。

六、思考题

1. 总结迭代次数与循环计数器初值的关系。
2. 学习其他转移指令。

实验三 双操作数乘法

一、实验目的

1. 掌握TMS320C54x系列芯片中的双操作数指令。
2. 掌握用汇编语言编写DSP程序的方法。

二、实验器材

1. 装有CCS软件的计算机　　一台
2. 装有5416主控板的DSP-Ⅲ型实验箱　　一个
3. DSP硬件仿真器　　一个

三、实验原理

TMS320C54x片内的多总线结构允许在一个机器周期内通过两个16位数据总线(C总线和D总线)寻址两个数据和系数。双操作数指令是用间接寻址方式获得操作数的,并且只能用AR2～AR5辅助寄存器。双操作数指令占用较少的程序空间,而获得更快的运行速度。

现举一个例子说明双操作数指令的用法。

用单操作数乘法指令求 $y=mx+b$ 的代码如下:

```
LD @m,T
MPY @x,A;   /*单操作数乘法指令*/
ADD @b,A
STL A,@y
```

若使用双操作数乘法指令则改为:

```
STM @m,AR2
STM @x,AR3
MPY *AR2,*AR3,A;              /*双操作数乘法指令*/
ADD @b,A
STL A,@y
```

表面上从代码的行数来看，用双操作数乘法指令似乎没有什么显著的优势，但是双操作数指令可以节省机器周期，这在某些迭代运算过程中是十分有用的。迭代次数越多，节省的机器时间越多。

本实验要计算的乘法累加 $z=\sum_{i=1}^{10}a_ix_i$ 就是双操作数指令的一种应用场合。

四、实验要求

1. 用汇编语言编写实现 $z=\sum_{i=1}^{10}a_ix_i$ 的计算程序。
2. 编写链接命令文件。
3. 在 CCS 环境中调试程序，记录运行结果，撰写实验报告。

五、实验步骤

1. 学习有关双操作数乘法指令的使用方法。
2. 把 5416 模块小板插到大板上，利用 DSP 硬件仿真器将计算机串口与 DSP 实验箱连接，打开 DSP 实验箱电源。
3. 在 CCS 环境中建立本实验的工程，编写并保存汇编语言源程序及“. cmd”文件，将上述文件添加到新建的工程中。
4. 编译并重建“. out” 输出文件，然后通过仿真器把执行代码（“. out”文件）下载到 DSP 芯片中。
5. 在“end:B end”代码行设置断点（单击或双击要设置断点的行便可完成断点设置），单击运行程序图标。
6. 选择“View”→“Memory”，观察内存数值 a，x 和 z 的变化。
7. 停止程序的运行（单击）。
8. 改变对变量 a_i 和 x_i 的初始赋值，或者改变变量数目，重复上述过程，观察并记录程序运行结果。

六、思考题

1. 试用单操作数指令完成上述计算，比较与双操作数运算的区别。
2. 学习其他双操作数指令。

实验四 并行运算

一、实验目的

1. 掌握 TMS320C54x 中的并行运算指令。
2. 掌握用汇编语言编写 DSP 程序的方法。

二、实验器材

1. 装有 CCS 软件的计算机	一台
2. 装有 5416 主控板的 DSP-Ⅲ型实验箱	一个
3. DSP 硬件仿真器	一个

三、实验原理

TMS320C54x 片内有 1 条程序总线、3 条数据总线和 4 条地址总线。其中，3 条数据总线(CB，DB 和 EB)将内部各单元连接在一起，CB 和 DB 总线传送从数据存储器读出的操作数，EB 总线传送写到存储器中的数据。并行运算就是同时利用 DB 总线和 EB 总线。其中，DB 总线用来执行加载或算术运算，EB 总线用来存放先前的结果。

并行运算指令有并行加载和乘法指令、并行加载和存储指令、并行存储和乘法指令以及并行存储和加/减法指令 4 种。所有并行运算指令都是单字单周期指令。并行运算时存储的是前面的运算结果，存储之后再进行加载或算术运算。这些指令都工作在累加器的高位，且大多数并行运算指令都受 ASM 位(累加器移位方式位)的影响。

现举一个并行运算指令的例子：

```
ST src,Ymem; Ymem＝src<<(ASM－16)
|| LD Xmem,dst; dst＝Xmem<<16
```

这个并行加载和存储指令实现了存储 ACC 和加载累加器并行执行。其他的并行运算指令请读者查阅相关资料。

四、实验要求

1. 用并行运算指令编写程序完成 $z=x+y$ 和 $f=e+d$ 的计算。
2. 编写链接命令文件。
3. 在 CCS 环境中调试程序，记录运行结果，撰写实验报告。

五、实验步骤

1. 学习有关并行运算指令的使用方法。
2. 把 5416 模块小板插到大板上，利用 DSP 硬件仿真器将计算机串口与 DSP 实验箱连接，打开 DSP 实验箱电源。

3. 在CCS环境中建立本实验的工程，编写汇编语言源程序及“.cmd”文件，并添加到新建的工程中。

4. 建造并生成“.out”输出文件，通过仿真器把执行代码（“.out”文件）下载到DSP芯片中。

5. 选择“View”→“Registers”→“CPU Registers”，打开寄存器观察窗口，单步执行程序（单击{}），观察相关寄存器内容的变化。

6. 选择“View”→“Memory”，观察内存数值的变化，应能看到 $z=x+y$ 和 $f=d+e$ 的结果。

7. 尝试改变对变量 x，y，d 和 e 的初始赋值，重建“.out”输出文件并下载到DSP芯片中，可在单步执行程序时同时观察寄存器及内存的变化情况，理解并行运算指令的执行情况，记录程序运行结果。

六、思考题

学习其他并行运算指令，理解其工作原理。

实验五 小数运算

一、实验目的

1. 掌握TMS320C54x中小数的表示和处理方法。
2. 掌握用汇编语言编写DSP程序的方法。

二、实验器材

1. 装有CCS软件的计算机	一台
2. 装有5416主控板的DSP-Ⅲ型实验箱	一个
3. DSP硬件仿真器	一个

三、实验原理

两个16位整数相乘，乘积总是“向左增长”，这意味着多次相乘后乘积将会很快超出定点器件的数据范围。而且要将32位乘积保存到数据存储器，就要开销2个机器周期以及2个字的程序和RAM单元。此外，由于乘法器都是16位相乘，因此很难在后续的递推运算中将32位乘积作为乘法器的输入。然而，小数相乘，乘积总是“向右增长”，这就使得超出定点器件数据范围的是我们不太感兴趣的部分。在小数乘法下，既可以存储32位乘积，也可以存储高16位乘积，这就允许用较少的资源保存结果，也便于用于递推运算中。这就是为什么定点DSP芯片都采用小数乘法的原因。

小数的表示方法：

TMS320C54x采用2的补码表示小数，其最高位为符号位，数值范围为－1～1。一个十进

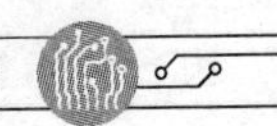

制小数(绝对值)乘以 32 768 后,再将其十进制整数部分转换成十六进制数,就能得到这个十进制小数的 2 的补码表示,例如:0.5 乘以 32 768 得 16 384,再转换成十六进制就得到 4000H,这就是 0.5 的补码表示形式。在汇编语言程序中,由于不能直接写入十进制小数,因此如果要定义一个小数 0.707,则应该写成“word 32768 * 707/1000”,而不能写成“32768 * 0.707”。

在进行小数乘法时,应事先设置状态寄存器 ST1 中的 FRCT 位(小数方式位)为“1”,这样,在乘法器将结果传送至累加器时就能自动地左移 1 位,从而自动消除两个带符号数相乘时产生的冗余符号位。使用的语句是“SSBX FRCT”。

四、实验要求

1. 编写程序完成 $y=\sum_{i=1}^{4}a_ix_i$ 的计算。
2. 编写链接命令文件。
3. 在 CCS 环境中调试程序,记录运行结果,撰写实验报告。

五、实验步骤

1. 在 CCS 环境中建立本实验的工程,编写汇编语言源程序及“.cmd”文件,并添加到新建的工程中。
2. 利用 DSP 硬件仿真器将计算机串口与 DSP 实验箱连接,打开 DSP 实验箱电源。
3. 建造并生成“.out”输出文件,然后通过仿真器把执行代码(“.out”文件)下载到 DSP 芯片中。
4. 单击运行程序图标。
5. 观察内存数值的变化。
6. 停止程序的运行(单击)。
7. 尝试改变变量的赋值,或改变变量的个数,重复上述过程,观察并记录程序运行的结果。

六、思考题

1. 以 0.5×(−0.375)为例分析两个带符号数相乘时的冗余符号位是如何产生的,理解为什么要设定 FRCT 位。
2. 程序中数的定标值(Q 值)是多少?

长字运算

一、实验目的

1. 掌握 TMS320C54x 中的长字运算指令。
2. 掌握用汇编语言编写 DSP 程序的方法。

二、实验器材

1. 装有 CCS 软件的计算机　　　　　　　　　　　　一台
2. 装有 5416 主控板的 DSP-Ⅲ型实验箱　　　　　　一个
3. DSP 硬件仿真器　　　　　　　　　　　　　　　一个

三、实验原理

TMS320C54x 可以利用 32 位的长操作数进行长字运算。长字运算指令如下：

```
DLD Lmem,dst
DST src,Lmem
DADD Lmem,src [,dst]
DSUB Lmem,src [,dst]
DRSUB Lmem,src [,dst]
```

除了 DST 指令外，都是单字单周期指令，也就是在单个周期内同时利用 CB 总线和 DB 总线得到 32 位操作数。DST 指令存储 32 位数要用 EB 总线 2 次，因此需要 2 个机器周期。

长操作数指令的一个重要问题是，高 16 位和低 16 位操作数在存储器中的排列方式与起始地址的奇偶性有关。一般情况下，处理长操作数从偶数地址开始，高 16 位操作数放在存储器中的低地址单元，低 16 位操作数放在存储器中的高地址单元。例如一个长操作数 16782345H，它在存储器中的存入方式是：0060H＝1678H(高字)，0061H＝2345H(低字)。

四、实验要求

1. 利用长字运算指令编写程序完成两个 32 位数的相加。
2. 编写链接命令文件。
3. 在 CCS 环境中调试程序，记录运行结果，撰写实验报告。

五、实验步骤

1. 利用 DSP 硬件仿真器将计算机串口与 DSP 实验箱连接，打开 DSP 实验箱电源。

2. 在 CCS 环境中建立本实验的工程，编写汇编语言源程序及“. cmd”文件，并添加到新建的工程中。

3. 建造并生成“. out” 输出文件，然后通过仿真器把执行代码(“. out”文件)下载到 DSP 芯片中。

4. 单击运行程序图标。

5. 观察内存数值的变化。

注意查看 0X0060～0X0065 单元中计算值的十六进制结果。

6. 停止程序的运行(单击)。

7. 尝试改变变量的赋值，或改变变量个数，重复上述过程，观察并记录程序运行结果。

8. 尝试改变“.cmd”文件中数据存储器的起始地址，重复上述过程，观察并记录程序运行结果。

六、思考题

1. 试给出不用长字运算指令实现上述计算的代码。
2. 可否利用长字运算指令完成双16位数的运算？

实验七　卷积运算

一、实验目的

1. 掌握卷积运算的基本原理。
2. 掌握用C语言编写DSP程序的方法。

二、实验器材

1. 装有CCS软件的计算机	一台
2. 装有5416主控板的DSP-Ⅲ型实验箱	一个
3. DSP硬件仿真器	一个

三、实验原理

卷积是数字信号处理中经常用到的运算，其基本表达式为

$$y(n)=\sum_{m=0}^{n}h(m)x(n-m) \tag{4.7.1}$$

编写程序时需要注意两点：

1. 序列数组长度的分配，尤其是输出数组 $y(n)$ 要有足够的长度。
2. 循环体中变量的位置，即 n 和 m 的关系。

四、实验要求

1. 编写C语言程序实现实数的卷积运算。
2. 编写链接命令文件。
3. 在CCS环境中调试程序，记录运行结果，撰写实验报告。

五、实验步骤

1. 复习卷积的基本原理。
2. 利用DSP硬件仿真器将计算机串口与DSP实验箱连接，打开DSP实验箱电源。
3. 在CCS环境中建立本实验的工程，编写C语言源程序及“.cmd”文件，并添加到新建的工程中。
4. 建造并生成“.out”输出文件，然后通过仿真器把执行代码（“.out”文件）下载到DSP

芯片中。

5. 把输入、输出数组参数添加到“Watch Window”观察窗口中作为观察对象(选中变量名,单击鼠标右键,在弹出菜单中选择“Add Watch Window”命令,如图 4.7.1 所示)。

6. 单击运行程序图标 。

7. 观察三个数组从初始化到卷积运算结束整个过程中的变化(可单击变量名前的“+”号把数组展开,如图 4.7.2 所示)。

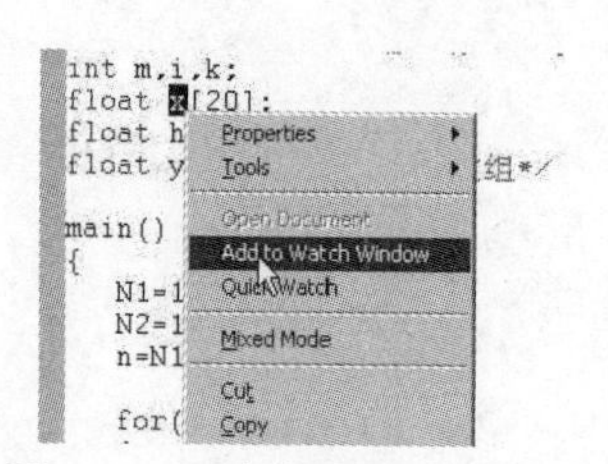

图 4.7.1 在“Watch Window”观察窗口中添加参数

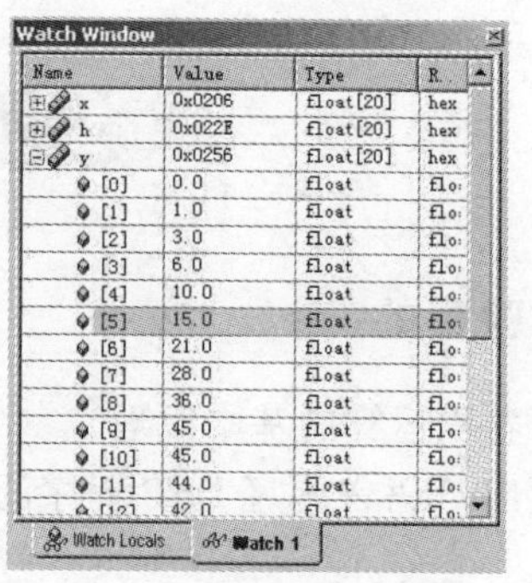

图 4.7.2 在“Watch Window”观察窗口中观察参数

8. 修改输入序列的长度或初始值,重复上述过程,观察卷积结果。

六、思考题

1. 试用汇编语言编写实现卷积运算的程序。
2. 考虑如何实现复数的卷积运算。

实验八 相关运算

一、实验目的

1. 掌握相关系数的估计方法。
2. 掌握用 C 语言编写 DSP 程序的方法。

二、实验器材

1. 装有 CCS 软件的计算机　　一台
2. 装有 5416 主控板的 DSP-Ⅲ型实验箱　　一个
3. DSP 硬件仿真器　　一个

三、实验原理

相关系数是数字信号处理中的一个重要概念,包括自相关系数和互相关系数。它们的定义如下(设 k 为相关系数的阶数):

$$\varphi_{xx}(k)=E[x(n)x(n+k)] \tag{4.8.1}$$

$$\gamma_{xy}(k)=E[x(n)y(n+k)] \tag{4.8.2}$$

根据相关系数的定义,需要输入信号的期望值,这在实际中是不可能实现的。因此,通常只根据一定长度的已知输入信号求相关系数的一个估计,这时采用以下的公式(设 N 为已知信号的长度):

$$\hat{\varphi}_{xx}(k)=\frac{1}{N}\sum_{n=0}^{N-k-1}x(n)x(n+k) \tag{4.8.3}$$

$$\hat{\gamma}_{xy}(k)=\frac{1}{N}\sum_{n=0}^{N-k-1}x(n)y(n+k) \tag{4.8.4}$$

既然是估计值,那么就存在一致性和有效性的问题,可以证明式(4.8.3)和式(4.8.4)的估计是有偏估计,而以下的则是无偏估计:

$$\hat{\varphi}_{xx}(k)=\frac{1}{N-k}\sum_{n=0}^{N-k-1}x(n)x(n+k) \tag{4.8.5}$$

$$\hat{\gamma}_{xy}(k)=\frac{1}{N-k}\sum_{n=0}^{N-k-1}x(n)y(n+k) \tag{4.8.6}$$

本实验要求在以上公式的基础上实现各阶相关系数的估计。

四、实验要求

1. 编写 C 语言程序实现各阶相关系数的估计。
2. 编写链接命令文件。
3. 在 CCS 环境中调试程序,记录运行结果,撰写实验报告。

五、实验步骤

1. 利用 DSP 硬件仿真器将计算机串口与 DSP 实验箱连接,打开 DSP 实验箱电源。
2. 在 CCS 环境中建立本实验的工程,编写 C 语言源程序及“.cmd”文件,并添加到新建的工程中。
3. 建造并生成“.out”输出文件,然后通过仿真器把执行代码(“.out”文件)下载到 DSP 芯片中。
4. 在“Watch Window”观察窗口中添加相关系数数组作为观察对象。
5. 运行程序(单击),观察数值的变化。
6. 修改估计模式(如 mode),重复上述过程,观察有偏估计与无偏估计的差别。
7. 修改输入数组的初始赋值函数、参与估计的数组长度、输出数组的长度等参数,重复上述过程,观察并记录运行结果。

六、思考题

1. 试证明式(4.8.5)和式(4.8.6)的无偏性。
2. 在本实验程序的基础上,修改代码,实现自相关系数的估计。
3. 分析阶数对相关系数的影响。

实验九 快速傅里叶变换(FFT)实现

一、实验目的

1. 掌握 FFT 算法的基本原理。
2. 掌握用 C 语言编写 DSP 程序的方法。

二、实验器材

1. 装有 CCS 软件的计算机	一台
2. 装有 5416 主控板的 DSP-Ⅲ型实验箱	一个
3. DSP 硬件仿真器	一个

三、实验原理

傅里叶变换是一种将信号从时域变换到频域的变换形式,是信号处理的重要分析工具。离散傅里叶变换(DFT)是傅里叶变换在离散系统中的表示形式。但是 DFT 的计算量非常大,FFT 就是 DFT 的一种快速算法,FFT 将 DFT 的 N^2 步运算减少至 $(N/2)\log_2 N$ 步。

离散信号 $x(n)$ 的傅里叶变换可以表示为

$$X(k)=\sum_{N=0}^{N-1}x(n)W_N^{nk} \quad (W_N=\mathrm{e}^{-\mathrm{j}2\pi/N}) \tag{4.9.1}$$

式中的 W_N 称为蝶形因子,利用它的对称性和周期性可以减少运算量。一般而言,FFT 算法分为时间抽取(DIT)和频率抽取(DIF)两大类。两者的区别是蝶形因子出现的位置不同,前者的蝶形因子出现在输入端,后者的出现在输出端。本实验以时间抽取方法为例。

时间抽取 FFT 是将 N 点输入序列 $x(n)$ 按照偶数项和奇数项分解为偶序列和奇序列。偶序列为 $x(0),x(2),x(4),\cdots,x(N-2)$,奇序列为 $x(1),x(3),x(5),\cdots,x(N-1)$。这样$x(n)$的 N 点 DFT 可写成

$$X(k)=\sum_{n=0}^{N/2-1}x(2n)W_N^{2nk}+\sum_{n=0}^{N/2-1}x(2n+1)W_N^{(2n+1)k} \tag{4.9.2}$$

考虑到 W_N 的性质,即

$$W_N^2=[\mathrm{e}^{-\mathrm{j}(2\pi)/N}]^2=\mathrm{e}^{-\mathrm{j}2\pi/(N/2)}=W_{N/2} \tag{4.9.3}$$

因此有

$$X(k)=\sum_{n=0}^{N/2-1}x(2n)W_{N/2}^{nk}+W_N^k\sum_{n=0}^{N/2-1}x(2n+1)W_{N/2}^{nk} \tag{4.9.4}$$

或者写成

$$X(k)=Y(k)+W_N^kZ(k) \tag{4.9.5}$$

由于 $Y(k)$ 与 $Z(k)$ 的周期为 $N/2$,并且利用 W_N 的对称性和周期性,即

$$W_N^{k+N/2}=-W_N^k \tag{4.9.6}$$

可得

$$X(k+N/2)=Y(k)-W_N^k Z(k) \tag{4.9.7}$$

对 $Y(k)$ 与 $Z(k)$ 继续以同样的方式分解下去，就可以使一个 N 点的 DFT 最终用一组 2 点的 DFT 来计算。在基数为 2 的 FFT 中，总共有 $\log_2 N$ 级运算，每级中有 $N/2$ 个 2 点 FFT 蝶形运算，如图 4.9.1 所示。

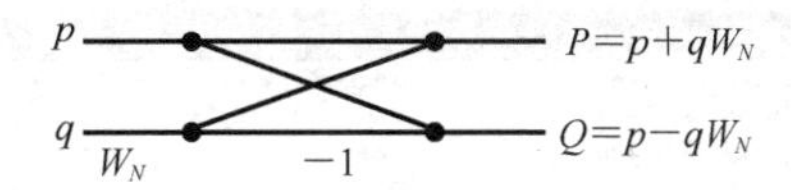

图 4.9.1 单个蝶形运算示意图

以 $N=8$ 为例，时间抽取 FFT 的信号流图如图 4.9.2 所示。

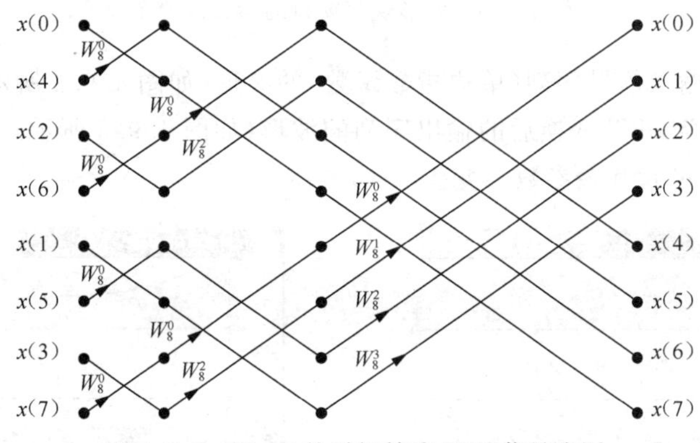

图 4.9.2 $N=8$ 的时间抽取 FFT 信号流图

从图 4.9.2 可以看出，输出序列是按自然顺序排列的，而输入序列的顺序则是按"比特反转"方式排列的。也就是说，将序号用二进制表示，然后将二进制数以相反方向排列，再以这个数作为序号。如 011 变成 110，那么第 3 个输入值和第 6 个输入值就要交换位置了。本实验中可采用一种比较常用且有效的方法完成这一步工作——雷德算法。

四、实验要求

1. 编写 C 语言程序实现单边指数函数的 FFT 变换。
2. 编写链接命令文件。
3. 在 CCS 环境中调试程序，记录运行结果，撰写实验报告。

五、实验步骤

1. 以 8 点 FFT 的信号流图为例，理解 FFT 算法的过程。
2. 利用 DSP 硬件仿真器将计算机串口与 DSP 实验箱连接，打开 DSP 实验箱电源。
3. 在 CCS 环境中建立本实验的工程，编写 C 语言源程序及".cmd"文件，并添加到新建的工程中。
4. 建造并生成".out" 输出文件，然后通过仿真器把执行代码(".out"文件)下载到 DSP 芯片中。
5. 运行程序(单击)。

6. 选择“View”→“Graph”→“Time/Frequency”，设置弹出的对话框中的参数，其中“Start Address”设为输入信号序列（如“x_re”），“Acquisition Buffer Size”和“Display Data Size”都设为 FFT 点数（如“64”），并且把“DSP Data Type”设为“32-bit floating point”，如图 4.9.3 所示。

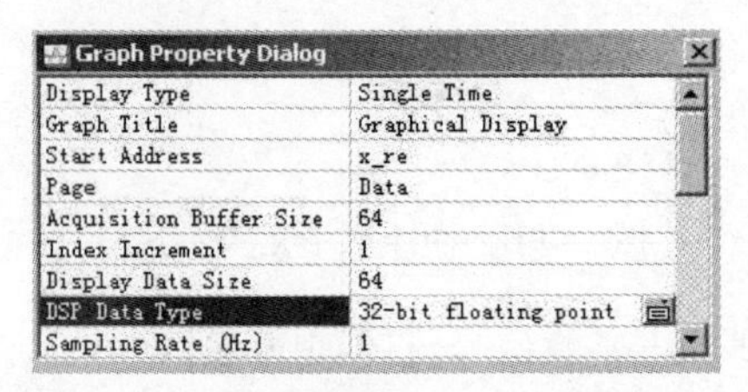

图 4.9.3　波形观察窗口的参数设置图

设置好后观察输入信号序列（单边指数函数）的波形（如图 4.9.4 所示）。

同样方法观察经 DFT 变换后的输出序列的波形（如图 4.9.5 所示），“Start Address”改为输出序列（如“y_re”），其余参数不变。

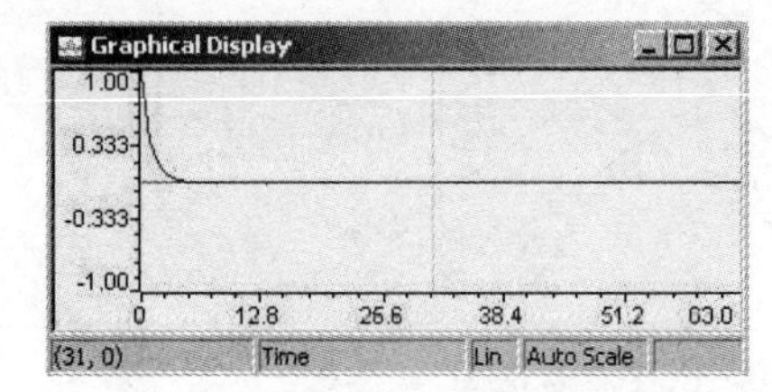

图 4.9.4　输入信号序列的波形

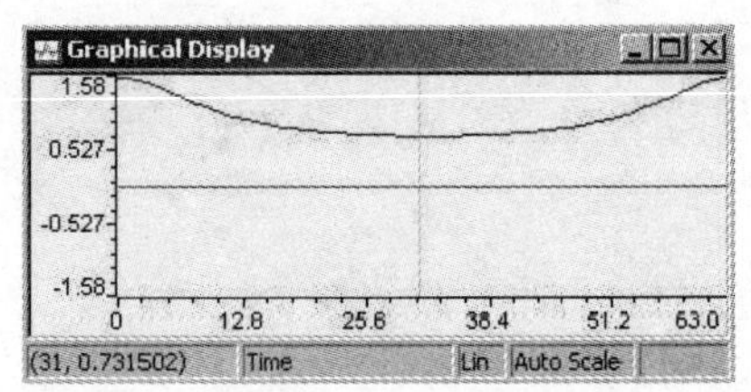

图 4.9.5　输出信号序列的波形

7. 在“Watch Window”观察窗口中添加相关变量（如 i,j,k,m,n,a,b,c 等），在“Debug”菜单中先选择“Restart”，然后选择“Go Main”，单步运行程序，跟踪 FFT 算法的过程。

注：可以跳过程序开始部分对各个数组的赋值代码，方法是在雷德算法的第一行代码前设置断点（单击），然后先运行程序（单击），待程序停在该断点后再单步执行后面的代码，见图 4.9.6。

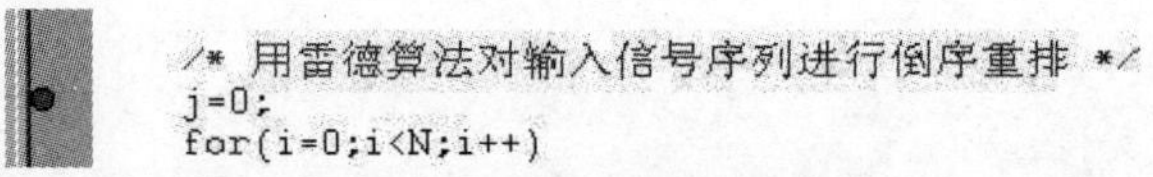

```
/* 用雷德算法对输入信号序列进行倒序重排 */
j=0;
for(i=0;i<N;i++)
```

图 4.9.6　断点设置示意图

8. 修改 FFT 的点数值（应为 2 的整数次幂，如 8，16，32 等，最大不超过 256），或者修改输入信号 x 的函数，如直流信号、正弦波、三角波等，观察程序运行结果。注意观察图形时，数据块大小要相应更改为当前点数值。

六、思考题

1. 分析本实验程序中完成位倒序排列的雷德算法的原理。
2. 查阅参考资料，了解 TMS320C5000 系列专门为 FFT 运算提供的“比特反转”寻址方式。
3. 思考如何实现实数序列的 FFT，它在复数序列的算法基础上还能进行哪些优化，从而进一步降低运算量和所需的存储空间。

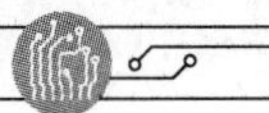

实验十 无限冲激响应(IIR)滤波器实现

一、实验目的

1. 掌握 IIR 滤波器的原理与设计方法。
2. 掌握用 C 语言编写 DSP 程序的方法。

二、实验器材

1. 装有 CCS 软件的计算机	一台
2. 装有 5416 主控板的 DSP-Ⅲ型实验箱	一个
3. DSP 硬件仿真器	一个

三、实验原理

数字滤波器的输入 $x(k)$ 和输出 $y(k)$ 之间的关系可以用如下常系数线性差分方程及其 z 变换描述：

$$y(k)=\sum_{i=0}^{N}a_i x(k-i)+\sum_{i=1}^{M}b_i y(k-i) \tag{4.10.1}$$

系统的转移函数为

$$H(z)=\frac{Y(z)}{X(z)}=\frac{\sum_{k=1}^{M}b_k z^{-k}}{1+\sum_{k=0}^{N}a_k z^{-k}} \tag{4.10.2}$$

设计一个 IIR 滤波器就是要根据所给定的指标确定式(4.10.2)中的分子和分母系数。

设计 IIR 滤波器可以先设计一个合适的模拟滤波器，然后变换成满足给定指标的数字滤波器。这种方法很简便，因为模拟滤波器有多种设计方法，如巴特沃思型滤波器、切比雪夫型滤波器、椭圆函数型滤波器等，并且已经具有很多简单而又现成的设计公式。采用这种方法需要把 s 平面映射到 z 平面，使模拟系统函数 $H(s)$ 变换成所需的数字滤波器的系统函数 $H(z)$。映射方法主要有冲激响应不变法、阶跃响应不变法和双线性变换法。前两种方法会因为多值映射关系产生混叠失真，双线性变换法则克服了这一缺点。双线性变换法的映射关系式是

$$s=c\,\frac{1-z^{-1}}{1+z^{-1}} \tag{4.10.3}$$

四、实验要求

1. 编写 C 语言程序实现巴特沃思型滤波器，并用双线性变换法转换成数字滤波器。
2. 编写链接命令文件。
3. 在 CCS 环境中调试程序，记录运行结果，撰写实验报告。

五、实验步骤

1. 利用 DSP 硬件仿真器将计算机串口与 DSP 实验箱连接，打开 DSP 实验箱电源。

2. 在 CCS 环境中建立本实验的工程，编写 C 语言源程序及“. cmd”文件，并添加到新建的工程中。

3. 建造并生成“. out”输出文件，然后通过仿真器把执行代码（“. out”文件）下载到 DSP 芯片中。

4. 运行程序（单击）。

5. 在“Watch Window”观察窗口观察系统函数 $H(z)$ 的分子和分母系数，写出该滤波器的系统函数。

6. 选择“View”→“Graph”→“Time/Frequency”，设置弹出的对话框中的参数，其中“Start Address”设为幅频响应值（如“hwdb”），“Acquisition Buffer Size”和“Display Data Size”都设为“50”，并且把“DSP Data Type”设为“32-bit floating point”，观察幅频响应波形（如图 4. 10. 1 所示）。

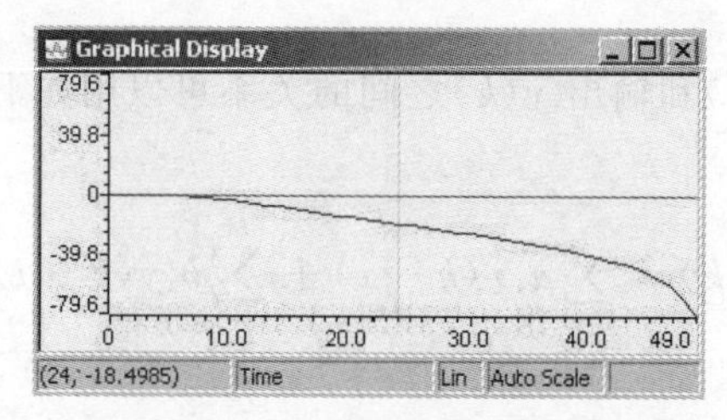

图 4. 10. 1　幅频响应波形

7. 修改滤波器的设计参量，如通带截止频率、阻带截止频率、抽样频率、容限等，重复上述过程，观察设计结果。

六、思考题

总结巴特沃思型滤波器的设计方法。

自适应滤波器 LMS 算法实现

一、实验目的

1. 掌握自适应滤波器的原理。
2. 掌握 LMS 算法的原理。
3. 掌握用 C 语言编写 DSP 程序的方法。

二、实验器材

1. 装有 CCS 软件的计算机　　　　　　　　一台

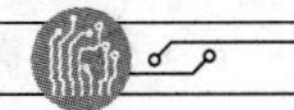

2. 装有 5416 主控板的 DSP-Ⅲ型实验箱 一个
3. DSP 硬件仿真器 一个

三、实验原理

图 4.11.1 为自适应滤波器结构的一般形式，图中 $x(k)$ 为输入信号，通过参数可调的数字滤波器后产生输出信号 $y(k)$，将输出信号 $y(k)$与标准信号（或者称期望信号）$d(k)$ 进行比较，得到误差信号 $e(k)$。$e(k)$和 $x(k)$通过自适应算法对滤波器的参数进行调整，调整的目的是使误差信号 $e(k)$最小。反复进行以上过程，使滤波器逐渐掌握输入信号和噪声的统计规律，并以此为根据自动调整自己的参数，从而达到最佳的滤波效果。一旦输入信号的统计规律发生了变化，滤波器便能够自动跟随输入信号的变化，自动调整滤波器的参数，这就是自适应滤波的原理。

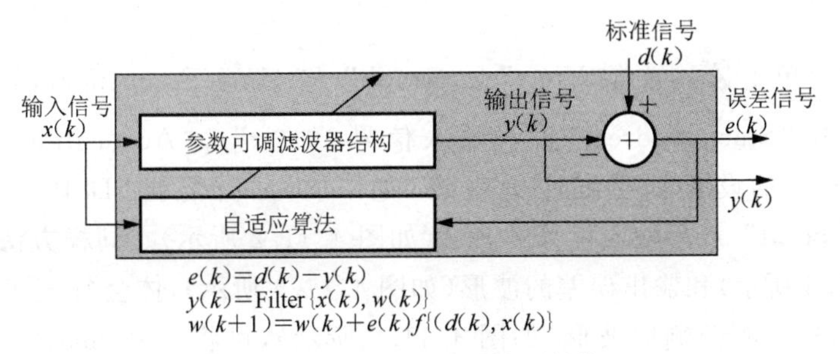

图 4.11.1 自适应滤波器结构

自适应滤波器的结构可以采用 FIR 型或 IIR 型，由于 IIR 滤波器存在稳定性问题，因此一般采用 FIR 滤波器作为自适应滤波器的结构。自适应 FIR 滤波器结构又可分为三种结构类型：横向型结构（Transversal Structure）、对称横向型结构（Symmetric Transversal Structure）、格型结构（Lattice Structure）。本实验所采用的是自适应滤波器设计中最常用的 FIR 横向型结构。设 $w(n)$为横向滤波器的一组系数，滤波器的输出与输入信号间的关系可以表示为

$$y(n)=W^{\mathrm{T}}(n)X(n)=\sum_{i=0}^{N-1}w_i(n)x(n-i) \tag{4.11.1}$$

自适应滤波器除了包括一个按照某种结构设计的滤波器，还有一套自适应算法，滤波器的参数就是依照这种自适应算法来自动调整的，最常用的自适应算法是最小均方误差算法，即 LMS(Least Mean Square)算法。LMS 算法的目标是通过调整系数，使输出误差序列 $e(n)=d(n)-y(n)$的均方值最小化，并且根据这个判据来修改权系数。当均方误差达到最小时，得到最佳系数 w^*。为了较快地求得近似的最佳系数，可以采用最快下降法，也叫梯度算法，这是一种迭代运算。在采用种种近似和代替后，最后可以导出如下公式：

$$W(n+1)=W(n)+2ue(n)X(n) \tag{4.11.2}$$

式(4.11.2)中的 u 是由系统稳定性和迭代运算收敛速度决定的自适应步长，u 越大，则收敛越快，但是 u 太大则会导致系统的不稳定性。本实验就是以这个公式为基础实现自适应滤波器的。关于算法的详细推导过程及参数的选择原则，请读者参考数字信号处理的有关资料。

四、实验要求

1. 编写C语言程序实现自适应滤波器。

2. 编写链接命令文件。

3. 在CCS环境中调试程序，记录运行结果，撰写实验报告。

五、实验步骤

1. 利用DSP硬件仿真器将计算机串口与DSP实验箱连接，打开DSP实验箱电源。

2. 在CCS环境中建立本实验的工程，编写C语言源程序及“.cmd”文件，并添加到新建的工程中。

3. 建造从而生成“.out”输出文件，然后通过仿真器把执行代码（“.out”文件）下载到DSP芯片中。

4. 运行程序（单击），选择“View”→“Graph”→“Time/Frequency”，设置弹出的对话框中的参数，其中“Start Address”设为输入信号（如“x”），“Acquisition Buffer Size”和“Display Data Size”的设置都与程序中一致（如“500”），并且把“DSP Data Type”设为“32-bit floating point”，观察输入信号的波形（如图4.11.2所示）。同样方法观察输出信号波形（如图4.11.3所示）和输出误差的波形（如图4.11.4所示），体会“自适应”的过程。

观察输出信号的幅频响应波形（如图4.11.5所示），可将“Acquisition Buffer Size”和“Display Data Size”都设为“50”。

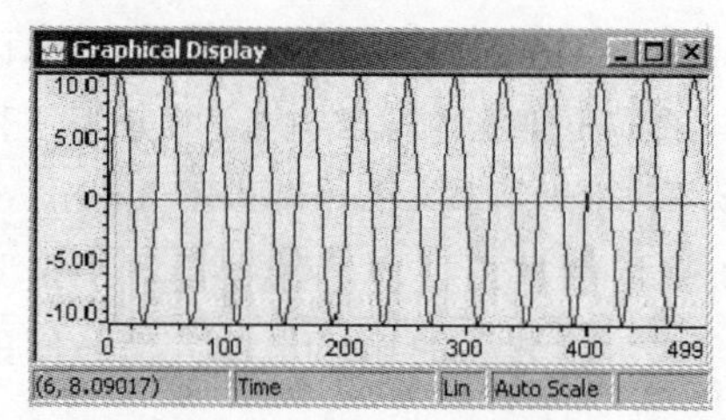

图4.11.2　输入信号波形

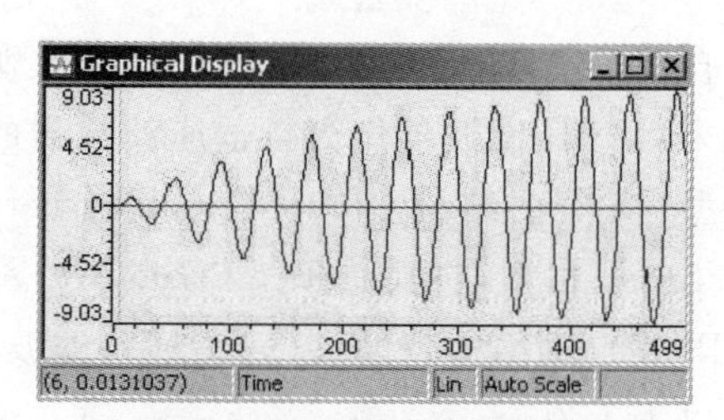

图4.11.3　输出信号波形

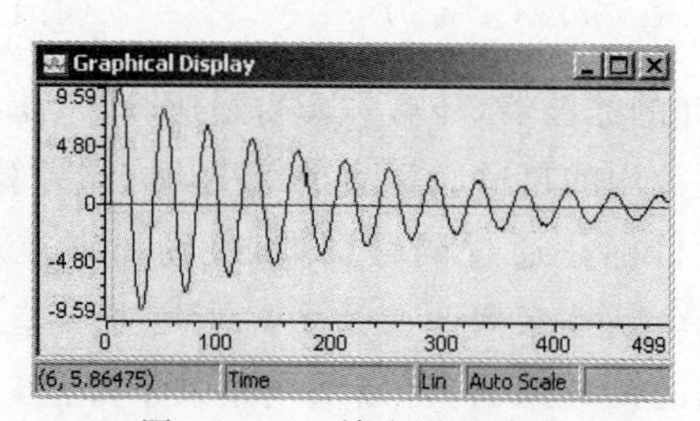

图4.11.4　输出误差波形

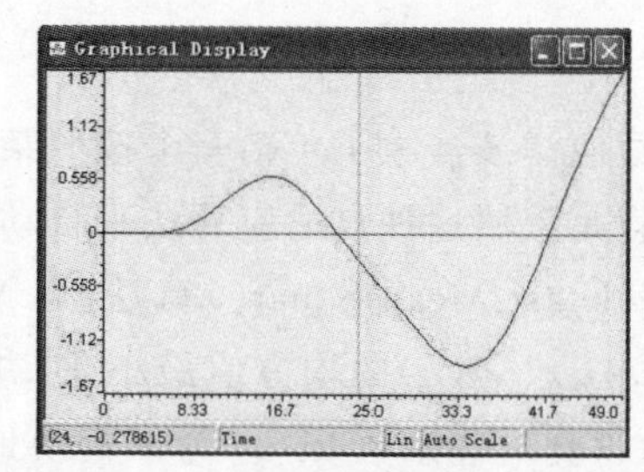

图4.11.5　输出信号的幅频响应波形

5. 在“Watch Window”观察窗口观察系统函数$H(z)$的分子和分母系数x,y,d,e,w，写出该滤波器的系统函数。

6. 修改信号长度、滤波器级数、自适应步长、输入信号函数等内容，重复上述过程，观察程序运行结果。

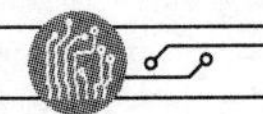

六、思考题

1. 试推导梯度算法的公式。
2. 自适应步长 u 对自适应滤波过程有何影响？应如何决定 u 的值？

实验十二 数码管控制实验

一、实验目的

1. 熟悉 DSP I/O 口的使用。
2. 熟悉 74HC573 的使用方法。

二、实验器材

1. 装有 CCS 软件的计算机　　一台
2. 装有 5416 主控板的 DSP-Ⅲ型实验箱　　一个
3. DSP 硬件仿真器　　一个

三、实验原理

此模块由数码管和 8 个锁存器组成。数码管为共阴极型的。数据由 5416 模块的低 8 位输入，锁存器的控制信号由 5416 模块输出，经由 CPLD 模块译码后再控制对应的 8 个锁存器，如图 4.12.1 所示。

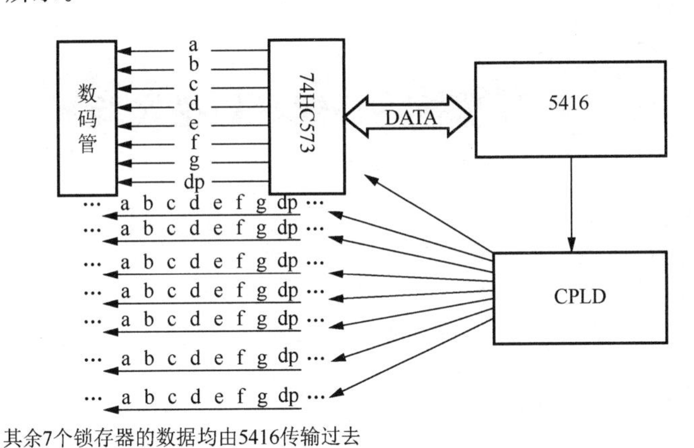

图 4.12.1　数码管控制示意图

四、实验要求

1. 编写源程序实现数码管控制。
2. 编写链接命令文件。
3. 在 CCS 环境中调试程序，观察运行结果，撰写实验报告。

五、实验步骤

1. 把 5416 模块小板插到大板上，利用 DSP 硬件仿真器将计算机串口与 DSP 实验箱连接，打开 DSP 实验箱电源及数码管模块的电源。

2. 在 CCS 环境中建立本实验的工程，编译生成输出文件，通过仿真器把执行代码(“.out”文件)下载到 DSP 芯片。

3. 运行程序(单击)，数码管会按照程序设计显示数字。

4. 自行修改程序，改变显示样式，如：8 个数码管显示出相同的数字。

特别提示：在主程序中按图 4.12.2 所示改变所标数据值即可修改成需显示的符号(程序中数码管的顺序为 g,f,a,b,dp,c,d,e)。

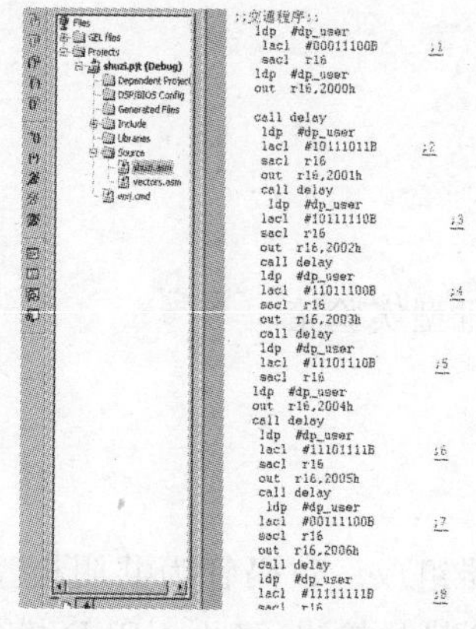

图 4.12.2　主程序部分代码

键盘扫描实验

一、实验目的

1. 掌握键盘信号的输入及 DSP I/O 口的使用。
2. 掌握键盘信号之间时序的正确识别和引入。

二、实验器材

1. 装有 CCS 软件的计算机	一台
2. 装有 5416 主控板的 DSP-Ⅲ型实验箱	一个
3. DSP 硬件仿真器	一个

三、实验原理

实验箱提供一个 4×4 的行列式键盘。5416 的 8 个 I/O 口与之相连，这里按键的识别方法是扫描法。

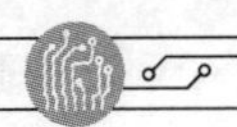

按键被按下时，与此键相连的行线电平将由与此键相连的列线电平决定，而行线电平在无按键按下时处于高电平状态。如果让所有的列线也处于高电平，那么按键按下与否不会引起行线电平的状态变化，始终为高电平，所以，让所有的列线处于高电平是无法识别出按键的。现在反过来，让所有的列线处于低电平，很明显，按键所在的行线电平将被拉成低电平，根据此行线电平的变化，便能判断此行一定有按键被按下，但还不能确定是哪个键被按下。为了进一步判定是哪一列的键被按下，可在某一时刻只让一条列线处于低电平，而其余列线处于高电平，那么，按下键的那列电平就会被拉成低电平，判断出哪列为低电平就可以判断出按键号码。按键与扫描数据的对应关系如表 4.13.1 所示。

表 4.13.1　按键与扫描数据的对应关系

键号	按键数据输入代码				扫描输出信号				所检查的按键
	PC.7	PC.6	PC.5	PC.4	PC.3	PC.2	PC.1	PC.0	
0	1	1	1	0	1	1	1	0	K0 键
1	1	1	0	1	1	1	1	0	K1 键
2	1	0	1	1	1	1	1	0	K2 键
3	0	1	1	1	1	1	1	0	K3 键
4	1	1	1	0	1	1	0	1	K4 键
5	1	1	0	1	1	1	0	1	K5 键
6	1	0	1	1	1	1	0	1	K6 键
7	0	1	1	1	1	1	0	1	K7 键
8	1	1	1	0	1	0	1	1	K8 键
9	1	1	0	1	1	0	1	1	K9 键
10	1	0	1	1	1	0	1	1	K10 键
11	0	1	1	1	1	0	1	1	K11 键
12	1	1	1	0	0	1	1	1	K12 键
13	1	1	0	1	0	1	1	1	K13 键
14	1	0	1	1	0	1	1	1	K14 键
15	0	1	1	1	0	1	1	1	K15 键

读者可以通过表 4.13.2 所示的键位去加深理解其含义。

表 4.13.2　键盘的按键分配

按键编号	K0	K1	K2	K3	K4	K5	K6	K7	K8	K9	K10	K11	K12	K13	K14	K15
按键标名	A	B	C	D	3	6	9	#	2	5	8	0	1	4	7	*

键盘的按键位置分配如下：

```
1  2  3  A
4  5  6  B
7  8  9  C
*  0  #  D
```

实验箱上的相关模块连接示意图如图 4.13.1 所示。

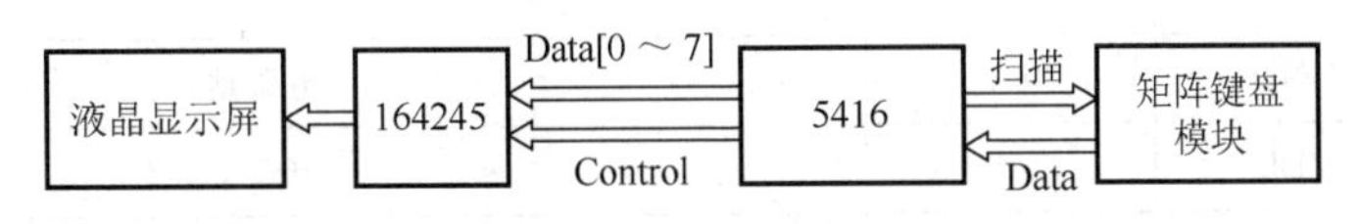

图 4.13.1　模块连接示意图

四、实验要求

1. 编写源程序实现键盘控制。
2. 编写链接命令文件。
3. 在 CCS 环境中调试程序，测试运行结果，撰写实验报告。

五、实验步骤

1. 把 5416 模块小板插到大板上，打开液晶显示屏模块的电源开关。

2. 在 CCS 环境中建立本实验的工程，编译生成输出文件，通过仿真器把执行代码（“.out”文件）下载到 DSP 芯片。

3. 运行程序（单击），按下键盘按键，液晶显示屏会显示所按下按键的号码。

实验十四 液晶显示屏实验

一、实验目的

1. 掌握液晶显示屏的使用方法。
2. 掌握液晶信号之间时序的正确识别和引入。

二、实验器材

1. 装有 CCS 软件的计算机　　一台
2. 装有 5416 主控板的 DSP-Ⅲ型实验箱　　一个
3. DSP 硬件仿真器　　一个

三、实验原理

（一）液晶显示屏简介

液晶显示屏的相关引脚功能如表 4.14.1 所示。

表 4.14.1　液晶显示屏相关引脚功能

引脚号	引脚名称	电平	功能描述
1	/CS1	1/0	/CS1=0:选择芯片(左半屏)信号 /CS1=1:屏蔽芯片(左半屏)信号
2	/CS2	1/0	/CS2=0:选择芯片(右半屏)信号 /CS2=1:屏蔽芯片(右半屏)信号
3	GND	0 V	电源地
4	VDD	5 V	+5 V
5	VO	—	液晶驱动电压

续表

引脚号	引脚名称	电平	功能描述
6	D/I	1/0	D/I=1:DB7～DB0 显示数据 D/I=0:DB7～DB0 显示指令数据
7	R/W	1/0	R/W=1,E=1:数据被读到 DB7～DB0 R/W=0,E=1→0:数据被写到 IR 或 DR
8	E	1/0	R/W=0:E 信号的下降沿锁存 DB7～DB0 R/W=1,E=1:DDRAM 数据被读到 DB7～DB0
9～16	DB0～DB7	1/0	数据线

液晶显示屏的使用注意事项：

1. 液晶显示屏分左、右半屏，通过 CS1,CS2 控制，CS1 和 CS2 一个置 1 的同时另一个置 0,其中置 1 的将被选中。

2. RS 和 R/W 应配合使用。R/W 和 RS 功能表如表 4.14.2 所示。

表 4.14.2 R/W 和 RS 功能表

引脚	方向	名称	功能
R/W	输入	读选择信号	R/W=1 为读选通;R/W=0 为写选通
RS	输入	数据指令选择信号	RS=1 为数据操作;RS=0 为写指令或读状态

3. 向液晶显示屏里写指令或数据前应先写指令相应的位置，写对行、列、页的选择指令时，由于命令字的位都有标志，所以写时液晶显示屏会自动识别。

4. 引脚 E 在每次写数据或指令前都是高电平，写入数据或指令后 E 变低锁存。

5. 液晶显示屏的扭曲度可以通过调节 VDD 和 VO 之间的可调电阻控制。

(二) 5416 芯片 I/O 口寄存器

5416 芯片 I/O 口寄存器分为控制寄存器和数据方向寄存器，使用方法如下：

首先确定引脚的功能，为 0 表示 I/O 功能，为 1 表示基本功能。本实验使用 I/O 功能。

引脚被配置为 I/O 功能，就需要确定它的方向是输入还是输出，为 1 表示是输出引脚，否则是输入引脚。对于 I/O 功能的输入或输出是通过读写相应的数据方向寄存器来实现的。输入引脚对应读操作，输出引脚对应写操作。本实验只用写操作。

模块连接示意图如图 4.14.1 所示。

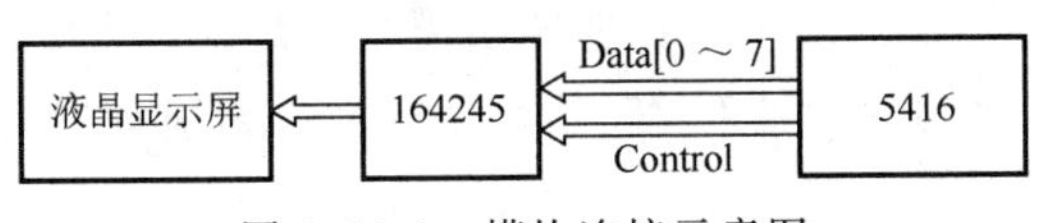

图 4.14.1 模块连接示意图

四、实验步骤

1. 把 5416 模块小板插到大板上，打开液晶显示屏模块的电源开关。

2. 在 CCS 环境中建立本实验的工程，编译生成输出文件。

3. 通过仿真器把执行代码(“.out”文件)下载到 DSP 芯片。

4. 运行程序(单击图标),液晶显示屏上会循环显示设定内容。

实验十五 通用异步串行接口(UART)实验

一、实验目的

1. 掌握异步串行通信协议。
2. 掌握通用异步收发器芯片的应用。

二、实验器材

1. 装有 CCS 软件的计算机　　一台
2. 装有 5416 主控板的 DSP-Ⅲ型实验箱　　一个
3. DSP 硬件仿真器　　一个

三、实验原理

(一) 异步串行通信协议

在传输数据前,数据线处于高电平状态,这称为标识态。传输开始后,数据线由高电平转为低电平状态,这称为起始位。起始位后面接着 5~8 个信息位,信息位后面是校验位,校验位后是停止位"1"。传输完毕后,可以立即开始下一个字符的传输,否则,数据线会再次进入标识态。上面提到的信息位的位数(5~8 位)、停止位的位数(1 位、1.5 位或 2 位)、校验方式(奇校验、偶校验或不校验)等参数都可以根据不同需要进行设置,但对于同一个传输系统中的收发两端来说,这些参数必须保持一致。

异步串行通信方式中另一个重要的参数是波特率。在一般的"0/1"系统中,波特率就是每秒钟传输的位数。国际上规定了一个标准波特率系列,它们是最常用的波特率。标准波特率系列为 110 Bd,300 Bd,600 Bd,1 200 Bd,1 800 Bd,2 400 Bd,4 800 Bd,9 600 Bd,19 200 Bd。发送端和接收端必须设置统一的波特率,否则无法正确接收数据。

(二) 通用异步收发器芯片 SC16C550

通用异步收发器完成的功能是把并行数据转换为串行数据,按上述异步串行通信方式把数据发送出去,同时把接收到的串行数据转换成并行数据。本模块选用的是 Philips 公司的 SC16C550 型号芯片,该芯片内部有 15 个寄存器可由编程者进行读写控制,本实验用到的寄存器如表 4.15.1 所示。

表 4.15.1　本实验用到的 SC16C550 内部寄存器

地址($A_2A_1A_0$)	寄存器	地址($A_2A_1A_0$)	寄存器
011	线控制寄存器(LCR)	000	发送数据寄存器(THR)
101	线状态寄存器(LSR)	000	除数寄存器低位(DLL)
000	接收数据寄存器(RHR)	001	除数寄存器高位(DLM)

LCR用来指定异步串行通信的参数，包括传送的字长、停止位的位数和校验方式。LCR功能表见表4.15.2。

表4.15.2　LCR功能表

LCR[0],LCR[1]	传送字长	00=5,01=6,10=7,11=8
LCR[2]	停止位位数	0:1位 1:1.5位(字长为5时) 1:2位(字长为6,7,8时)
LCR[3]	是否进行校验	0:不校验 1:校验
LCR[4]	奇校验或偶校验	0:奇校验 1:偶校验
LCR[5]	强制校验位	缺省为0:即不强制校验位
LCR[6]	中止	0:不中止 1:中止发送
LCR[7]	选择除数寄存器	0:接收和发送数据寄存器有效 1:除数寄存器有效

当LCR[7]位为0时，CPU以"000"的地址读取RHR中存放的接收到的数据，或者往THR中写入要发送的数据，这两个都是8位的寄存器。当RHR中有数据到达时，线状态寄存器的LSR[0]位为1，这时可以读出该数据。当THR中数据清空时，LSR[5]位为1，这时可以写入下一个要发送的数据。

当LCR[7]位为1时，就可以设置除数寄存器的值，该值的计算方法是：除数$=\frac{\text{晶振频率}}{\text{波特率}\times 16}$。把计算结果(十进制)转换为十六进制分别填入DLL和DLM即可。本实验中用的晶振频率是1.843 2 MHz，若所需波特率为9 600 Bd，则DLL中应写入0CH(即12)，DLM中写入0H。

(三) 电平转换

RS-232-C标准中规定 −5～−15 V为逻辑1，+5～+15 V为逻辑0，因此要用专门的芯片完成TTL电平与RS-232电平的转换，如MAX3232。

(四) 串口调试助手

串口调试助手是一种计算机端程序，可以监测计算机串口接收和发送数据的情况。本实验中需要用该程序帮助观察实验结果。

模块连接示意图如图4.15.1所示。

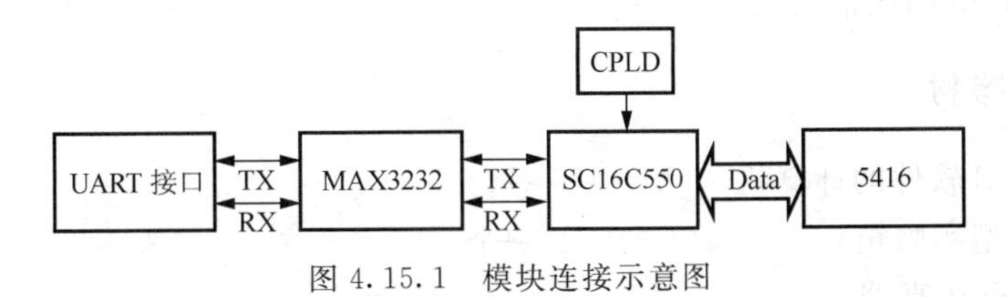

图4.15.1　模块连接示意图

四、实验步骤

1. 用串口线连接实验箱的 UART 模块与计算机串行接口。

2. 在 CCS 环境中建立本实验的工程，编译并生成输出文件（“. out”文件），通过仿真器把执行代码（“. out”文件）下载到 DSP 芯片，然后复位串行接口模块。

3. 在计算机上运行串口调试助手程序，设置串口为“COM1”，波特率为“9600”，校验位为“NONE”，停止位为“1”，十六进制显示，以待观察从 DSP 往计算机串行接口发送的数据。

4. 在串口调试助手程序的发送窗口中键入任意字符（如 “5A”），以待发送至 DSP，并且选择“手动发送”模式（即不选中“自动发送”项）和“十六进制发送”项，如图 4.15.2 所示。

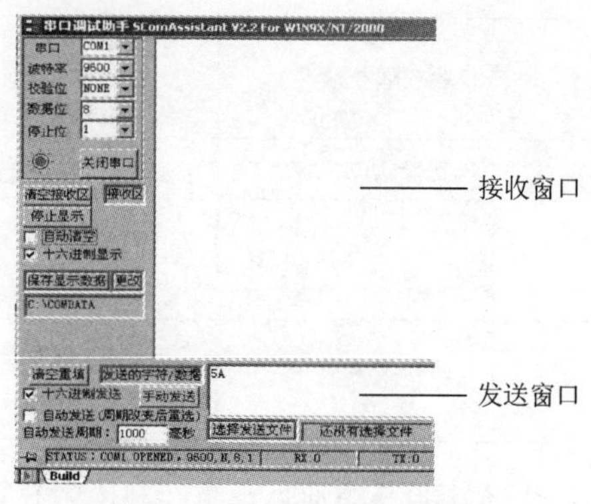

图 4.15.2　串口调试示意图

5. 运行程序（单击 ）。

6. 在串口调试助手程序中，单击“手动发送”按钮，并在接收窗口中观察是否能正确接收到刚才设置的发送数据。

实验十六　普通语音 A/D 与 D/A 转换实验

一、实验目的

1. 熟悉 5416 DSP 的 McBSP 接口的使用。
2. 了解 AD50 的结构。
3. 掌握 AD50 各寄存器的意义及其设置。
4. 掌握 AD50 与 DSP 的接口。
5. 掌握 AD50 的通信格式。

二、实验器材

1. 装有 CCS 软件的计算机　　一台
2. DSP-Ⅲ型实验箱　　一个
3. DSP 硬件仿真器　　一个

三、实验原理

(一) DSP 的 McBSP 接口基础

5416 提供了 3 个高速、全双工、多通道缓存串行接口。它提供了双缓存的发送寄存器和三缓存的接收寄存器，具有全双工的同步或异步通信功能，允许连续的数据流传输。数据发送和接收有独立可编程的帧同步信号，能够与工业标准的解码器、模拟接口芯片或其他串行 A/D 与 D/A 设备(如 AD50，AIC23)、SPI 设备等直接相接，支持外部时钟输入或内部可编程时钟，每个串行接口最多可支持 128 通道的发送和接收，串行字长度可选，包括 8，12，16，20，24 和 32 位，支持 m 律和 A 律数据压缩扩展。

McBSP 通过 7 个引脚(DX，DR，CLKX，CLKR，FSX，FSR 和 CLKS)与外部设备连接。DX 和 DR 引脚完成与外部设备进行通信时数据的发送和接收，CLKX，CLKR，FSX，FSR 实现时钟和帧同步的控制，由 CLKS 来提供系统时钟。发送数据时，CPU 和 DMA 控制器将要发送的数据写到数据发送寄存器 DXR 中，在 FSX 和 CLKX 作用下，由 DX 引脚输出。接收数据时，来自 DR 引脚的数据在 FSR 和 CLKR 作用下，从数据接收寄存器 DRR 中读出数据。接收和发送帧同步脉冲既可以由内部采样速率产生器产生，也可以由外部脉冲源产生，McBSP 分别在相应时钟的上升沿和下降沿进行数据检测。

串行接口的操作由串行接口控制寄存器 2SPCR 和引脚控制寄存器 PCR 来决定；接收控制寄存器 RCR 和发送控制寄存器 XCR 分别设置接收和发送的各种参数，如帧长度等。

(二) AD50 结构

AD50 是 TI 公司生产的一个 16 位、音频采样频率为 2～22.05 kHz、内含抗混叠滤波器和重构滤波器的模拟接口芯片，它有一个能与许多 DSP 芯片相连的同步串行通信接口。AD50 片内还包括一个定时器(调整采样频率和帧同步延时)和控制器(调整编程放大增益、锁相环 PLL、主从模式)。AD50 有 28 脚的塑料 SOP 封装(带 DW 后缀)和 48 脚的塑料扁平封装(带 PT 后缀)两种，体积较小，适用于便携设备。AD50 的工作温度范围是 0～70 ℃，单一5 V电源供电或 5 V 和 3.3 V 联合供电，工作时的最大功率为 120 mW。

AD50 的内部结构简图如图 4.16.1 所示，最上面第一通道为模拟信号输入监控通道，第二通道为模拟信号转化为数字信号(A/D)通道，第三通道为数字信号转化为模拟信号(D/A)通道，最下面一个通道是 AD50 的工作频率和采样频率控制通道。

(三) AD50 内部寄存器及其作用

AD50 内部有 7 个数据和控制寄存器，作用如下：

寄存器 0：空操作寄存器。

寄存器 1：软件复位、软件掉电、选择 16/15 位工作方式、硬件或软件二次通信请求方式的选择。

寄存器 2：使能 ALTDATA 输入端、为 ADC 选择 16/15 位方式。

寄存器 3：选择 FS 与 FSD 之间延迟 SCLK 的个数、告诉主机有几个从机被连上。

寄存器 4：为输入和输出放大器选择放大器增益；选择 N 来设置采样频率，$f_s = \mathrm{MCLK}/(128\times N)$ 或 $\mathrm{MCLK}/(512\times N)$；在 MCLK 输入端使能外部时钟输入，并旁通内部的 PLL。

寄存器 5，6：保留。

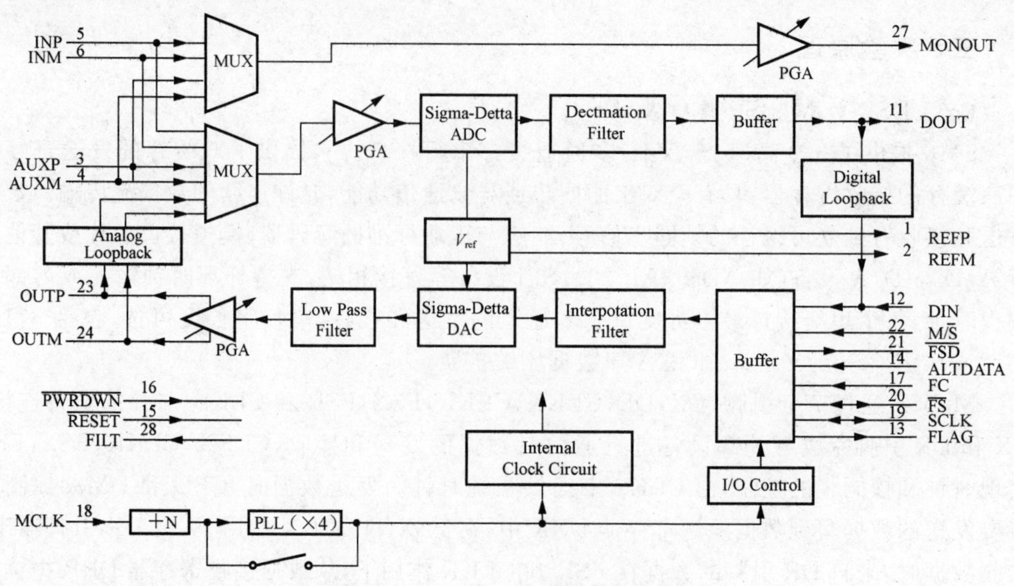

图 4.16.1　AD50 的内部结构简图

（四）AD50 与 DSP 的接口

AD50 与 5416 是以 SPI 方式连接的。AD50 工作在主机模式（$M/\overline{S}=1$），提供数据移位时钟（SCLK）和帧同步脉冲（$\overline{FS}$）。5416 工作于 SPI 方式的从机模式，BCLKX1 和 BFSX1 为输入引脚，在收数据和发数据时都是利用外界时钟和移位脉冲。AD50 与 DSP 的接口示意图如图 4.16.2 所示。

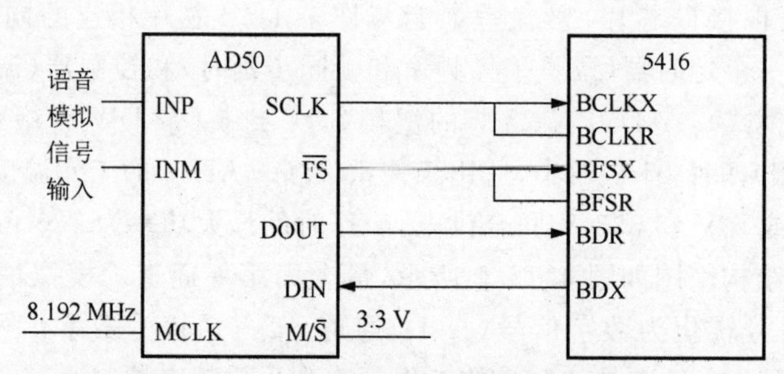

图 4.16.2　AD50 与 DSP 的接口示意图

（五）AD50 的通信方式

AD50 有两种通信方式，一种是以 15+1 方式软件申请第二串行通信，另一种是用 FC 引脚来切换通信方式。软件不太可靠而且 15 位精度小，对于处理音频数据比较麻烦，故我们采用拉高 FC 引脚的方式以达到切换通信方式的目的。

普通 A/D 与 D/A 音频模块控制原理图如图 4.16.3 所示。

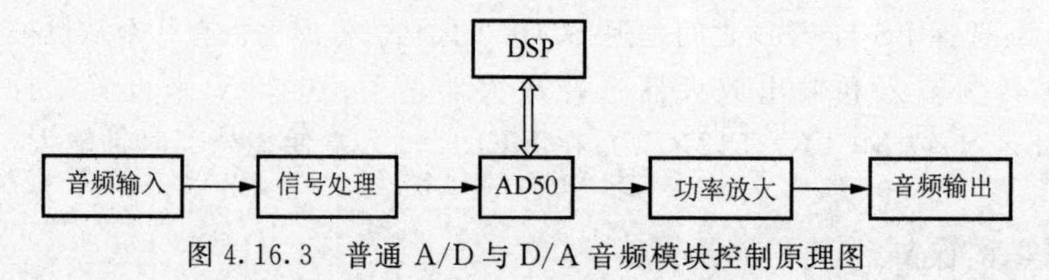

图 4.16.3　普通 A/D 与 D/A 音频模块控制原理图

四、实验步骤

1. 连接好 DSP 开发系统，一条音频线连接计算机和 AD50 模块的输入，另一条音频线连接 AD50 模块的输出和扬声器的输入，或者用耳机连接 AD50 模块的输出。

2. 调节 RPC03 可变电阻，使 Uc02 运放的正输入端（3 脚和 5 脚，出厂前均已设计好）输入电平为 2.5 V，把 JC05 跳接到上面的 3.3 V，AD50 工作于主机模式。

3. 打开 CPU 寄存器观察窗口（单击），把 OVLY 位设置为“0”（因为我们把程序放到片外，数据放到片内），如图 4.16.4 所示。

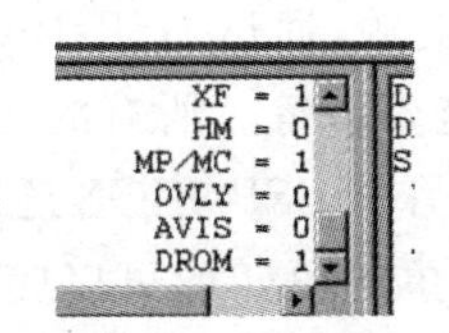

图 4.16.4　设置 OVLY 位

4. 建立本实验工程文件，编译（单击），下载程序到 DSP。

5. 复位 AD50，并观察 AD50 复位后默认的 MCLK，$\overline{FS}$的频率。

6. 运行程序（单击），用示波器观察设置 AD50 的 MCLK 后，$\overline{FS}$频率的变化。

7. 当声音不清晰时可调节电位器 RPC02（VOCAL OUTPUT 旁边），调节音量，使音量大小恰当。

8. 计算机用声卡信号源产生声音信号，测试输入、输出信号波形。

实验十七　虚拟仪器实验

一、实验目的

1. 了解 DSP/BIOS 在 5416 中的应用。
2. 了解 DSP/BIOS 中 McBSP，PLL 以及中断的配置和使用。
3. 了解 HPI 接口的工作原理和工作时序。
4. 了解 HPI 自举的工作过程。
5. 进一步熟悉 AIC23 音频 CODEC 芯片的使用。

二、实验器材

1. PC（要求并口可以工作在 EPP 模式）	一台
2. 装有 5416 主板的 DSP-Ⅲ型实验箱	一个
3. DSP 硬件仿真器（可选）	一个

三、实验原理

本实验的基本过程是通过上位机软件（由软件公司提供）将 DSP 运行代码通过 HPI 接

口加载到 5416 DSP 中，然后启动 DSP 程序。DSP 运行后，首先初始化其 McBSP0 接口、McBSP1 接口以及 PLL 等内部资源，然后初始化 AIC23 芯片，待一切准备就绪后，开始从 McBSP1 接口读取 AIC23 的数据，并存入内部事先安排好的内存中。上位机根据选定的不同功能，通过 HPI 接口读取 DSP 内部已经存取的数据，进行适当处理后，在显示器上显示出波形，并根据 DSP 采集的数据显示当前波形的幅度值和频率值。

本实验中 DSP 利用 McBSP0 初始化 AIC23，利用 McBSP1 读取 AIC23 的转换数据。AIC23 的工作方式为：控制接口为 SPI 方式，数据接口为从设备方式。下面从 DSP/BIOS 开始详细讲解本实验的工作原理。

DSP/BIOS 是 CCS 软件自带的资源，通过 DSP/BIOS 可以非常方便地分配 DSP 内部内存、配置以及管理 DSP 内部的所有资源等。所有的配置都是视窗界面，各个选项简单直观，非常便于初学者着手开发 DSP。另外 DSP/BIOS 还提供了一系列 API 函数，供 DSP 开发人员调用，DSP 开发人员只需要简单的语句就可以完成非常复杂的功能，所有的一切都可以由 DSP/BIOS 来管理和完成。DSP/BIOS 的代码量非常小，可以嵌入到任何应用程序当中，利用 DSP/BIOS，DSP 开发人员无须建立“.cmd 文件”，无须建立中断向量，无须包含任何“.lib”库，甚至可以不写一行汇编程序就完成整个项目的开发。

DSP/BIOS 是 DSP 的软核，对于 TI 的 DSP，还有一个非常有用的接口——主机（HPI）接口，通过 HPI 接口，主机（可以是 MCU、其他 DSP、PC 等）可以非常方便地访问到 DSP 内部的所有寄存器和内存。该接口可以应用在不同的场合，如通过 PC 机监控 DSP 内部的健康状况、获取 DSP 内部数据、重新配置 DSP 内部寄存器或工作模式、加载代码等。本实验就是利用 HPI 接口在启动 DSP 的时候加载代码（称为 HPI 自举），在 DSP 工作后，通过 HPI 接口控制 DSP 的工作方式以及获取不同工作方式下的有效数据等。

HPI 接口可以工作在数据地址总线复用的 8 位总线模式，也可以工作在数据地址总线独立的 16 位总线模式，大大方便了不同 CPU 和它的连接。本实验中，由于采用 PC 的并口通过 HPI 接口与 DSP 通信，而并口资源有限，所以采用 HPI 工作在 8 位复用模式的工作方式。8 位复用模式的 HPI 接口如图 4.17.1 所示。

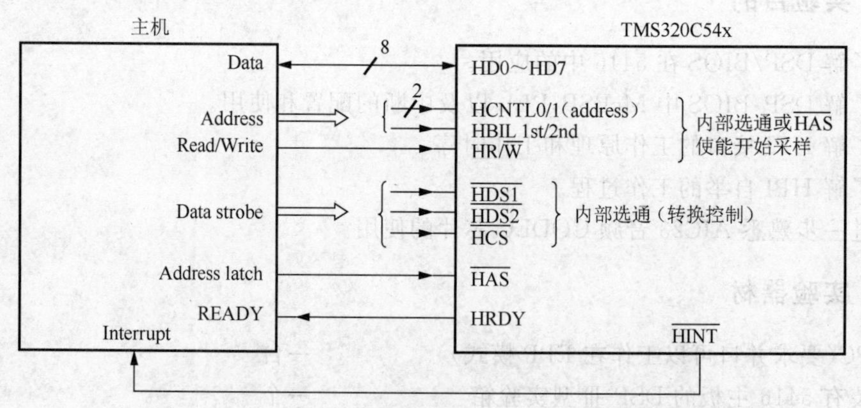

图 4.17.1　DSP HPI(8 位模式)接口与主机基本连接图

现对图 4.17.1 中的部分连接进行简要说明：

HD0～HD7：三态双向数据总线，主机与 DSP 所有的数据都是通过该总线传输。

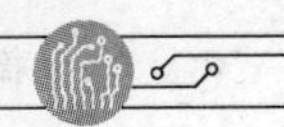

HCNTL0/1：寄存器选择，在 HPI 接口内部共有 4 个寄存器，分别是 HPIC（控制寄存器）、HPIDA（数据寄存器，读写该寄存器，内部地址总线会自动累加 1）、HPIA（地址寄存器）以及 HPID（数据寄存器，读写该寄存器，内部地址总线不变）。

HBIL：高低字节指示。由于 DSP 内部总线均为 16 位，而图 4.17.1 中的连接为 8 位总线方式，所以主机每次必须对 DSP 读写两次才能完成一次 16 位操作，HBIL 即用来指示当前操作的字节是第一个字节还是第二个字节。

$HR/\overline{W}$：读写指示。

$\overline{HDS1}/\overline{HDS2}$：数据选通输入，通常连接只需要使用其中一个输入，另一个输入信号接高电平即可。

$\overline{HCS}$：主机接口片选，低电平有效。

$\overline{HAS}$：地址选通输入，根据具体的主机接口决定是否采用该信号。对于不使用该信号的场合，直接将其接高电平即可。

HRDY：HPI 准备好标志，当 HPI 内部尚未准备好进行下一次传输的时候，该信号会指示 HPI 内部处于忙的状态。

HPI 接口的读写时序如图 4.17.2 所示。从图中可以看出，当$\overline{HCS}$有效时，HPI 内部控制器会在$\overline{HAS}$的下降沿（如果没有用到$\overline{HAS}$，则在$\overline{HDS}$的下降沿）锁存当前 HCNTL0/1，HBIL 以及 $HR/\overline{W}$的状态，从而决定当前是读操作还是写操作，并且通过 HCNTL0/1 的状态决定主机对 HPI 内部的哪一个寄存器进行操作。要想让 PC 机通过并口正确地与 DSP 进行 HPI 通信，就必须让 PC 机的并口产生与图 4.17.2 完全一致的时序。

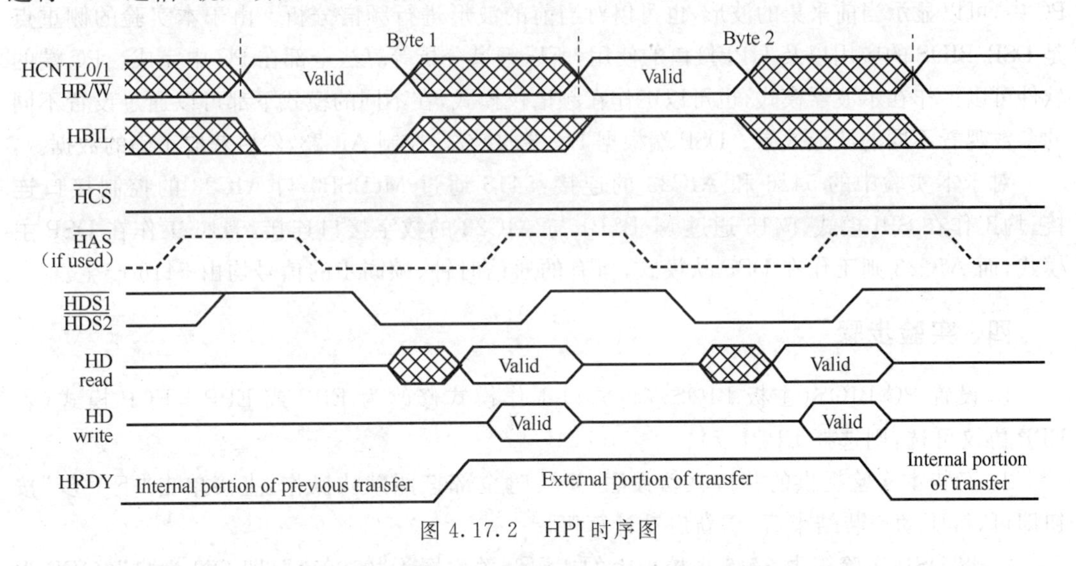

图 4.17.2　HPI 时序图

在保证与 DSP 正确通信后，就可以设计 HPI 自举的程序了。对于 5416 DSP 而言，它支持 HPI 自举、并行自举、标准串行自举、8 位串行自举以及 I/O 自举等多种自举方式。DSP 在上电复位后，依次轮寻检测上述自举方式，直到有一种自举方式满足为止。对于 HPI 自举，其自举流程图如图 4.17.3 所示。

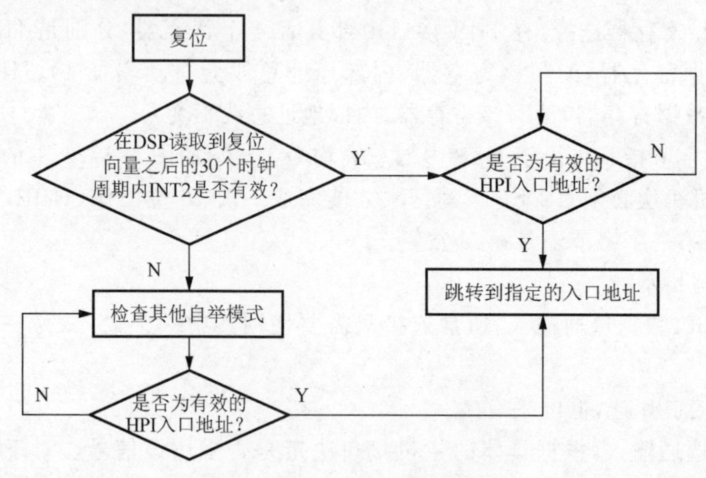

图 4.17.3　HPI 自举流程图

DSP 在上电后首先检测的就是 HPI 自举的条件是否满足，如果条件不满足，会检测其他自举方式是否满足，如果仍旧不满足，DSP 会依次轮寻上述所有的自举方式。DSP 在复位的时候，会将 HPI 的入口地址置为无效，此时主机可以通过 HPI 接口把程序代码装载到 DSP 内部的 RAM 中，然后置入口地址有效。DSP 在检测到 HPI 的入口地址有效后，会自动跳转到相应的入口地址处，并开始执行代码。

本实验是一个虚拟仪器的实验，DSP 主要负责数据采集和存储，供 PC 通过 HPI 读取。在 PC 中，可以显示当前采集的波形，也可以对当前的波形进行频谱分析。由于本实验的侧重点是 DSP/BIOS 的应用以及 HPI 接口的使用，所以频谱分析等算法全部在 PC 中完成。PC 端的软件可以工作在示波器模式，也可以工作在频谱仪模式，在不同的模式下都可以通过设置不同的参数观看不同的波形效果。DSP 端根据 PC 端的操作，控制 AIC23，然后获取正确的数据。

对于本实验中的 5416 和 AIC23 的连接：5416 通过 McBSP0 与 AIC23 的控制接口连接，均工作在 SPI 模式；5416 通过 McBSP1 与 AIC23 的数字接口连接，5416 工作在 DSP 主模式，而 AIC23 则工作在 DSP 从模式，所有的通信时钟、帧同步的信号均由 5416 产生。

四、实验步骤

1. 设置 PC BIOS（主板 BIOS），将并口工作模式修改为 EPP 或 EPP＋ECP 模式（若 EPP 协议可选，则选择 EPP1.7）。

2. 安装本实验提供的并口驱动程序，安装时全部按照默认操作，直接单击“下一步”按钮即可，待驱动安装结束后，重新启动计算机。

3. 将 DSP 实验箱中 5416 主控板上的拨码开关设置为“010011”（即 ON 为“1”，OFF 为“0”，从右边开始数），此拨码开关的设置即选通 HPI 接口，BIO 为高，选择 MC 工作模式（只有 MC 工作模式的时候 DSP 才会自举）。

4. 将计算机并口与 DSP 实验箱连接。

5. 打开 DSP 实验箱电源，复位 DSP。

6. 启动配套的 PC 端应用程序“NewVDevice”文件夹下的“VDevice.exe”，该软件已经包含 DSP 执行代码。启动该软件时，软件会提示正在下载 DSP 代码，如图 4.17.4 所示。

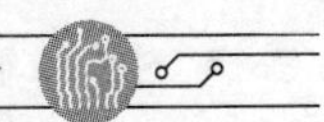

7. DSP 加载正确后，会自动开始运行，此时如果工作正常，且没有任何信号输入，VDevice 软件会显示图 4.17.5 所示的界面，否则，关闭软件，复位 DSP 并重新启动本软件。

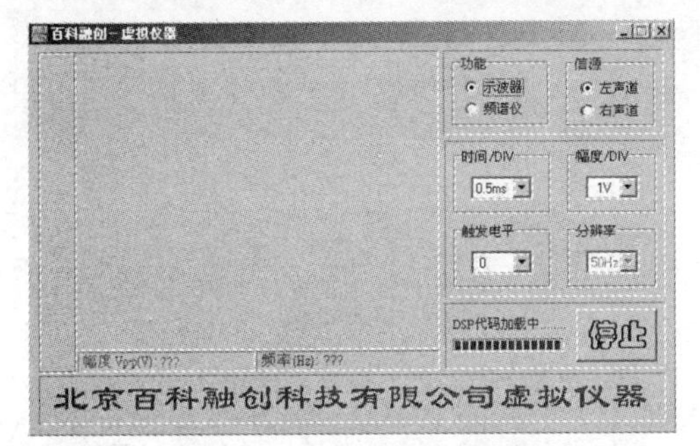

图 4.17.4 软件启动界面

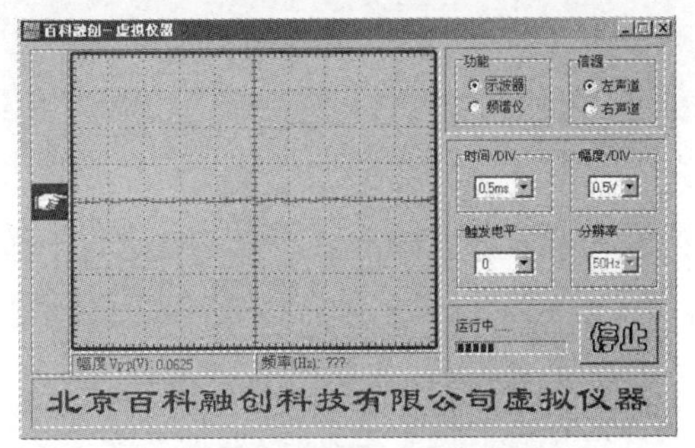

图 4.17.5 HPI 自举正确界面

8. 用音频线将实验箱模拟信号产生端的信号与 AIC23 的 Line-in 连接，观察显示的波形或当前波形的频谱。图 4.17.6 是波形正确显示的界面。

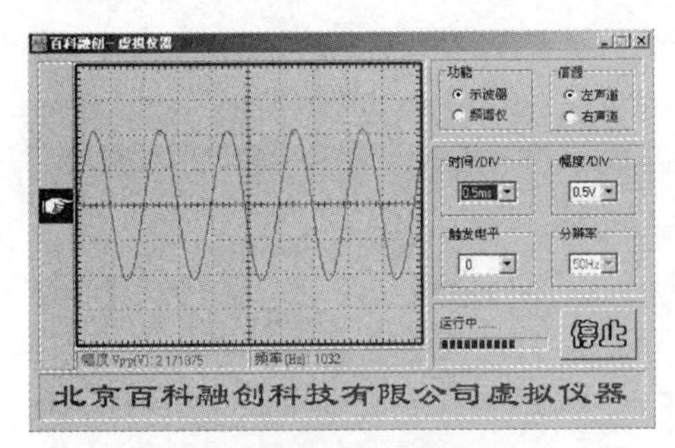

（a）正弦波（$f=1$ kHz, $V_{p\text{-}p}=2.0$ V）

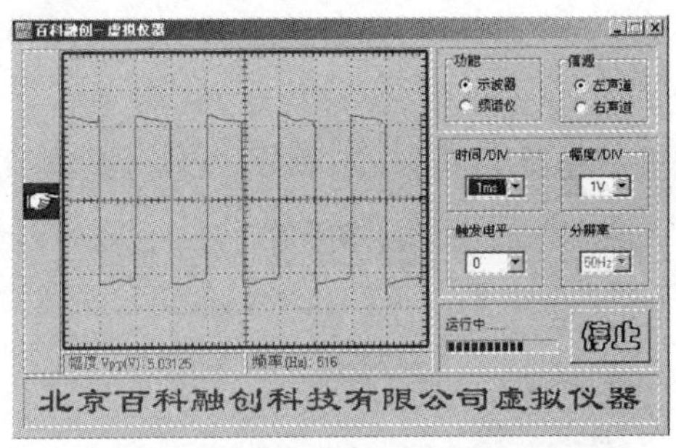

（b）方波（$f=500$ Hz, $V_{p\text{-}p}=4.0$ V）

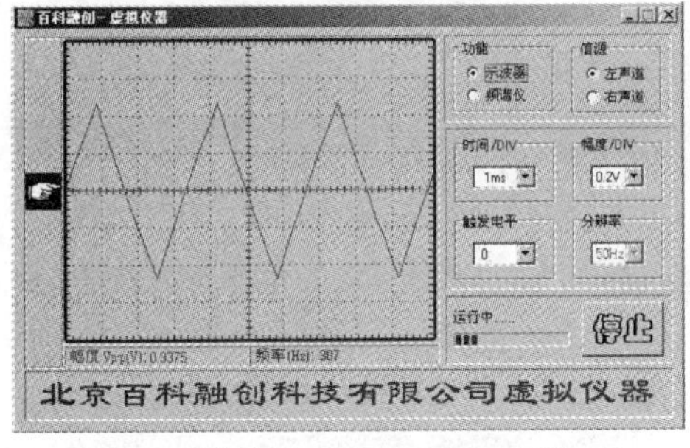

（c）三角波（$f=300$ Hz, $V_{p\text{-}p}=0.5$ V）

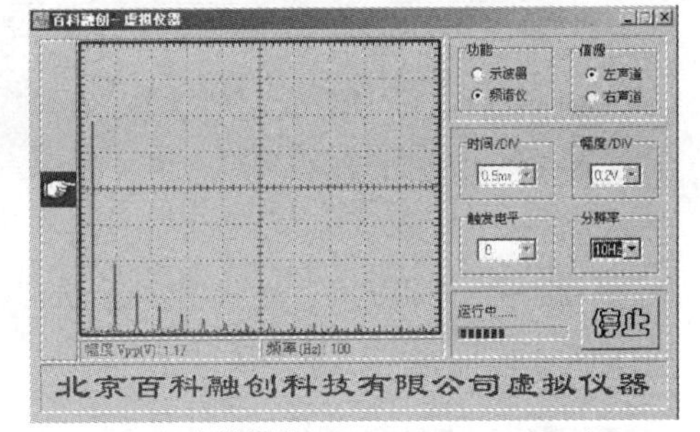

（d）方波频谱（$f=100$ Hz, $V_{p\text{-}p}=0.5$ V）

图 4.17.6 波形正确显示的界面

9. 调节信号产生端的频率、幅度等，观察软件显示波形的变化。

10. 上述实验正确后，可以关闭实验箱，将 5416 主控板上的拨码开关设置为“111010”，即选通 HPI 接口，BIO 为高，选择 MP 工作模式(此时 DSP 不会自举)。

11. 连接 DSP 仿真器，全部操作无误后，打开 DSP 实验箱电源。

12. 将 DSP 仿真器与 PC 机连接并设置好 CCS Setup 后，启动 CCS。

13. 新建一个工程，起名为“VDevice”，如图 4.17.7 所示。

14. 新建 DSP/BIOS。单击“File”→“New”→“DSP/BIOS Configuration”，会出现图 4.17.8 所示的对话框，选择“c5416.cdb”，单击“OK”后，将其改名为“VDevice.cdb”。

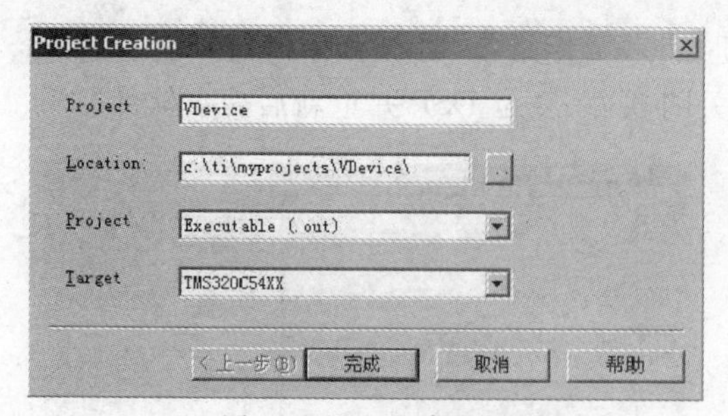

图 4.17.7　新建工程

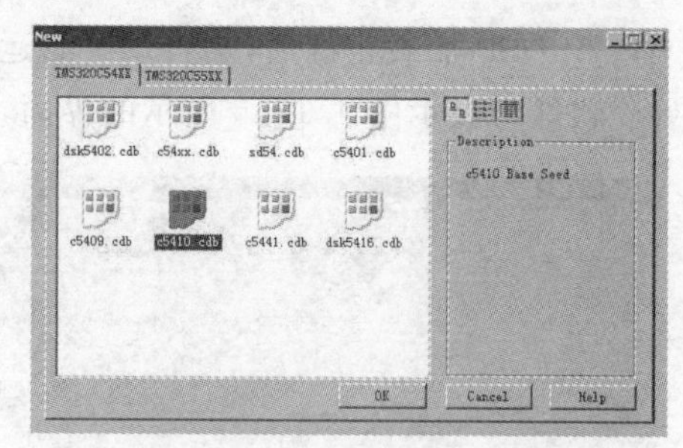

图 4.17.8　新建 DSP/BIOS

15. 新建 main 文件。单击“File”→“New”→“Source File”，将其存为“main.c”。

16. 鼠标右键单击工程，选择“Add Files to Project”，在弹出的对话框中，选择显示“All Files”，并将“main.c”“VDevice.cdb”“VDevicecfg.cmd”“VDevicecfg.s54”“VDevicecfg_c.c”全部加入到当前工程，如图 4.17.9 所示。

17. 在 DSP/BIOS 中分配内存段。双击文件“工程/DSP/BIOS Config/VDevice.cdb”，在弹出的对话框中选择“System”→“MEM-Memory Section Manager”，删除其中的“EDATA”“EPROG”和“EPROG1”段，并对“IDATA”“IPROG”和“VECT”段进行设置。

鼠标右键单击“IDATA”，选择“Properties”，对其进行图 4.17.10 所示的设置。

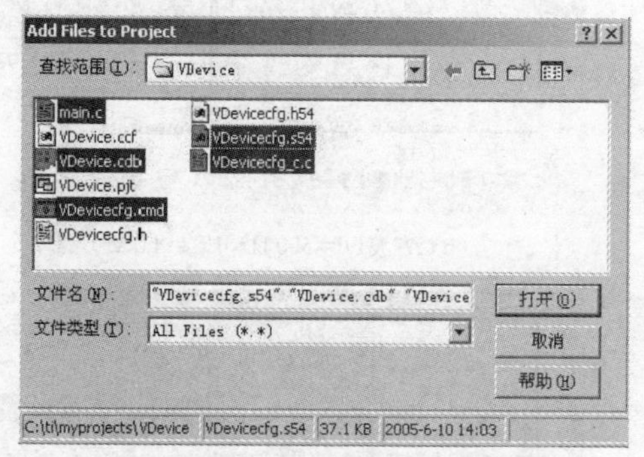

图 4.17.9　加入文件到当前工程

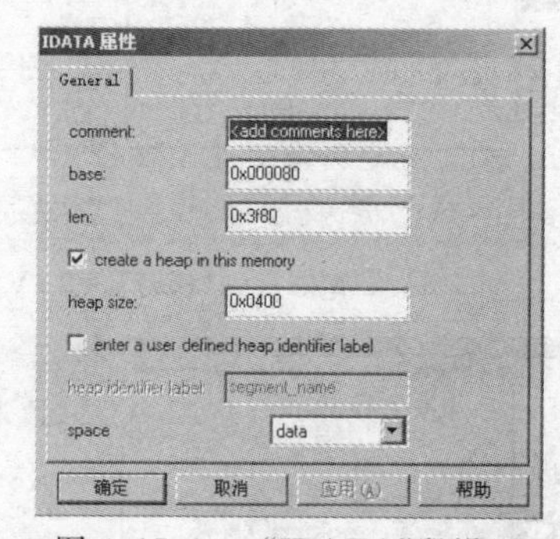

图 4.17.10　“IDATA”段设置

鼠标右键单击“IPROG”，选择“Properties”，将“len”改为“0x3f80”，如图 4.17.11 所示。

鼠标右键单击“VECT”，选择“Properties”，将“base”改为“0x007f80”，如图 4.17.12 所示。

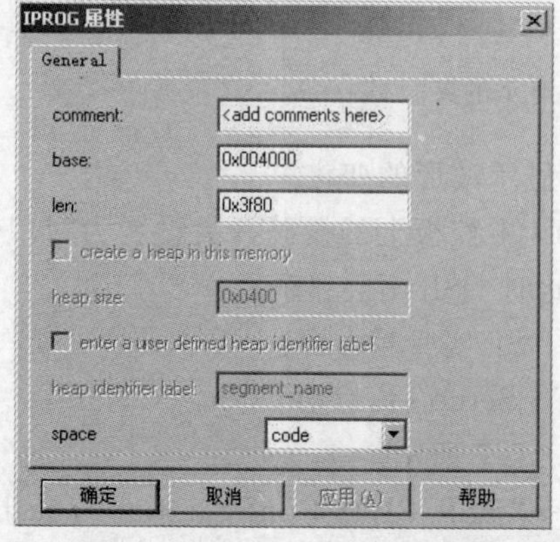

图 4.17.11　“IPROG”段设置

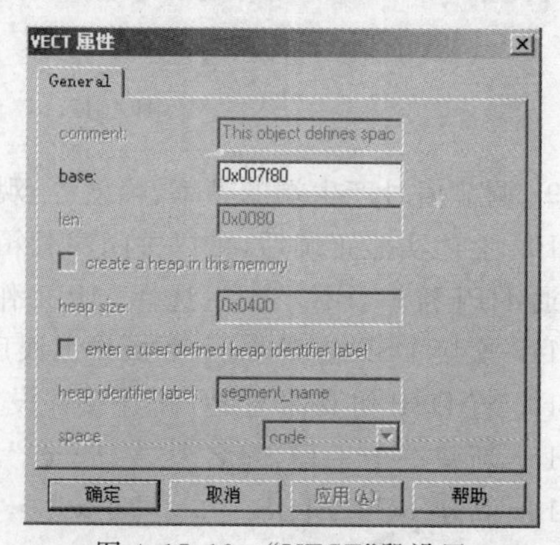

图 4.17.12　“VECT”段设置

18. 在 DSP/BOIS 中配置 McBSP 接口。鼠标右键单击“Chip Support Library”→“MCBSP-Multichannel Buffered Serial Port”→“MCBSP Configuration Manager”，选择弹出菜单中的“Insert mcbspCfg”，此时会出现“mcbspCfg0”，右键单击，选择“Properties”，会弹出图 4.17.13 所示的对话框，对其进行设置(具体设置参数参考实验箱配套光盘中的实验例程)。

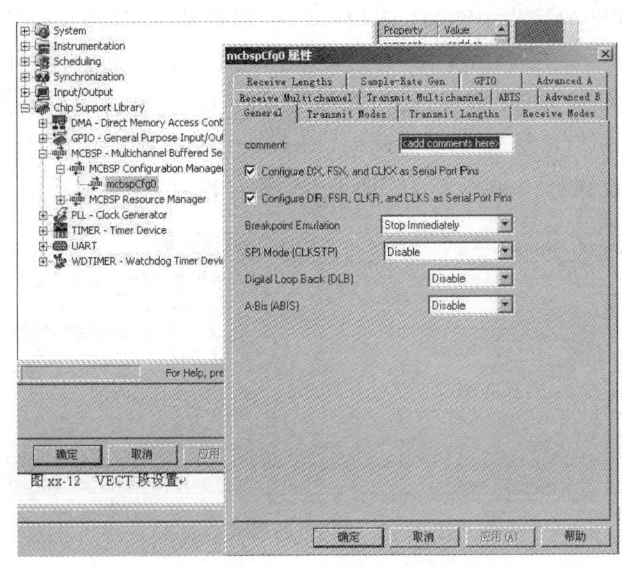

图 4.17.13 mcbspCfg0 属性设置

19. 重复步骤 18，对出现的“mcbspCfg1”进行设置(具体设置参数参考实验例程)。

20. 初始化相应的 McBSP 接口。将“Chip Support Library”→“MCBSP-Multichannel Buffered Serial Port”→“MCBSP Resource Manager”展开，此时会出现当前 DSP 中已有的可用的 McBSP 资源，用鼠标右键单击“McBSP0”，选择“Properties”，在弹出的对话框中进行如下设置：

开启 McBSP0：选中“Open Handle to McBSP”。

初始化 McBSP0：选中“Enable pre-initialization”，然后在“Pre-initialize”下拉列表框中选择“mcbspCfg0”，即完成了 McBSP0 的初始化。

配置过程如图 4.17.14 所示。

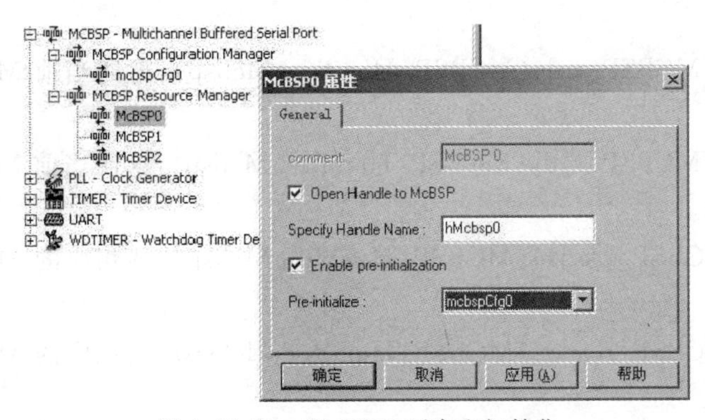

图 4.17.14 McBSP0 开启和初始化

21. 重复实验步骤 20,对 McBSP2 进行开启和初始化。

22. 设置 PLL。PLL 的配置与 McBSP 的配置完全一样,按照上述的配置,参考实验例程中的具体设定值即可。

23. 中断配置。由于在 McBSP2 的属性中选择了中断由 RRDY 产生,也就是在每次接收到有效数据的时候产生,那么就可以对其分配相应的中断服务程序。根据 5416 的数据手册,可以知道 McBSP2 的接收中断为“SINT20”,中断号是“22”,即“0x16”。首先将“Scheduling”→“HWI-Hardware Interrupt Service Routine Manager”展开,此时会列出所有的中断资源。用鼠标右键单击“HWI_SINT20”,选择“Properties”,在弹出的对话框的“function”栏中输入“_Mcbsp2_ISR”(C 语言中直接调用“Mcbsp2_ISR”即可),在“Dispatcher”页中选中“Use Dispatcher”,设置为“0x00000016”即可,如图 4.17.15 所示。

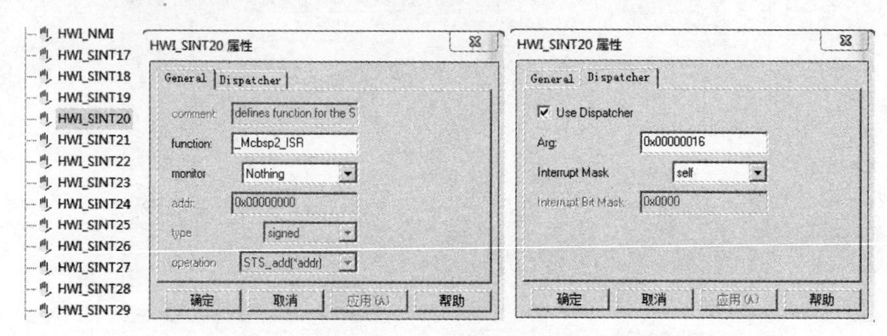

图 4.17.15 中断属性设置

24. 到此为止,所有的资源设置都已经设置好了,现在只需要在 C 源文件中调用系统 API 函数即可。为了正确地调用以下 API 函数,只需要把 DSP/BIOS 产生的“.h”文件(本实验为“VDevicecfg.h”)包含进来即可。下面就对本实验中用到的几个 API 函数进行简要说明:

(1) MCBSP_Handle MCBSP_open(int devNum,uint32 flags):打开相应的 McBSP 接口,该函数返回相应的串口句柄。

(2) void MCBSP_config(MCBSP_Handle hMcbsp,MCBSP_Config * Config):配置相应的 McBSP 接口。

注意:由于在前面 DSP/BIOS 中设置 McBSP 接口时,已经将其打开,并选择了初始化,所以以上两个函数对于开发人员而言不会用到,因为 DSP/BIOS 产生的相应的“.c”文件已经调用了。

(3) CSLBool MCBSP_rrdy(MCBSP_Handle hMcbsp):返回当前 McBSP 接口是否已经接收完数据。

(4) CSLBool MCBSP_xrdy(MCBSP_Handle hMcbsp):返回当前 McBSP 接口是否已经准备好发送数据。

(5) uint16 MCBSP_read16(MCBSP_Handle hMcbsp):从相应的 McBSP 接口读取一个无符号 16 位数。

(6) uint32 MCBSP_read32(MCBSP_Handle hMcbsp):从相应的 McBSP 接口读取一个无符号 32 位数。

(7) void MCBSP_write16(MCBSP_Handle hMcbsp,uint16 val):写一个无符号 16 位

数到相应的 McBSP 接口。

(8) void MCBSP_write32(MCBSP_Handle hMcbsp,uint32 val):写一个无符号 32 位数到相应的 McBSP 接口。

(9) uns HWI_disable(void):关闭全局硬件中断。

(10) void HWI_enable(void):允许全局硬件中断。

(11) void C54_enableIMR(oldmask):将 oldmask 写入 IMR 寄存器。

25. 对照本实验的"main. c"文件,对所有的文件进行编译。编译无误后下载到 DSP 中,然后运行。

26. 重新启动配套的 PC 端应用程序"VDevice. exe",观察运行的结果是否与 HPI 自举后的运行结果相一致。

实验十八 数字图像基本处理实验

一、实验目的

1. 了解图像处理的基本原理。
2. 了解 BMP 图像文件的基本处理程序。

二、实验器材

1. 装有 CCS 软件的计算机	一台
2. DSP-Ⅲ型实验箱	一个

三、实验原理

数字图像的每个像素通常用 8 个比特表示,因此,图像有 256 个灰度级,其范围为 0～255,其中 0 对应黑色,255 对应白色。

数字图像按一定的格式进行存储,BMP 格式就是最常用的格式之一。BMP 图像文件是 Microsoft Windows 系统的图像格式,它由 BMP 图像文件头和图像数据阵列两部分组成。

图像数据阵列记录了图像的每个像素值。图像数据的存储是从图像的左下角开始逐行扫描图像,即从左到右,从下而上,将图像的像素值一一记录下来,从而形成了图像数据阵列。

数字图像处理方法如下:

1. 图像反色,即对图像进行反色处理。

设输入图像为 $f(x,y)$,反色后的图像为 $g(x,y)$,那么图像反色的方法为

$$g(x,y)=255-f(x,y) \tag{4.18.1}$$

2. 用自适应阈值法对图像进行二值化处理。

设图像为 $f(x,y)$,二值化后的图像为 $g(x,y)$,阈值为 T,那么图像二值化的自适应阈值法步骤如下:

(1) 计算输入图像灰度级的归一直方图,用 $h(i)$ 表示。

(2) 计算灰度均值 μ_T:

$$\mu_T = \sum_{i=0}^{255} ih(i) \tag{4.18.2}$$

(3) 计算直方图的零阶累积矩 $w(k)$ 和一阶累积矩 $\mu(k)$:

$$w(k) = \sum_{i=0}^{k} h(i) \tag{4.18.3}$$

$$\mu(k) = \sum_{i=0}^{k} ih(i) \tag{4.18.4}$$

其中,$k=0,1,\cdots,255$。

(4) 计算类分离指标:

$$\delta(k) = \frac{[\mu_T w(k) - \mu(k)]^2}{w(k)[1-w(k)]} \quad (k=0,1,\cdots,255) \tag{4.18.5}$$

(5) 求 $\partial_B(k)(k=0,1,\cdots,255)$ 的最大值,并将其所对应的 k 值作为最佳阈值 T。

(6) 对输入图像进行二值化处理:

$$g(x,y) = \begin{cases} 255, & f(x,y) \geqslant T \\ 0, & f(x,y) < T \end{cases} \tag{4.18.6}$$

四、实验步骤

1. 打开 CCS,选择"C5416 Device Simulator"环境。

2. 建立工程,编译链接。

3. 单击工具条中的图标,在弹出的对话框中将 DROM 原始"0"值改为"1",如图 4.18.1 所示。

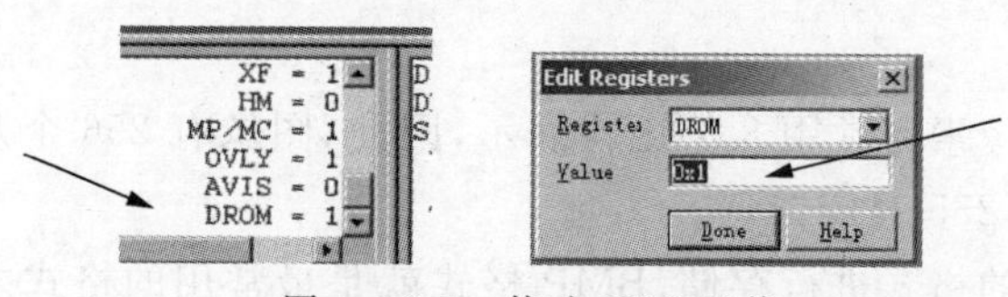

图 4.18.1 修改 DROM 值

4. 载入程序:选择"File"菜单中的"Load Program"选项,选择打开前一步生成的".out"文件。

5. 将待处理的位图文件(如"lena.bmp")复制到工程文件夹的"Debug"中。

6. 运行程序:在"Debug"菜单中选择"Run"选项(单击),根据"output window"中的提示在弹出的对话框中输入待处理的文件名(如"lena.bmp"),在"output window"中出现"zz"指示时,停止运行(单击)。

选择"View"→"Graph"→"Image",设置弹出的对话框中的参数(注:按图 4.18.2 中的数值改变进行设置)。

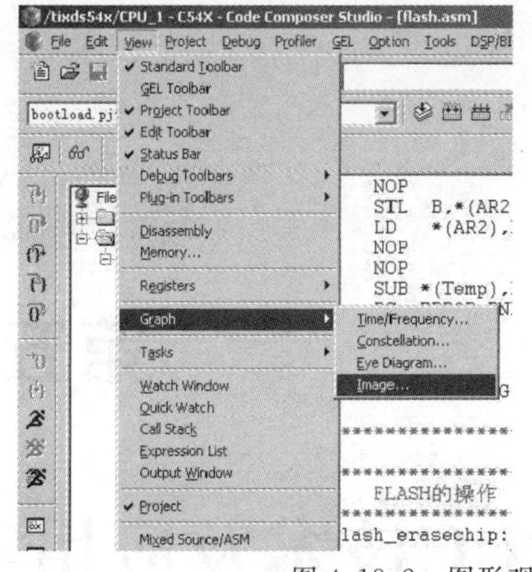

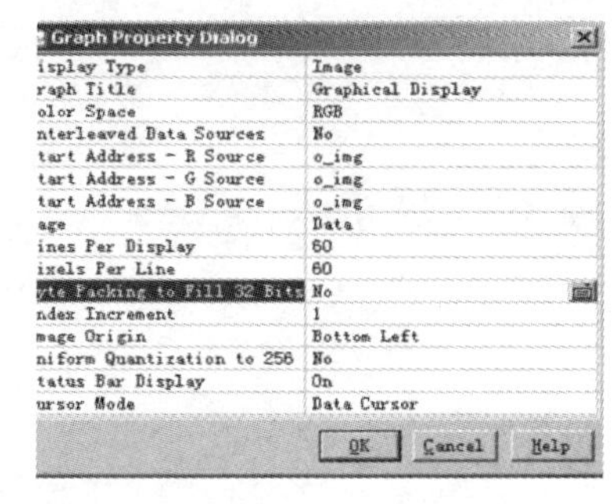

图 4.18.2　图形观察窗参数设置示意图

7. 单击“OK”按钮查看结果：打开“\Debug \lena. bmp”位图文件，查看运行结果。

效果图如图 4.18.3 所示，左图为待处理的原图，右图为反色后的图像。

图 4.18.3　反色处理效果图

8. 建立图像二值化处理工程，步骤与环境参数与反色处理实验相同就可以完成对载入图像的二值化处理。

效果图如图 4.18.4 所示，左图为待处理的原图，右图为处理后的二值化图像。

图 4.18.4　二值化处理效果图

除以上两种处理外，还可以做图像中值滤波、边缘检测、图像细化等其他实验。

第五篇

PLC技术及应用实验

PLC 技术及应用是综合了继电接触控制、计算机技术、自动控制技术和通信技术的一门新兴课程，是高等学校自动化、电气工程、电子信息工程及相近专业的必修课程。其实验课程作为实践教学的重要环节，对培养学生的独立思考能力、动手能力、实践能力、应用能力、解决实际问题能力、建立项目工程概念有至关重要的作用。在实验教学中应坚持以学生为主体、教师为主导的教学理念。

PLC 技术及应用实验的目的：

1. 巩固课堂教学中的编程方法和设计思想。

2. 掌握独立设计小型控制系统项目工程的方法、步骤。

3. 掌握系统调试的方法、步骤。

PLC 技术及应用实验的要求：

1. 熟悉所使用的实验设备的性能、操作方法及注意事项，严格遵守实验室各项规定。

2. 认真阅读实验指导书，熟悉实验任务，并进行相关程序的预设计。

3. 实验过程中接线要认真，同学间相互检查，确定无误后才能接通电源。如有不正常情况立即关断电源，报告指导教师，及时查找原因，排除故障，调试系统，直到完成实验任务。

4. 实验结束后，整理连接线，关闭计算机，切断电源。

5. 独立完成实验报告。

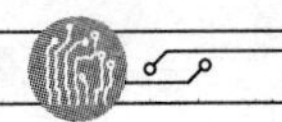

实验一 PLC应用演示及基本指令实验

一、实验目的

了解 PLC 的应用范例,熟悉实验台的使用方法并掌握 PLC 的基本顺控指令的编程。

二、实验器材

1. 机械手臂实验模型	一个
2. 材料分拣实验模型	一个
3. 可编程控制实验台	一个
4. 计算机	一台
5. PC/PPI 电缆、导线	若干

三、实验内容与步骤

1. 指导教师演示 PLC 控制机械手臂和材料分拣装置的过程,并讲解控制原理与过程。

2. 练习基本顺控指令:

(1) 输出互锁控制:用 2 个开关控制 3 个灯,要求实现开关 1 控制灯 1,开关 2 控制灯 2,灯 1 和灯 2 不能同时亮,两者都不亮时灯 3 亮。

(2) 三灯三开关控制:用 3 个拨段开关控制 3 个灯,实现或、同或、异或 3 种逻辑关系控制 。

(3) 单灯双开关控制:走廊两端各有 1 个开关,都能够控制中间灯的亮灭。

(4) 单灯三开关控制:走廊上下两端和中间各有 1 个开关,要求每个开关动作一次都可以改变中间灯的当前状态。

(5) 双灯单开关控制:用 1 个无自锁功能的开关控制 2 个灯的亮灭。控制时序图如图 5.1.1 所示。

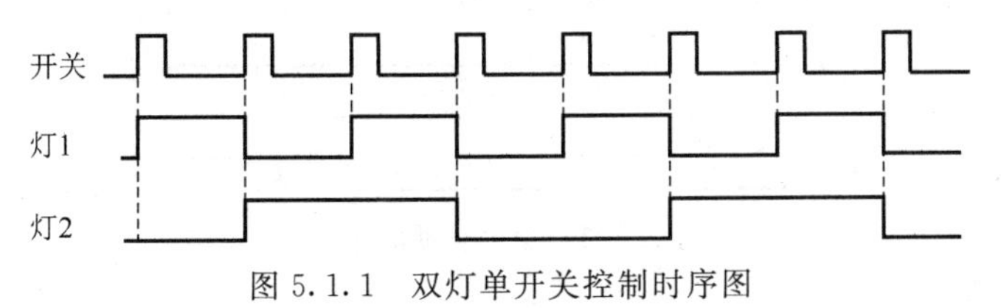

图 5.1.1 双灯单开关控制时序图

四、思考题

1. 现实中还遇到过什么 PLC 控制的例子?

2. 实现单灯单开关控制:用 1 个无自锁功能的开关控制 1 个灯的亮灭,即第一次按下灯亮,再次按下则灯灭,每按一次都可改变灯的当前状态。

实验二 基本指令和功能指令实验

一、实验目的

掌握定时器、计数器、脉冲沿等基本指令和比较、数据传送、运算等功能指令的编程与应用。

二、实验器材

1. PLC 实验台　　　　一个
2. 计算机　　　　一台
3. PC/PPI 电缆、导线　　　　若干

三、实验内容与步骤

（一）练习定时器指令

1. 通电延时控制：根据图 5.2.1 编写程序。

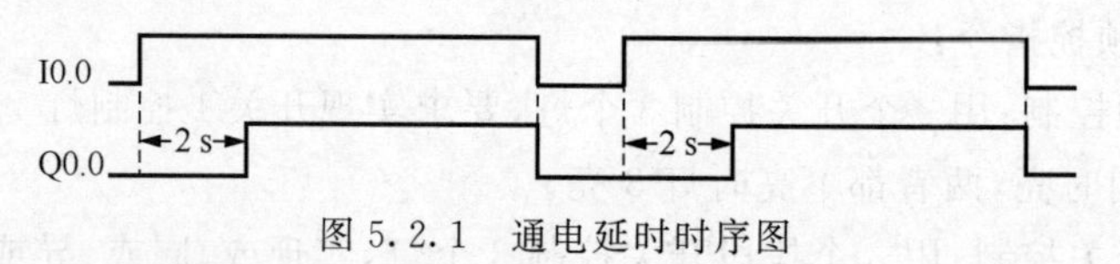

图 5.2.1　通电延时时序图

2. 断电延时控制：根据图 5.2.2 编写程序。

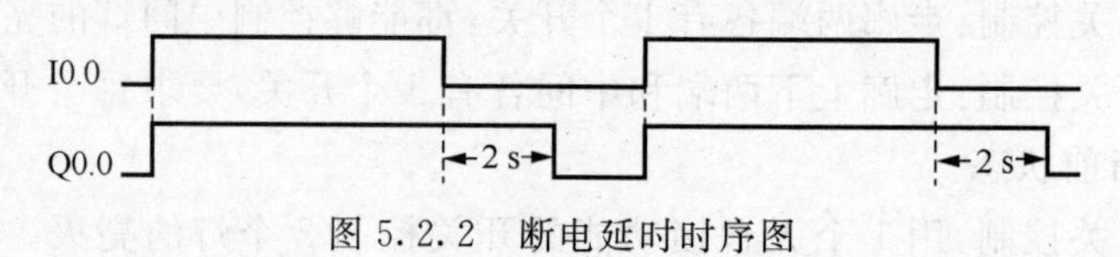

图 5.2.2　断电延时时序图

3. 顺序脉冲的产生：根据图 5.2.3 编写程序。

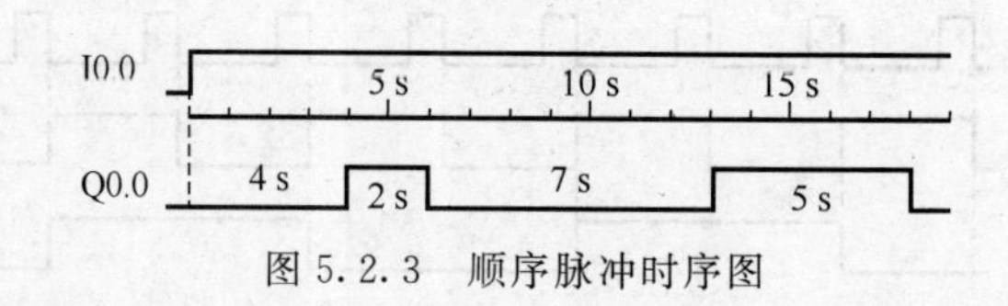

图 5.2.3　顺序脉冲时序图

（二）练习计数器指令

1. 计数通断控制：根据图 5.2.4 编写程序。

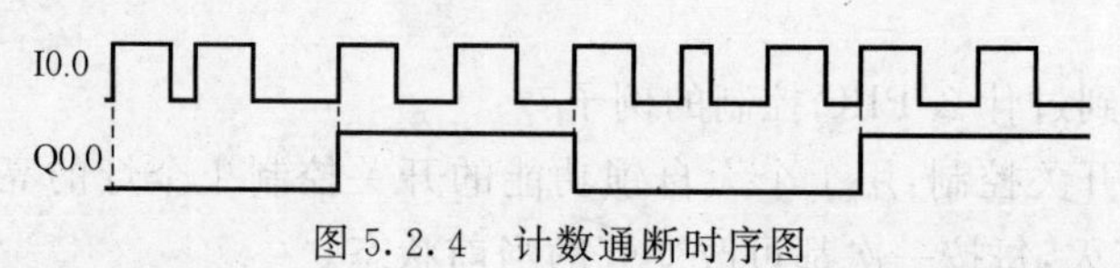

图 5.2.4　计数通断时序图

2. 交叉计数控制：用 2 个开关控制 2 个灯。开关 1 按 2 次则灯 1 亮，再按 3 次灯 2 灭，开关 2 按 2 次灯 2 亮，再按 3 次灯 1 灭。

（三）练习脉冲沿指令

1. 按钮操作信号：按钮按下（无论时间长短）后，信号灯亮 1 s。

2. 开关操作信号：开关断开和闭合时，信号灯都发光 1 s。

（四）练习功能指令

1. 超时报警实验：A 灯亮 3 s，B 灯亮 5 s，如果在这 2 s 内按下 I0.0 按钮，则 B 灯闪烁，否则，蜂鸣器报警。

2. 倒计时显示实验：数码管显示 9～1 倒计时。

3. 拨码显示实验：拨码盘上的数字对应 9 个信号灯，拨到哪个数字则对应的灯亮起。

四、思考题

1. 用 1 个开关控制 1 个灯，第一次按下时灯亮，第二次按下时灯灭……即奇数次按灯亮，偶数次按灯灭。

2. 启动后，L1～L8 灯每隔 0.5 s 顺序点亮。松开按钮，L1～L8 灯每隔 0.5 s 顺序熄灭。

实验三　交通灯控制实验

一、实验目的

以实际信号灯为例，掌握 PLC 常用编程指令、方法和技巧，同时熟悉 PLC 控制流程。

二、实验器材

1. PLC 实验台　　一个
2. 计算机　　一台
3. PC/PPI 电缆、导线　　若干

三、实验内容与步骤

（一）交通灯控制

按下面的顺序控制十字路口交通灯：

第一步：东西绿灯和南北红灯亮 10 s。

第二步：东西黄灯和南北红灯闪亮 5 s。

第三步：东西红灯和南北绿灯亮 10 s。

第四步：东西红灯和南北黄灯闪亮 5 s。

第五步：返回到第一步。

（二）综合控制

按图 5.3.1 实现交通灯控制。

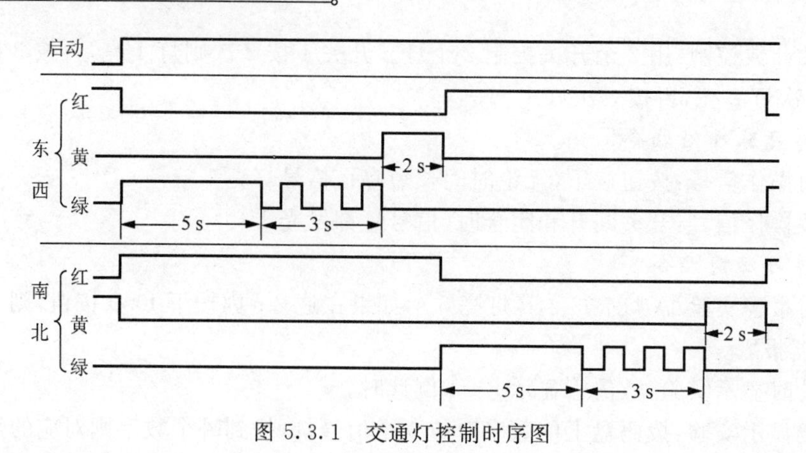

图 5.3.1 交通灯控制时序图

四、思考题

实现加上左转弯的红绿灯控制。

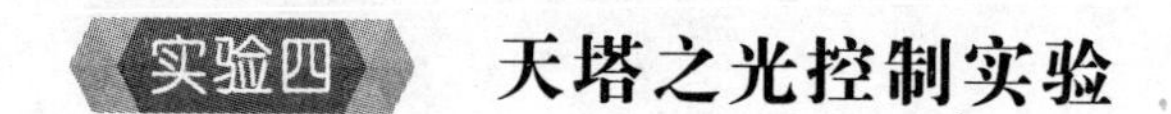

实验四 天塔之光控制实验

一、实验目的

以景观彩虹灯控制为基础，掌握基本指令和移位寄存器等功能指令的编程。

二、实验器材

1. PLC 实验台	一个
2. 计算机	一台
3. PC/PPI 电缆、导线	若干

三、实验内容与步骤

（一）发散闪烁控制

L1 灯亮 1 s 后熄灭，接着 L2 灯亮 1 s 后熄灭，接着 L3 灯亮 1 s 后熄灭……接着 L8 灯亮 1 s 后熄灭，接着 L1 灯亮 1 s 后熄灭，如此循环。

（二）顺序点亮控制

L1 灯亮，1 s 后 L2 灯亮，再过 1 s 后 L3 灯亮……再过 1 s 后 L8 灯亮，再过 1 s 后全部灯熄灭。

四、思考题

将发散闪烁和顺序点亮控制结合起来实现交替控制。

实验五 三相交流电机控制实验

一、实验目的

掌握利用 PLC 实现控制电机的正反转和 Y/△启动的方法。

二、实验器材

1. PLC 实验台　　一个
2. 计算机　　一台
3. PC/PPI 电缆、导线　　若干

三、实验内容与步骤

原理说明：此实验的控制对象是一台三相交流异步电动机，电动机接线如图 5.5.1 所示，要完成的功能是用 PLC 控制三相交流异步电动机的正反转和 Y/△启动。要完成这两项功能，除电机外，还需要 4 组三相交流接触器 KM1，KM2，KMY 和 KM△，以及 3 个按钮 SB1，SB2，SB3。图中的 M 代表三相交流异步电动机，电机正转时为顺时针，KM1，KM2，KMY 和 KM△的指示灯亮时表示该接触器线圈得电，对应的常开触点闭合。

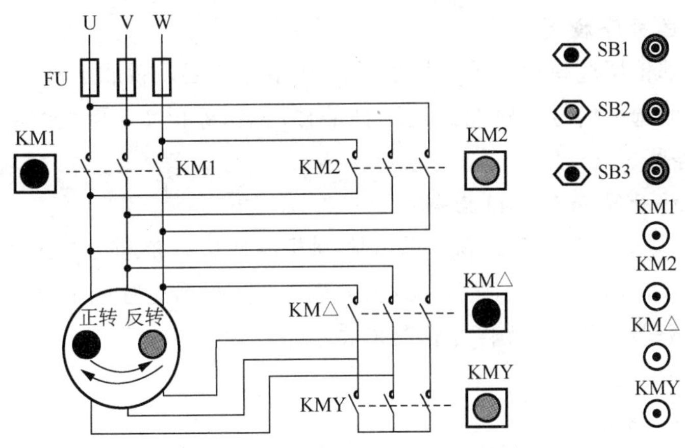

图 5.5.1 三相交流异步电动机接线图

(一) 控制电机正反转

开始时 KM△指示灯亮，当按下按钮 SB1 时，KM1 指示灯亮，电机正转；当按下按钮 SB2 时，KM2 指示灯亮，电机反转。正反转之间要联锁。

(二) Y 启动△运行控制

按下按钮 SB1，电机 Y 启动并正转，3 s 后△正转运行。按下停止按钮 SB3 时，电机停止运行。

四、思考题

实现以下电机△启动Y运行控制及正反转：按下按钮SB1，KM1和KM△接通，电动机△启动，电机正转。3 s后KM△和KM1断开，KMY和KM2接通，切换到Y运行，电机反转，如此交替。

实验六 四层电梯控制实验

一、实验目的

熟练掌握PLC的指令、编程技巧和方法。

二、实验器材

1. PLC实验台　　一个
2. 计算机　　一台
3. PC/PPI电缆、导线　　若干

三、实验内容与步骤

（一）四层内选升降控制

用1～4层内部楼层选择信号控制轿厢升降到相应楼层。轿厢运行过程中有选择信号时，优先执行前方的选择信号。轿厢到达选择的楼层后，停留1 s再继续运行或等待信号。未选择的楼层不停留。

（二）四层外呼升降和开关门控制

用外部呼叫信号SB1～SB6控制轿厢升降到相应楼层。轿厢运行过程中，优先响应顺向呼叫信号。呼叫信号具有记忆功能，执行后解除。轿厢到达呼叫的楼层后停车，开关门3 s后再继续运行或等待信号。无停车信号的楼层不停留。

（三）综合控制

电梯控制逻辑关系如下：

1. 停止时，电梯根据内选信号、外部呼叫信号与轿厢当前的位置自动决定上行或下降。
2. 内选信号、外部呼叫信号具有记忆功能，执行后解除。
3. 多个信号决定的行车方向不同时，顺向优先执行。
4. 行车途中如遇外部呼叫信号时，顺向截车，反向不截车。
5. 同一方向有两个呼叫信号时，距轿厢位置近的优先响应。
6. 停车时本层内选信号无效。
7. 停车时自动开门（指示灯L6亮，L5灭），延时3 s自动关门（指示灯L6灭，L5亮）。
8. 记忆中有内选信号或呼叫信号时，关门后自动选择方向并行车。
9. 行车时不能开门，开门时不能行车。

参考文献

[1] 魏立峰,王宝兴. 单片机原理与应用技术[M]. 北京:北京大学出版社,2010.
[2] 求是科技. 单片机典型外围器件及应用实例[M]. 北京:人民邮电出版社,2006.
[3] 郭天祥. 51 单片机 C 语言教程:入门、提高、开发、拓展全攻略[M]. 北京:电子工业出版社,2009.
[4] 栗华. 单片机原理与应用实验教程[M]. 济南:山东大学出版社,2015.
[5] 潘松,黄继业. EDA 技术实用教程[M]. 5 版. 北京:科学出版社,2013.
[6] 汤琦,蒋军敏. Xilinx FPGA 高级设计及应用[M]. 北京:电子工业出版社,2012.
[7] 蔡述庭,陈平,棠潮,等. FPGA 设计:从电路到系统[M]. 北京:清华大学出版社,2014.
[8] 艾明晶. EDA 设计实验教程[M]. 北京:清华大学出版社,2014.
[9] 范秋华. EDA 技术及实验教程[M]. 北京:电子工业出版社,2015.
[10] 秦进平. 数字电子与 EDA 技术实验教程[M]. 北京:中国电力出版社,2014.
[11] 王震宇,张培珍. 数字信号处理[M]. 北京:北京大学出版社,2010.
[12] 张永祥,宋宇,袁慧梅. TMS320C54 系列 DSP 原理与应用[M]. 北京:清华大学出版社,2012.
[13] 乔瑞萍,崔涛,胡宇平. TMS320C54x DSP 原理及应用[M]. 2 版. 西安:西安电子科技大学出版社,2012.
[14] 范勤儒,于在河,王朗. 数字信号处理及 DSP 技术实验指导[M]. 北京:化学工业出版社,2013.
[15] 姜阳,周锡青. DSP 原理与应用实验[M]. 西安:西安电子科技大学出版社,2008.
[16] 德州仪器. TI DSP/BIOS 用户手册与驱动开发[M]. 王军宁,何迪,马娟,等译. 北京:清华大学出版社,2007.
[17] 陈建明. 电气控制与 PLC 应用[M]. 3 版. 北京:电子工业出版社,2014.
[18] 廖常初. PLC 编程及应用[M]. 北京:机械工业出版社,2002.
[19] 陈建明. 电气控制与 PLC 应用练习与实践[M]. 北京:电子工业出版社,2008.
[20] 西门子(中国)有限公司自动化与驱动集团. 深入浅出西门子 S7-200PLC[M]. 3 版. 北京:北京航空航天大学出版社,2007.